Antoine Stephany

Contribution à l'étude de la lubrification en régime mixte en laminage

Antoine Stephany

Contribution à l'étude de la lubrification en régime mixte en laminage

Etude numérique

Presses Académiques Francophones

Impressum / Mentions légales
Bibliografische Information der Deutschen Nationalbibliothek: Die Deutsche Nationalbibliothek verzeichnet diese Publikation in der Deutschen Nationalbibliografie; detaillierte bibliografische Daten sind im Internet über http://dnb.d-nb.de abrufbar.

Information bibliographique publiée par la Deutsche Nationalbibliothek: La Deutsche Nationalbibliothek inscrit cette publication à la Deutsche Nationalbibliografie; des données bibliographiques détaillées sont disponibles sur internet à l'adresse http://dnb.d-nb.de.

Coverbild / Photo de couverture: www.ingimage.com

Verlag / Editeur:
Presses Académiques Francophones
ist ein Imprint der / est une marque déposée de
OmniScriptum GmbH & Co. KG
Heinrich-Böcking-Str. 6-8, 66121 Saarbrücken, Deutschland / Allemagne
Email: info@presses-academiques.com

Herstellung: siehe letzte Seite /
Impression: voir la dernière page
ISBN: 978-3-8416-3328-6

Zugl. / Agréé par: Liège, Université de Liège, 2008

Préambule

Ce document est la concrétisation finale d'un travail de 6 années au sein de l'université de Liège (ULg).

Cette thèse de doctorat sera soutenue durant l'année académique 2007-2008 devant la commission d'examen formée de

- Monsieur J.P. Coheur, Professeur à l'ULg, Président,
- Monsieur J.P. Ponthot, Chargé de cours à l'ULg, Promoteur,
- Messieurs S. Cescotto, A. Magnée, J.L. Bozet, Professeurs à l'ULg,
- Monsieur L. Noels, Chargé de recherches FNRS à l'ULg,
- Monsieur M. Sutcliffe, Professeur à l'Université de Cambridge, Royaume-Uni,
- Monsieur P. Montmitonnet, Professeur, Ecole des Mines de Paris, France,
- Monsieur L. Chefneux, Directeur-Affaires internationales et scientifiques, ArcelorMittal Innovation R&D, Belgique,
- Monsieur N. Legrand, Rolling Annealing Finishing Cluster, IRSID, ArcelorMittal, France.

Cette recherche a été financée par Cockerill-Sambre, société membre du groupe ArcelorMittal, ainsi que par la Région wallonne et le Fonds social européen dans le cadre d'un projet FIRST Europe et que je tiens donc à remercier.

Remerciements

Au terme de ce travail, je remercie toutes les personnes que j'ai côtoyées pour ce travail tant à l'université de Liège (ULg) qu'au sein d'Arcelor-Mittal et, plus particulièrement, de son unité opérationnelle de Cockerill-Sambre.

Un merci particulier à

- l'ensemble des membres du laboratoire de Thermomécanique et Milieux Continus (ULg) dirigé par le professeur Michel Hogge actuellement doyen de la faculté,

- Jean-Philippe Ponthot, chargé de cours en ce laboratoire, pour son suivi tout particulier de ce travail,

- Caroline Collette et Jean Schellings (Cockerill-Sambre) qui m'ont soutenu et fourni des données concernant les applications industrielles sur le site industriel de Tilleur,

- Nicolas Legrand (Arcelor-Mittal Research) pour son suivi et son étroite collaboration pour certaines applications industrielles,

- Pierre Montmitonnet (CEMEF) et Michael Sutcliffe (CUED) pour leur chaleureux accueil au sein de leur laboratoire ainsi que leurs conseils avisés,

- ainsi qu'aux membres du jury pour avoir accepté la tâche d'analyser ce travail.

Enfin, je remercie toutes les personnes, en particulier ma famille et ma femme, qui m'ont apporté leur aide et leur soutien durant cette période de ma vie.

Résumé de la thèse

Accélérer la cadence des unités en activité requiert une meilleure compréhension, et donc maîtrise, des procédés industriels. En parallèle, l'optimisation de ces procédés permet de gagner en coût de fonctionnement et en qualité du produit fourni. L'accélération, l'optimisation et l'évolution de l'opération de laminage à froid peuvent être aidés par un outil informatique performant, ce qui est l'objet de ce travail.

La problématique du laminage à froid implique de nombreux mécanismes complexes dont un paramètre crucial est la friction entre les cylindres et la bande. La lubrification est un agent efficace du procédé industriel mais ses mécanismes intimes restent encore relativement mal connus. L'industrie exige un régime de lubrification mixte qui permet un compromis entre qualité de produit et vitesse de production. Les surfaces rugueuses du cylindre et de la bande sont alors en contact avec de nombreux micro contacts directs et micro vallées lubrifiées. La théorie classique du laminage (voir par exemple von Karman [140] et Orowan [97]) modélise une passe de laminage à froid. La présence des rugosités et du lubrifiant ont été introduites par la suite pour finalement aboutir au premier modèle de régime mixte de Wilson [145].

Les apports de cette thèse tiennent en trois points.

Tout d'abord, même si il n'est pas introduit dans le modèle développé, un état de l'art sur le phénomène de micro-hydrodynamisme - écoulement de fluide à l'échelle des rugosités de surface - met en évidence les facteurs importants influençant son apparition dans l'emprise d'un laminoir.

Ensuite, un algorithme hybride de laminage en régime mixte a été développé en tirant parti des avantages de Marsault [86] et de Qiu et al. [108]. De plus, la méthode de retour radial, connue dans le domaine de la plasticité en éléments finis, est adaptée à la méthode des tranches. Cela permet de résoudre le même système d'équations pour le matériau laminé et ce, tout au long de l'emprise.

Finalement, suite à des limitations rencontrées par la formule hybride, une série d'apports originaux sont intégrés directement dans le modèle de Marsault [86] afin de le rendre plus robuste mais aussi de compléter encore le panel de comportements physiques pris en compte. Le module sous-alimentation propose d'ailleurs un panel de solutions continu entre la solution théorique sèche avec écrasement de la rugosité de surface et la solution théorique de lubrification maximale envisagée auparavant.

Mots-clés : *Lubrification, Laminage à froid, Régime mixte, Méthode des tranches*

Table des matières

Table des figures

18

20

Introduction générale

CONTEXTE

La production mondiale d'acier est en constante augmentation. Elle est passée d'environ 850 millions de tonnes en 2001 à plus de 1.33 milliard de tonnes en 2007. Malgré cette augmentation annuelle d'environ 8%, la demande mondiale d'acier n'est pas rencontrée. Cela est dû à la forte croissance économique des pays asiatiques et principalement de la Chine. Alors que pendant des années, des sidérurgistes européens ont dû lutter contre une capacité de production trop importante, ils doivent à présent au contraire l'augmenter. Outre multiplier le nombre d'unités de production, accélérer la cadence de celles déjà en activité est une voie possible. Il est alors impératif pour les industriels de mieux maîtriser leurs différents procédés. L'étude approfondie des mécanismes complexes qui composent la chaîne sidérurgique permet une compréhension accrue et donc d'améliorer la situation existante.

Centrale pour mettre en forme le métal, l'opération de laminage permet également d'améliorer ses propriétés mécaniques. L'industrie de l'acier possède déjà une grande expérience de ce procédé ce qui les a conduit, pour diverses raisons, à utiliser des lubrifiants. Elle souhaite donc les introduire dans leurs simulations sur ordinateur de manière explicite i.e. autrement que par des moyennes tirées de l'expérience. L'optimisation des procédés industriels via ces outils informatiques permettrait de gagner en coût de fonctionnement et en qualité du produit fourni. De plus, les clients demandent constamment de nouveaux produits ce qui implique un réglage permanent des paramètres des processus de mise en forme. L'approche numérique permet une économie en temps de développement.

OBJET DE L'ÉTUDE

L'objectif est de contribuer à la connaissance générale de la lubrification dans le cadre du procédé industriel du laminage à froid. Les moyens mis en oeuvre sont de deux types.

Premièrement, une étude bibliographique présente de manière générale le problème mais comporte surtout une partie originale sur le sujet pointu des phénomènes de micro-écoulement à l'interface lubrifiée séparant deux surfaces rugueuses. Cette étude permet de mieux cerner les paramètres qui pourraient avoir une réelle influence dans le cadre du laminage à froid.

Deuxièmement, des outils algorithmiques et des modèles sont développés afin de pouvoir fournir aux industriels intéressés un code de simulation capable de calculer l'ensemble des paramètres significatifs et leur influence sur le procédé global du laminage. Ce code doit prédire un comportement correct, au moins qualitativement en fonction de ces paramètres, et être recalé par validation avec des mesures industrielles. Ces simulations numériques doivent s'assortir de temps de calcul acceptables. Une bonne stabilité/robustesse est souhaitée afin de pouvoir traiter une large gamme de conditions de laminage. L'outil numérique, résultat du travail accompli, devrait donc permettre de gagner du temps et donc de l'argent pour la mise au point d'un laminoir et, notamment, dans de longues campagnes d'essais. Cet outil sera principalement qualitatif mais il permettra, par exemple, de déterminer les conditions de laminage en fonction des propriétés d'une nouvelle huile, d'un nouvel alliage d'acier, ...

CONTENU DU MÉMOIRE

Le mémoire se structure en trois parties principales.

Tout d'abord, un état de l'art couvre globalement le domaine du laminage à froid et, plus particulièrement, la mécanique des surfaces rugueuses et de sa lubrification. Les techniques de modélisation et une description des différents modèles existants sont également présentées. Ensuite, le chapitre deux expose la structure et les hypothèses retenues dans le cadre de ce travail.

Le troisième présente une analyse poussée des modèles existants ainsi qu'une série d'améliorations introduites dans le modèle. Les plus importantes sont un couplage performant pour de grande déformation des cylindres de travail et la modélisation de la sous-alimentation en huile entière d'un laminoir. Un algorithme original est également développé afin d'explorer une alternative numérique. Une méthode originale permet alors de ne plus scinder la résolution mécanique de la bande en fonction de son état de plasticité. Une étude comparative permet de mesurer les progrès accomplis mais aussi de mesurer le chemin encore à parcourir afin d'obtenir un algorithme parfaitement adapté à la demande industrielle.

Finalement, le quatrième et dernier chapitre est consacré aux applications qui ont pour objectif d'illustrer au mieux les progrès et limites des contributions algorithmiques apportées.

Notations Principales

o	origine
$\vec{ox}$	direction du laminage (DL) / de l'écoulement
$\vec{oy}$	direction normale au laminage (DN) / du gradient de vitesse
$\vec{oz}$	direction transverse au laminage (DT)
x	position selon la direction du laminage

Notations générales et indices

t	temps
$\dot{X}$	dérivée temporelle
X'	dérivée spatiale selon x
X_n	relatif à la normale
X_0	relatif un état initial
X_1	relatif à la position aval hors de l'influence de l'emprise
X_2	relatif à la position amont hors de l'influence de l'emprise
X_N	relatif à la position du point neutre
X_{im}	relatif à la position de la transition entre les régimes hydrodynamique et mixte
X_{iw}	relatif à la position de la transition zone d'entrée et zone de travail
X_{wo}	relatif à la position de la transition zone de travail et zone de sortie
X_R	relatif au cylindre (*roll*)
X_S	relatif à la bande (*strip*)
X_a	relatif aux aspérités (*asperities*)
X_l	relatif au lubrifiant (*lubricant*)
X_t	relatif aux plateaux (*tops of asperities*)
X_v	relatif aux vallées (*valleys*)

Les dimensions des grandeurs sont fournies selon le système international avec longueur=l, masse=m, temps=t et température=T.

Afin de ne pas alourdir l'écriture, on note

$[P] = ml^{-1}t^{-2}$

$[J] = ml^2t^{-2}$

$[W] = [J]\,t^{-1}$

Thermomécanique

V	amplitude du vecteur vitesse	l/t
p	pression	$[P]$
T	température	T
E	module de Young	$[P]$
v	coefficient de Poisson	$-$
G	module de cisaillement $\left(\equiv \frac{E}{2(1+v)}\right)$	$[P]$
K	module de compressibilité $\left(\equiv \frac{E}{3(1-2v)}\right)$	$[P]$
$\underline{H}$	tenseur de Hooke	$[P]$
C	capacité thermique (ou calorifique)	$mt^{-2}T^{-1}$
ρ	masse volumique	m/l^3
η	premier coefficient de viscosité de l'équations de Navier-Stokes (ou viscosité dynamique)	$ml^{-1}t^{-1}$
λ	second coefficient de viscosité de l'équations de Navier-Stokes	$ml^{-1}t^{-1}$
μ	viscosité cinématique (ou statique) $(\equiv \eta/\rho)$	l^2t^{-1}
$\dot{\gamma}$	taux de cisaillement	t^{-1}
$\underline{\sigma}$	tenseur des contraintes	$[P]$
$\underline{s}$	tenseur déviateur des contraintes	$[P]$
σ	contrainte 1D	$[P]$
$\bar{\sigma}$	contrainte équivalente	$[P]$
$\bar{\sigma}^{VM}$	contrainte équivalente de von Mises	$[P]$
$\sigma_{Y,0}$	contrainte d'écoulement sans endommagement	$[P]$
σ_Y	contrainte d'écoulement	$[P]$
k	contrainte d'écoulement en cisaillement	$[P]$
$\bar{\varepsilon}_{pl}$	déformation plastique équivalente	$-$
$\dot{W}_p$	puissance dissipée par déformation plastique	$[W]$
$\dot{W}_F$	puissance dissipée par frottement	$[W]$

Interface et topologie

R_p	amplitude maximale de la rugosité par rapport à la ligne moyenne	l
R_q	déviation standard par rapport à la ligne moyenne	l
L_{SS} ou $\bar{l}$	moitié de la distance moyenne entre 2 aspérités	l
γ_S	nombre de Peklenik	$-$
A	aire relative de contact	$-$
h	distance entre lignes moyennes non réactualisée	l
H	rapport adimensionnel h/R_p	$-$
h_l	épaisseur moyenne de la couche de lubrifiant	l
d_v	débit volumique de lubrifiant	l^3t^{-1}
d_b	débit volumique de lubrifiant aux buses d'aspersion	l^3t^{-1}
$\mathcal{P}$	*Plate-out*	$-$
h^{sp}	épaisseur critique du seuil de percolation	l
Φ^P	facteur d'écoulement en pression	$-$
Φ^S	facteur d'écoulement en cisaillement	$-$
p	pression	$[P]$
P	pression normalisée par $\sigma_{Y,0}$	$-$
$\bar{m}_t$	coefficient de frottement	$-$
τ	contrainte tangentielle	$[P]$
H_a	dureté relative des aspérités (sans dimension)	$-$
E_p	vitesse de déformation des aspérités (sans dimension)	$-$

Procédé de laminage

Le	longueur d'emprise	l
$R(R_0)$	rayon du cylindre de travail (configuration non déformée)	l
e_R	demi-épaisseur de l'entrefer (ordonnée du profil cylindre)	l
e_S	épaisseur de la bande	l
w	largeur de bande	l
r	réduction de la bande en terme d'épaisseur	$-$
θ	angle formé entre l'axe oy et la droite reliant le centre du cylindre de travail à un point de la bande	$-$
V_S	vitesse de la bande	lt^{-1}
V_R	vitesse périphérique du cylindre de travail (non déformé)	lt^{-1}
ΔV	glissement ($V_S - V_R$)	lt^{-1}
S_F	glissement avant (*forward slip*)	$-$
$F_{\mathbf{LAM}}$	force de laminage	mlt^{-2}
$C_{\mathbf{LAM}}$	couple de laminage	ml^2t^{-2}

Chapitre 1

État des connaissances en laminage à froid

Trois domaines principaux nécessaires à la compréhension de la problématique du laminage à froid seront abordés dans ce chapitre : tout d'abord le procédé du laminage à froid, ensuite la mécanique associée au contact entre des surfaces rugueuses et, finalement, les différents aspects de la lubrification en laminage à froid. Cette dernière partie possède deux points originaux : une analyse critique des facteurs de forme de l'écoulement pour l'équation de Reynolds moyenne et une étude sur le micro hydrodynamisme

1.1 LE LAMINAGE À FROID

Tout d'abord, le laminage à froid est replacé dans la chaîne de production de l'industrie de l'acier et son rôle à l'intérieur de celle-ci est précisé. Ensuite, une description physique d'une cage de laminoir permet de visualiser concrètement l'installation industrielle. De plus, les intervenants majeurs, au niveau de la mécanique et de la thermique de la solution, sont décrits ainsi que les défis technologiques primordiaux en jeu. Finalement, afin de mieux appréhender ce processus de mise en forme, le modèle classique physique bidimensionnel est présenté.

Dans le cadre de cette étude, l'intérêt est uniquement porté sur le laminage de produits plats c.-à-d. avec une épaisseur petite par rapport aux deux autres dimensions - la largeur et la longueur. Autrement dit, aucun laminage de forme ni de production de câbles et autres produits longs n'est considéré.

1.1.1 Le procédé industriel

Ses objectifs

Il existe tellement de contraintes de diverses natures que la philosophie du lamineur ne peut être résumée plus précisément que comme suit :

> *« L'objectif est de produire une bande de métal dans les bornes admissibles du cahier des charges en étant le plus rentable possible et par un procédé légal. »*

Quelques détails éclaircissent cette formulation générale :

1. Le cahier des charges contient des exigences au niveau :

   (a) de la qualité de l'acier

   (b) de la forme du produit tant au niveau de la dimension que des défauts

   (c) de l'état de surface : aptitude à être peint, aspect visuel, rugosité ...

2. Rentabilité : au niveau économique, une optimisation de paramètres tels que les couples d'entraînement des cylindres, leur durée de vie et la quantité de lubrifiant comptent parmi les facteurs les plus importants.

3. Légalité : Il s'agit, principalement, des règles en matière d'environnement qui conditionnent notamment les composants des huiles et leur quantité dans le lubrifiant.

À configuration fixée, le lamineur doit assurer au produit ses dimensions, en particulier son épaisseur, sa rugosité et sa planéité tout en maximisant la vitesse de l'opération.

Le laminage dans le processus sidérurgique

Première étape dans le processus sidérurgique, le haut-fourneau transforme le minerai de fer en fonte. Sa composition moyenne est de 94% de fer, 4.5% de carbone et le reste de manganèse, de silicium, de phosphore, de soufre, d'azote, ...

Qu'il soit élaboré dans les aciéries à l'oxygène ou dans les aciéries électriques, l'acier liquide est majoritairement coulé en continu (>90%). La coulée en forme (fonderie) est réservée à des applications particulières et la coulée en lingots perd chaque année du terrain.

Bien que les épaisseurs des produits coulés en continu se réduisent grâce à la mise au point de machines de coulée continue performantes pour produits minces (*near net shape casting*), le laminage à chaud reste indispensable d'une part pour amener l'épaisseur des produits coulés aux épaisseurs demandées par le marché et d'autre part pour améliorer la microstructure et les propriétés mécaniques du métal coulé.

Le réalisation des faibles épaisseurs (en dessous de 1 mm pour fixer les idées) n'est pas possible en laminage à chaud en raison de la faible rigidité du produit. Il faut alors recourir au laminage à froid. Ce laminage est précédé d'un décapage, qui permet de se

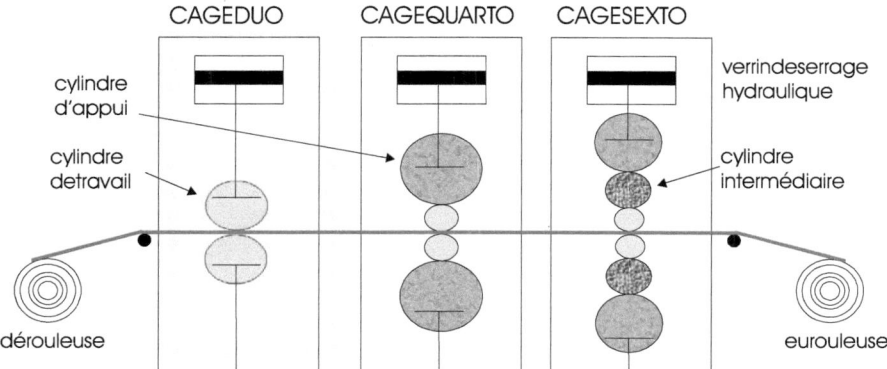

FIGURE 1.1 – Schéma d'une coupe transversale d'un laminoir discontinu imaginaire constitué de différents types de cage.

débarrasser des oxydes présents à la surface des produits laminés à chaud. Il est suivi d'un recuit (base ou continu) de recristallisation du métal et d'un laminage final à faible réduction (*skin-pass*) ayant pour but d'éliminer le palier de traction, de corriger d'éventuels défauts de planéité du produit et d'imprimer une rugosité de surface sur la tôle. Lorsque de très fines épaisseurs (en dessous de 0,1 mm) sont réalisées, ce laminage final dit de double réduction devient alors plus conséquent.

L'installation

Un laminoir à froid a pour outil principal un train tandem qui est constitué de plusieurs cages (en général entre 4 et 6) situées, dans le cadre d'une installation discontinue, entre la dérouleuse (ou débobineuse) et l'enrouleuse (ou bobineuse).

Sur la figure 1.1, de gauche à droite, sont représentées une cage duo , une cage quarto et une cage sexto . La cage duo est la plus simple et ses deux cylindres sont dits de travail car ils sont en contact direct avec la matière déformée. Le modèle le plus répandu est celui possédant quatre cylindres. Les deux cylindres d'appui permettent d'atteindre une meilleure planéité car ils contribuent à limiter la flexion des cylindres de travail. Pour une qualité encore supérieure, la cage sexto permet un contrôle plus fin de la planéité via un ajustement de la position latérale des deux cylindres intermédiaires. Pour finir, signalons qu'il existe une cage du type Sendzimir possédant une vingtaine de cylindres, capable de laminer des produits à plus haute résistance.

Suites aux déformation mécanique de la bande, par frottement à l'interface produit/outil mais aussi par conduction et radiation entre les différentes composantes du système, les cylindres de travail ainsi que la bande s'échauffent. Afin de minimiser

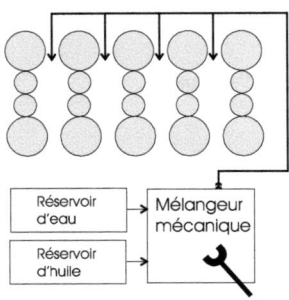

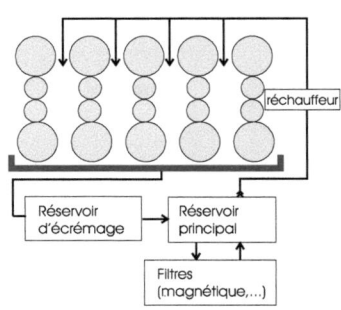

FIGURE 1.2 – Système typique d'application directe.

FIGURE 1.3 – Système typique d'application par recirculation.

la dégradation des cylindres, un refroidissement par eau est généralement utilisé. Ce fluide est largement répandu, peu coûteux et a une bonne capacité calorifique. En laminage à chaud (LAC), on refroidit les cylindres (de travail et/ou d'appui), alors qu'en laminage à froid (LAF), c'est plutôt la bande qui est visée. Pour refroidir l'interface et diminuer son coefficient de frottement (voir détails partie 1.3.1), une lubrification de l'emprise [1] est nécessaire. La technique la plus répandue est d'utiliser un mélange de deux fluides. Le fluide porteur - généralement de l'eau - sert au transport du vrai lubrifiant - l'huile - dans le réseau de distribution en évitant l'obturation des buses et des becs pulvérisateurs. La disposition, l'orientation et l'angle d'ouverture des becs pulvérisateurs influencent fortement la qualité de la lubrification. Le fluide porteur et le lubrifiant forment ensemble une émulsion ou une dispersion suivant les composés chimiques qui les lient.

Deux systèmes de réseau de distribution sont largement utilisés : l'application directe et par recirculation . Le système d'application directe (voir figure 1.2) est principalement destiné aux systèmes ne demandant qu'un faible débit (stockage d'environ $10m^3$). Peu de maintenance est nécessaire mais le mélange mécanique entre les deux fluides, stockés séparément, doit être bien contrôlé. Le système par recirculation (voir figure 1.3) permet de plus grands débits (stockage d'environ 250 m^3), mais le mélange diphasique doit être plus stable. La séparation entre l'huile et l'eau est donc moins importante au moment de la pulvérisation ce qui dégrade son efficacité. Dans ce système, des systèmes de collecte et de filtration sont mis en oeuvre afin de réutiliser une partie du lubrifiant.

L'instrumentation est très imposante mais n'est pas forcément présente sur tous les laminoirs. Il existe de nombreux capteurs de base permettant de mesurer les forces de

---

1. zone de contact intime entre les cylindres et la bande

laminage, les tractions inter-cages, les vitesses de bande et/ou de rotation des cylindres et l'épaisseur de la bande. Des mesures thermiques sont aussi possibles afin d'évaluer la température atteinte dans l'emprise. Au niveau vibratoire, des accéléromètres sont disposés sur l'installation. La planéité est contrôlée via un stressomètre. Enfin, il existe aussi des instruments de mesure de dimension et d'état de surface.

1.1.2 Les aspects mécaniques

Le laminage est un procédé à fort caractère quasi-statique : les champs mécanique et thermique sont stationnaires durant la plus grande partie de l'opération dans un repère Eulérien. Même en se limitant à une étude purement quasi-statique, le laminage reste complexe au vu de la multitude d'ordres de grandeurs qui le compose. En effet, comme l'illustre la figure 1.4, on voit qu'il existe quatre niveaux d'échelle.

La première échelle (m) se situe au niveau de la cage entière, voire même du tandem dans sa totalité. Cela comprend les phénomènes incluant l'influence de l'entièreté de l'outil comme les effets de vibration d'ensemble, de déformation élastique de la cage (cédage), ...

Au second plan (mm), on peut détailler ce qui se déroule dans l'emprise. Il s'agit principalement des problèmes de déformation élastique des cylindres et du comportement élasto-plastique de la bande.

À une échelle encore inférieure (μm), la rugosité de surface influence directement le procédé via le frottement, l'usure ou même par modification de l'écoulement du lubrifiant entre l'outil et la bande.

Finalement, l'échelle quasi-moléculaire (nm) comprend les réactions physico-chimiques de surface. Celles-ci ne sont actuellement prises en compte qu'au travers des propriétés de moyenne au niveau du lubrifiant.

Les connaissances de la communauté scientifique restent relativement limitées sur les mécanismes régissant l'écoulement du lubrifiant dans les conditions réelles de laminage à froid. Ainsi par exemple, le micro-hydrodynamisme [2] est un phénomène dont la présence est supposée mais pas encore prouvée expérimentalement. Celui-ci n'est pas modélisé actuellement alors que ses effets semblent être de premier ordre dans certaines conditions de laminage.

Notions fondamentales

Fondamentalement, le laminage est une mise en pression du matériau. Contrairement au forgeage, le laminage a pour principal avantage d'être continu. L'entraînement de la bande est réalisé par frottement avec les deux cylindres de travail en rotation. Il

---

2. apport en lubrifiant dans les zones de contact intime métal-métal, c'est-à-dire aux sommets de la rugosité

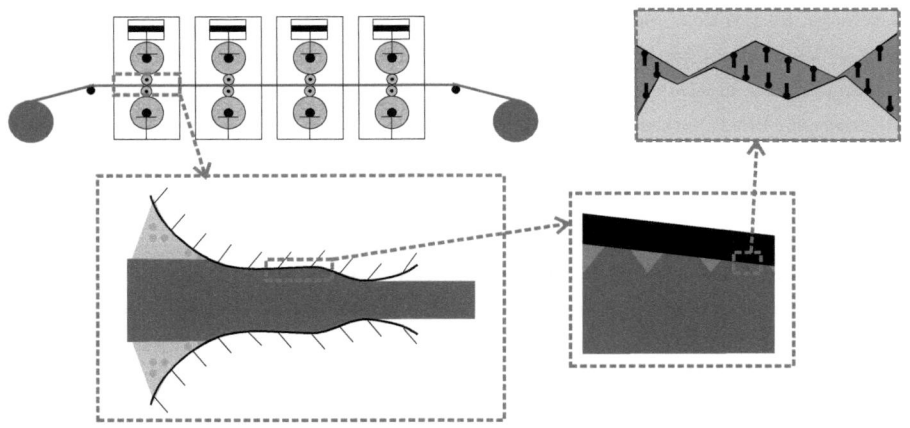

FIGURE 1.4 – Le laminage à froid : un problème à multiples ordres de grandeur.

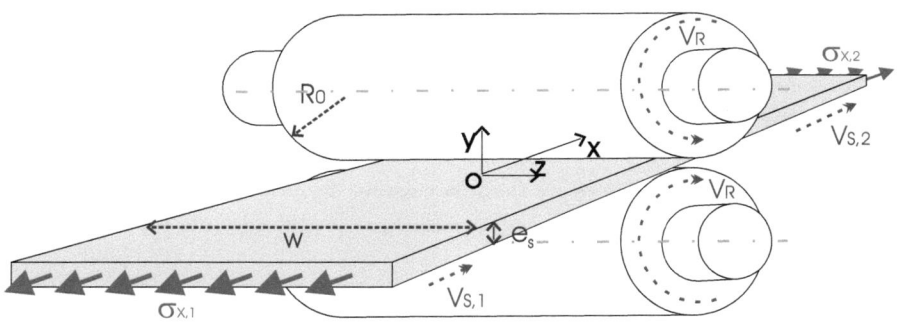

FIGURE 1.5 – Le problème 3D : notations et système d'axes.

est donc primordial pour contrôler de manière optimale le mécanisme de maîtriser le mieux possible cette force tangentielle. Une vue tridimensionnelle de la bande et des deux cylindres de travail à la figure 1.5 permet de voir que l'épaisseur de la bande - sa dimension selon la direction normale oy - est notée par e_S, alors que sa largeur - sa dimension selon la direction transverse oz - est notée w. L'origine du système d'axes est situé à sa mi-largeur, mi-hauteur et dans le plan reliant les axes des cylindres de travail. L'axe ox est appelé la direction de laminage. Un champ de contrainte de traction $\sigma_x(y,z)$ s'applique en entrée et en sortie. La bande avance avec une vitesse $V_S(x,y,z)$ alors que le cylindre tourne avec une vitesse angulaire constante. Le rayon initial du cylindre non déformé est noté R_0 alors que sa vitesse périphérique qui dépend théoriquement du rayon déformé est noté V_R.

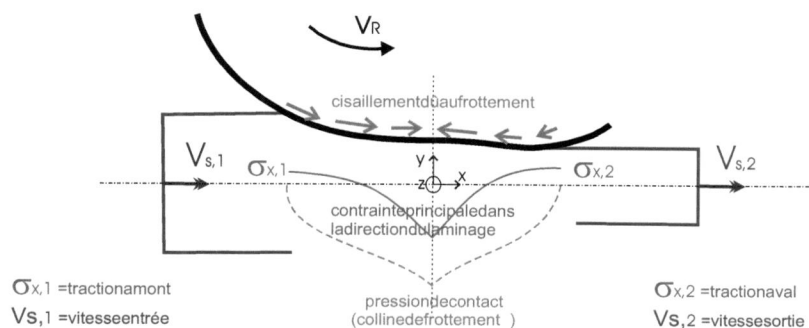

FIGURE 1.6 – Le problème simplifié 2D : illustration du frottement et des contraintes de traction et de pression.

Afin de mieux comprendre le problème réel, un modèle bi-dimensionnel simplifié est couramment utilisé (figure 1.6). Dans ce problème 2-D, toutes les grandeurs sont supposées constantes selon la direction transverse (oz) et l'opération de laminage peut être décrite comme suit (l'indice 1 se réfère aux grandeurs en entrée, tandis que l'indice 2 est relatif aux grandeurs en sortie) :

> *Une bande d'épaisseur initiale $e_{S,1}$ passe entre deux cylindres déformables, initialement de profil circulaire à rayon R_0, tournant à vitesse angulaire constante. Elle ressort avec une épaisseur $e_{S,2}$ alors que sa largeur reste inchangée ($w_1 = w_2$). Cette opération, idéalement symétrique par rapport au plan moyen de la tôle, accélère la bande depuis une vitesse $V_{S,1}$ en entrée à une vitesse $V_{S,2}$ en sortie. Aux extrémités, la contre-traction en entrée vaut $\sigma_{x,1}$ alors que la traction en sortie vaut $\sigma_{x,2}$. En amont et en aval, la bande est libre de contrainte normale à la surface.*

Étant donné que les bandes sont à l'horizontale en entrée et en sortie, le dernier point nous permet d'écrire que :

$$\sigma_{y,1} = \sigma_{y,2} = 0 \tag{1.1.1}$$

Au vu des angles généralement mis en jeu, cette contrainte selon la direction normale est souvent assimilée à la pression de contact illustrée à la figure 1.6.

Comment expliquer physiquement les évolutions présentées à la figure 1.6 ? À l'entrée de l'emprise, la vitesse périphérique du cylindre est toujours supérieure à la vitesse de la bande ($V_R > V_{S,1}$). Le cisaillement par frottement entraîne donc la bande dans l'emprise ($\tau > 0 \Rightarrow V_{S,1} \uparrow$). Cela induit logiquement une diminution de la contrainte principale selon la direction du laminage ($\sigma_x(x) < \sigma_{x,1}$) alors que la pression augmente plus sensiblement $(\sigma_y(x)\uparrow)$. Dès l'entrée en plasticité du matériau laminé, la pression augmente de façon à conserver une différence à la contrainte de traction directement proportionnelle à la contrainte d'écoulement plastique $(\sigma_y(x)-\sigma_x(x)\approx\mathcal{C}\sigma_{Y,0})$. Par conservation du volume, la bande accélère encore plus. Généralement, sa vitesse V_S atteint la valeur de la vitesse de périphérique du cylindre V_R. La figure 1.7 montre ce point spécifique appelé point neutre [3]. Après celui-ci, le sens du frottement s'inverse $(\tau<0)$ et la contrainte de traction augmente jusqu'à la valeur de traction de bobinage. Pour la même raison qu'expliquée précédemment, la pression suit la tendance et forme donc un profil particulier souvent appelé colline de frottement. Après le point neutre, la vitesse de la bande continue d'augmenter mais moins vite. Par définition, le glissement (ou glissement avant) est la différence relative entre la vitesse de la bande en sortie et la vitesse du cylindre. Plus généralement, la vitesse de glissement est définie par :

$$\Delta V \equiv V_S - V_R \qquad (1.1.2)$$

Et donc le glissement avant (*Forward Slip*) s'écrit selon

$$S_F \equiv \frac{\Delta V_2}{V_R} = \frac{V_{S,2}-V_R}{V_R} = \frac{V_2-V_R}{V_R} \qquad (1.1.3)$$

Dans ces deux formules, V_R est la vitesse théorique du cylindre non déformé.

Après avoir été comprimé plastiquement, la bande subit un retour élastique qui a pour effet d'infléchir l'accélération de la bande en sortie d'emprise. Dans des conditions classiques, il n'existe une zone où la vitesse de la bande dépasse celle du cylindre. Cependant, l'existence de deux points neutres est donc tout à fait imaginable selon l'importance de cette zone. Vu que la friction s'oppose toujours au déplacement de matière, les forces agissant à la surface de la bande ne sont alors plus motrices mais, au contraire, freinent la matière. Pour l'opération de laminage, la partie motrice, en amont du (premier) point neutre, est nettement plus importante que la partie résistante ce qui dégage une résultante positive de la force de frottement vers l'aval.

Pour des cylindres rigides, la longueur d'emprise (Le) - zone de contact intime entre le cylindre et la bande - vaut approximativement

$$Le \equiv x_2 - x_{contact} \approx -x_{contact} \approx \sqrt{rR_0 e_{S,1}} \qquad (1.1.4)$$

où la réduction de passe r est définie par :

$$r \equiv \frac{e_{S,1}-e_{S,2}}{e_{S,1}} \qquad (1.1.5)$$

---

3. En jouant sur les tractions σ_1 et σ_2, il existe des conditions de passe de laminoir stable sans qu'il n'existe de point neutre. La vitesse de la bande reste alors inférieure à la vitesse du cylindre partout dans l'emprise. Ce phénomène s'appelle le patinage. Lorsque les cylindres sont fortement aplatis, il se peut que le point neutre soit en réalité une zone neutre.

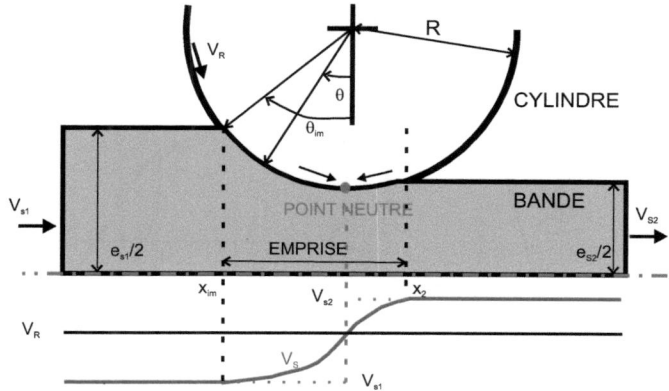

FIGURE 1.7 – Illustration schématique de la notion du point neutre avec courbes de vitesse.

L'hypothèse d'une longueur de retour élastique faible devant la distance de contact est en pratique souvent vérifiée. L'angle d'attaque $(\theta_{contact})$[4] peut être évalué selon

$$\tan\left(\theta_{contact}\right) \approx \sqrt{\frac{re_{S,1}}{R_0}} \tag{1.1.6}$$

En pratique, $x_{contact}$ est une notion assez floue pour un contact lubrifié entre des surfaces rugueuses ! En général, on considère que ce point est le point de premier contact théorique entre les surfaces solides x_{im} (pour *inlet mixed*) en faisant abstraction de l'influence du lubrifiant avant ce point.

Comme illustré à la figure 1.8, le problème de laminage est séparé en trois zones selon la direction de laminage :

1. la zone d'entrée $(x \in [x_1, x_{iw}[)$ où le lubrifiant est mis sous pression,

2. la zone de travail $(x \in [x_{iw}, x_{wo}])$ qui débute au moment où la tôle commence à se déformer plastiquement (en x_{iw} pour *inlet work*),

3. la zone de sortie $(x \in]x_{wo}, x_2])$ qui commence quand le comportement de la bande redevient élastique (en x_{wo} pour *work out*) ; elle s'arrête quand la pression retombe à zéro.

En plus des trois zones définies selon l'état de plasticité de la bande, une séparation supplémentaire est nécessaire au point de premier contact x_{im} entre la surface du cylindre et de la bande. En général, ce premier contact intervient dans la zone d'entrée et deux sous-zones, appelées généralement zone d'entrée hydrodynamique (la pression est alors entièrement supportée par le fluide) et zone d'entrée mixte,

---

4. Par définition, l'angle d'attaque est également l'angle formé entre la tangente au cylindre au point de contact avec la bande et l'horizontale.

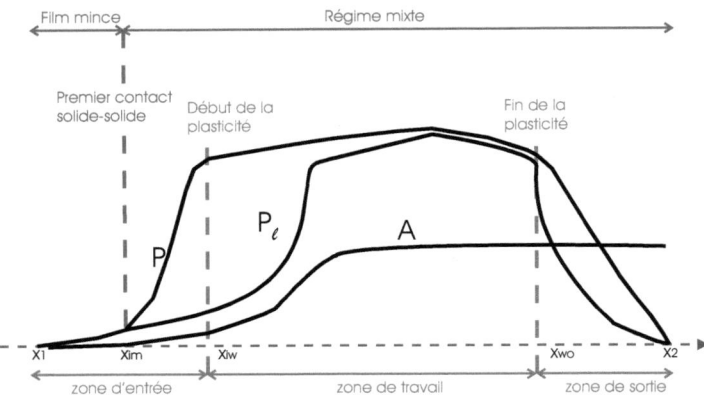

FIGURE 1.8 – Le problème simplifié 2D : notations et zones physiques. $p =$ pression d'interface, $p_l =$ pression dans le lubrifiant et $A =$ aire de contact relative entre les deux surfaces en contact.

apparaissent. Ces deux zones sont donc caractérisées par les régimes de lubrification en film mince et mixte (voir définitions à la section 1.3.2). Sur la figure 1.8 illustrant ces notions, la transition entre ces deux zones est placée arbitrairement dans la zone d'entrée alors que cette transition pourrait se dérouler en zone de travail. Sur cette figure, p équivaut à la pression d'interface (ou moyenne), p_l est la pression dans le lubrifiant et A est l'aire de contact relative entre les deux surfaces en contact (notion illustrée à la figure 1.15). Après le premier contact solide-solide (en x_{im}), la pression d'interface p et celle dans le fluide p_l se séparent. En effet, une partie de la charge est portée à présent par les aspérités comme l'illustre l'élévation de l'aire de contact à partir de ce point ($A \neq 0$).

Modèles pour la bande

Hypothèse mécanique

Comme précisé dans Montmitonnet [93], plus la bande laminée est large et fine, plus le problème devient 2D. Seuls certains effets de bords, notamment dus à la thermique et aux contraintes résiduelles, sont dans ce cas négligés. De plus, lorsque la longueur d'emprise Le est nettement supérieure à l'épaisseur du produit e_S –en général 3 fois suffit–, on peut réduire le système à un modèle unidimensionnel. En effet, les principaux champs ont alors un faible gradient selon l'épaisseur de la bande.

En laminage à froid, la bande est, en général, mince par rapport à sa largeur. L'hypothèse des déformations planes est justifiée lorsque le rapport $\frac{w}{e_S} \geq 10$. En état plan de déformation, on a :

$$\dot{\varepsilon}_z = 0 \tag{1.1.7}$$

Rhéologie

Comme développé ci-dessous, un modèle élasto-plastique est nécessaire. La dépendance thermique n'est le plus souvent pas nécessaire dans le cadre du laminage à froid, alors qu'à chaud elle peut entraîner des modifications de la microstructure du matériau.

La partie élastique du comportement matériau est importante. En effet, tout d'abord, dans le cadre général du problème tri-dimensionnel, elle permet d'évaluer les contraintes résiduelles de manière prédictive, ce qui est très important pour les problèmes de planéité de la tôle finale. Ensuite, comme décrit dans Jiang et al. [61], le comportement élastique est important afin de bien évaluer les bosses élastiques de la bande en entrée et en sortie de modèle. En entrée, cela permet de mieux évaluer la distance séparant les deux surfaces dans un cas lubrifié. En sortie, la précision sur le retour élastique –phase d'augmentation de l'épaisseur après le point bas du cylindre– est augmentée. Les auteurs montrent que ces bosses sont d'autant plus négligeables que l'épaisseur de la bande est mince et que la vitesse de laminage est élevée. Finalement, comme illustré par Cosse et Econopoulos [37], tenir compte de la fraction élastique de la déformation totale permet d'obtenir une solution continue en terme de contraintes au travers des domaines de calcul et une évaluation précise de la force de laminage.

Méthodes

Premièrement, la méthode de la borne supérieure - voir [6, 7, 102] et plus récemment [87] - suppose la définition au préalable d'un champ de vitesse cinématiquement admissible pour la bande. Celui-ci est ensuite optimisé afin de minimiser une fonctionnelle énergétique. Deuxièmement, la méthode des lignes de glissement [28, 115] est basé sur la méthode des caractéristiques, définis ici comme étant les lignes de cisaillement maximum. Elle résout exactement des équations de plasticité moyennant un matériau rigide parfaitement plastique et une déformation plane. Troisièmement, les méthodes sans maillage [154] sont basées sur un ensemble de nœuds et sur des fonctions d'influence radiale exprimant l'interaction entre ceux-ci. Appliquées que depuis très récemment dans le laminage, elles sont encore largement en cours de développement.

Après cette revue succincte de quelques méthodes, voici une analyse plus détaillées de celles qui semblent les plus intéressantes.

Méthode des tranches {[37], [86]} (voir détails à l'annexe B)

Il s'agit d'un modèle quasi-statique unidimensionnel reprenant l'hypothèse de déformations planes. Les contraintes sont donc considérées comme homogènes au travers de la largeur et de l'épaisseur.

$$\begin{cases} \sigma_x (x, y, z) &= \sigma_x (x) \\ \sigma_y (x, y, z) &= \sigma_y (x) \\ \sigma_z (x, y, z) &= \sigma_z (x) \end{cases} \quad (1.1.8)$$

Les axes principaux des contraintes sont supposés être ceux de la géométrie du procédé - direction de laminage, direction transverse et direction normale. Cela entraîne l'absence de cisaillement interne dans la bande.

$$\sigma_{xy} = \sigma_{xz} = \sigma_{yz} = 0 \quad (1.1.9)$$

Dans ce problème de base, il n'existe que 4 inconnues principales : les **3** contraintes principales et la vitesse de la bande. Une boucle de tir permet de vérifier le couple contre-traction/traction et contraintes normales libres en résolvant un système de 4 équations couplées.

Cette méthode permet de décrire les effets de différentes grandeurs, telles que le diamètre des cylindres, la rhéologie de l'acier, les tractions imposées, ...

Méthode des lignes de courant {[39], [55] } Cette méthode est une technique d'inté-gration permettant une analyse stationnaire multi-dimensionnelle. Une ligne de courant est la trajectoire d'un point matériel. On intègre le long de ces lignes en découplant les dérivées dans les différentes directions à l'aide d'inconnues sup-plémentaires. La compatibilité globale étant obtenue par ajustements itératifs de la position de ces lignes de courant et de la distribution de la contrainte de cisaillement.

Counhaye [39] se base sur la méthode d'analyse des différences finies (FDM) ce qui a pour principal intérêt de pouvoir prédire des solutions stationnaires comparables aux solutions par éléments finis, tout en restant moins complexe et exigeante en ressources informatiques.

Méthode des éléments finis {[95], [105], ... } Cette technique est très générale. Elle s'applique aussi bien au cas 1D, 2D que 3D. Le principe est de remplacer les équations régissant le système par des approximations discrètes de ces fonctions (équations d'équilibres, rhéologiques et thermiques). Le domaine Ω occupé par le système est maillé en éléments Ω_e dont la réunion approche Ω. Ces éléments Ω_e ont des nœuds en leurs sommets et parfois le long des interfaces ou au cœur même des éléments. La réalité est simulée grâce au choix de fonctions d'interpolation entre ces nœuds. En général, celles-ci sont soit linéaires soit quadratiques. Les éléments de base sont des triangles à 3 (fonction linéaire) ou 6 nœuds (fonction quadratique) et, de manière similaire, des quadrangles à 4 ou 8/9 nœuds. Les éléments 3D sont des tétraèdres ou des hexaèdres. Hsiang et Lin [56] fournissent un travail intéressant qui allie cette technique générale à la méthode des tranches afin de modéliser le problème du laminage de forme.

Modèles pour le cylindre

L'état de la matière du cylindre reste dans le domaine élastique. Voici quelques-uns des modèles existants pour prendre en compte sa déformation.

Rayon d'Hitchcock {[54], [24]} Ce modèle est tiré de la théorie de Hertz sur les contraintes et les déformations élastiques de deux corps homogènes, lisses et ellipsoïdaux en contact en état d'équilibre statique. Pratiquement, l'effet du frottement sur la déformée élastique est négligé et la répartition réelle des pressions est remplacée par une distribution elliptique. L'hypothèse la plus forte suppose que le cylindre garde un contour circulaire. Le rayon déformé se calcule selon :

$$R\left(R_0\right) = R_0 \left[1 + \frac{16(1 - v_R^2)}{\pi E_R} \frac{F_{\mathrm{LAM}}}{e_1 - e_2}\right] \qquad (1.1.10)$$

avec v_R et E_R respectivement le coefficient de Poisson et le module de Young du cylindre. F_{LAM} est la force de laminage , c.-à-d. la résultante verticale des forces entre la bande et un cylindre de travail.

Pour des cas faiblement chargés, Bland et Ford [24] propose une amélioration à cette formule qui permet de prendre en compte la tension d'entrée, celle de sortie ainsi que l'élasticité de la bande.

Méthode des fonctions d'influence {[64], [67]} [64] propose une approche qui conserve la vraie répartition, non elliptique, des contraintes normales. Le cylindre peut donc avoir une déformée non circulaire. Par contre, le frottement n'est toujours pas pris en compte pour évaluer cette déformée, c.-à-d. que l'on néglige les déplacements circonférentiels. La solution du problème est une superposition de solutions de chargement d'un cylindre élastique par deux forces diamétralement opposées.

Pour pallier ces faiblesses, Krimpelstätter et al. [67] développent alors une méthode semi-analytique prenant en compte la déformée non circulaire du cylindre incluant des déplacements aussi bien radiaux que circonférentiels. L'équation d'Hitchcock est également remise en cause pour les cas à très faible élongation - comme pour le *skin-pass* par exemple.

Méthode des éléments finis {[3] et [4]} Cette méthode permet de tenir compte de tous les aspects influençant la déformée du cylindre. L'objectif de cette méthode est, entre autres, de pouvoir atteindre une grande précision, notamment dans la zone de mise sous pression du lubrifiant. Lorsque l'on utilise la méthode des tranches pour la bande, Marsault [86] explique qu'il est nécessaire de construire une fonction de classe C_1, c.-à-d. à dérivée continue, pour le profil du cylindre à partir des nœuds du maillage Éléments Finis. Sutcliffe et Montmitonnet [132] approche la surface réelle par des splines cubiques afin d'intégrer les équations hydrodynamiques.

Le couplage

Gratacos et al. [47] proposent un calcul global par éléments finis, résolvant simultanément les équations régissant la tôle et le cylindre. Combinées à la méthode des tranches pour la bande, les méthodes classiques de prise en compte de la déformation des cylindres, telles que celles décrites ci-dessus, présentent des problèmes de convergence pour des fines épaisseurs de bande. La solution peut venir d'une relaxation géométrique et/ou de charge entre les itérations conduisant à la forme finale. Les valeurs de coefficient de relaxation recommandées varient selon les méthodes entre 1 et 10% ce qui signifie que l'on conserve dans le calcul 90 à 99% des valeurs de départ. Cette méthode de couplage est celle reprise dans le cadre de ce travail et est analysé et développé dans un chapitre ultérieur. Deux autres approches sont cependant possibles.

L'approche de Grimble {[50]} La méthode des tranches fournit une relation du type :

$$\sigma_n(\theta) = \mathcal{N}[e_S(\theta)] \tag{1.1.11}$$

où, pour rappel, θ est la variable angulaire pour l'arc de contact (voir figure 1.7), σ_n est la contrainte normale et e_S le profil d'épaisseur de la bande. $\mathcal{N}$ est un opérateur non linéaire. Si on considère la méthode des fonctions d'influence pour calculer la déformation du cylindre, on peut écrire :

$$e_S(\theta) = \mathcal{L}[\sigma_n(\theta)] + e_0(\theta) \tag{1.1.12}$$

où $e_0(\theta)$ est le profil d'épaisseur initial pour les cylindres non déformés et $\mathcal{L}$ un opérateur linéaire en σ_n.

De là, on déduit

$$e_S(\theta) = \mathcal{LN}[e_S(\theta)] + e_0(\theta) = \mathcal{T}[e_S(\theta)] \tag{1.1.13}$$

et donc $e_S(\theta)$ est le point fixe de l'opérateur $\mathcal{T}$. Si $e_S^*(\theta)$ est une approximation de $e_S(\theta)$, alors

$$\Delta(\theta) = e_S^*(\theta) - \mathcal{T}[e_S^*(\theta)] \neq 0 \tag{1.1.14}$$

La méthode des gradients conjugués est utilisée pour minimiser l'erreur normée définie par

$$j = \frac{1}{2} \int_0^{\theta_{max}} \Delta^2(\theta) d\theta$$

par rapport à $e_S(\theta)$. Grimble et al. [50] ont modélisé le contact entre les deux corps comme glissant, alors que, pour de fortes déformations, le phénomène de contact collant peut apparaître.

L'approche de la mécanique du contact {[45], [46] et [72]}

Pour les plus faibles épaisseurs, la méthode présentée par Grimble et al. [50] ne converge pas toujours. Fleck et Johnson [45] ont donc proposé une méthode inspirée de la théorie utilisée en Élasto-Hydro-Dynamique (EHD). Celle-ci consiste à diviser l'emprise en 7 zones (voir figure 1.9). Ces zones peuvent être soit élastique soit plastique et le cas du contact collant peut être pris en compte. Une forme est choisie a priori pour la distribution de pression au niveau du contact. Elle possède un terme venant de la théorie classique de Hertz ajouté à un autre provenant du modèle de «fondation élastique» développé dans Johnson [62]. Cette approche est toujours en cours de développement comme en témoigne par exemple la contribution Langlands et McElwain [72].

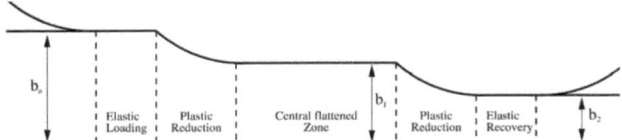

FIGURE 1.9 – Couplage cylindre/bande : analyse de l'emprise par Fleck et Johnson [45].

1.1.3 Les aspects thermiques

Les effets thermiques sont moindres en laminage à froid qu'en laminage à chaud. Ils ne sont pas toujours pris en compte dans le premier cas alors qu'ils doivent l'être dans le second. Cependant, il reste indéniable que, lors du procédé à froid, il y a production d'énergie calorifique. Détaillons les origines de cet échauffement et analysons brièvement toutes ses conséquences. Un rapide point sur les modèles existants est ensuite réalisé.

Origines

Lors de la déformation plastique subie par la bande, une production d'énergie calorifique a lieu. La puissance dissipée par déformation plastique $\dot{W}_p$ vaut :

$$\dot{W}_p = r_s \sigma_Y \dot{\bar{\varepsilon}}_{pl}$$

σ_Y est la contrainte d'écoulement plastique, alors que $\dot{\bar{\varepsilon}}_{pl}$ est le taux de déformation plastique équivalent. Pour l'acier, l'énergie de déformation serait transformée en chaleur à hauteur d'environ 90%, c.-à-d. que $r_s \simeq 0.9$. Le reste serait stocké sous forme d'énergie liée aux dislocations de la matière.

D'autre part, que ce soit par cisaillement interne du fluide ou par frottement solide-solide, le frottement à l'interface génère également de la chaleur. La puissance dissipée par frottement $\dot{W}_F$ est donnée par :

$$\dot{W}_F = \tau \left| V_R - V_S \right|$$

Les deux sources de chaleur principales étant décrites, il reste à analyser comment la chaleur se propage par conduction, convection et rayonnement. Ce dernier est souvent négligé dans les modèles ainsi que la convection libre avec l'air ambiant. On considère en général uniquement la conduction au travers des contacts directs bande-cylindre et par conduction/convection via le film de lubrifiant. La grande difficulté est d'estimer les coefficients de transferts thermiques adéquats. Une partie de la chaleur est également emportée hors du système par la bande laminée et le lubrifiant.

Conséquences

Tout d'abord, la géométrie du procédé est influencée. L'effet, bien connu, de bombé thermique des cylindres selon la direction transverse est traité, d'une part, en tenant compte dans le profil initial du cylindre et, d'autre part, dynamiquement par un arrosage différentiel. Cet effet est sans intérêt dans un modèle ignorant la direction transverse.

Ensuite, sur le plan métallurgique, l'effet de la température peut influencer la transition entre les phases de la microstructure de l'acier. Dans les plages de température du laminage à froid, deux phases sont possibles : la martensite et l'austénite. Par exemple, l'augmentation de température lors du laminage d'aciers inoxydables austénitiques inhibe la transformation en martensite.

Finalement, côté tribologique, la viscosité du lubrifiant est très sensible à la température de l'interface (voir section 1.3.5). Le couplage fort entre la thermique et la lubrification implique une détermination précise des températures en jeu en entrée d'emprise. Généralement, il s'agit de l'unique conséquence retenue de l'élévation de la température dans les modèles de laminage à froid en régime mixte.

Modèles

De nombreux travaux ont été réalisés afin de développer des modèles thermiques pour le laminage de bande. Les premiers travaux [32, 98] s'intéressent à la détermination 2D de la distribution transitoire de température dans le cylindre, [107] a étendu ces travaux au 3D. [71, 137] présentent des modèles aux différences finies efficaces mais ne tenant pas compte de la convection au niveau des cylindres hors emprise. D'autres hypothèses paraissent peu appropriées : la conductance infinie de l'interface, une même température surfacique de la bande et du cylindre ou une génération constante de chaleur due au frottement le long de l'emprise.

Plus récemment, Luo et Keife [84] couplent un sous-modèle thermique 1D - résolu par la méthode des éléments finis - à un modèle mécanique existant tenant compte de grands aplatissements du cylindre de travail. Deux hypothèses discutables sont émises pour ce sous-modèle thermique : la bande ne diminue pas géométriquement d'épaisseur et il n'y a pas de glissement à l'interface. Autrement dit, les auteurs négligent une éventuelle source de chaleur à l'interface par frottement. Au vu des résultats de simulation, ils concluent notamment que le point de température maximale du lubrifiant se situe soit en sortie d'emprise pour de basses et moyennes vitesses (jusqu'à 10m/s), soit à l'entrée d'emprise pour de plus hautes vitesses (20 m/s). Lors de grands aplatissements du cylindre, deux maxima de température sont observés à la place d'un seul. Pour les hautes vitesses, la température du lubrifiant en entrée est trouvée largement supérieure aux températures bande et cylindre (45^oC contre 25^oC) ce qui prouve bien l'importance de l'auto-échauffement par cisaillement. Pour des vitesses supérieures au mètre par seconde, l'équilibre thermique est atteint en plusieurs dizaines de minutes.

Marsault [86] présente une étude qualitative de l'équation de la chaleur afin d'évaluer l'importance des différents termes au niveau du lubrifiant. Deux apports thermiques sont présents : l'auto-échauffement par cisaillement et les transferts avec les surfaces du cylindre et de la bande. L'équation de la chaleur 2D en régime permanent s'écrit :

$$\rho_f C_f \left(v_x \frac{\partial T}{\partial x} + v_y \frac{\partial T}{\partial y} \right) = k_f \left(\frac{\partial^2 T}{\partial x^2} + \frac{\partial^2 T}{\partial y^2} \right) + \eta\left(x, y, T\right) \dot{\gamma}^2 \qquad (1.1.15)$$

avec ρ_f la masse volumique du lubrifiant, C_f sa capacité thermique et k_f sa conductivité thermique. $\dot{\gamma}$ est le taux de cisaillement défini par

$$\dot{\gamma} = \frac{\partial v_i}{\partial x_j} + \frac{\partial v_j}{\partial x_i} \qquad (1.1.16)$$

Les conditions aux limites sont données par la distribution de température sur la bande et sur le cylindre. L'approche classique considère que ces conditions limites sont connues (elles seront en pratique tirées d'expériences) et s'intéresse au problème thermique dans le lubrifiant (thermoviscosité). Au travers l'évaluation de l'ordre de grandeur de certains nombres caractéristiques du procédé du laminage à froid, Marsault [86] conclut que :

- si les températures en surface de la bande et du cylindre sont approximativement égales, la viscosité peut être considérée comme constante dans l'épaisseur ;
- l'auto-échauffement du lubrifiant est généralement négligeable - ce qui est en contradiction avec les résultats montrés dans [84] - et la température qui influence la viscosité est alors simplement prise égale à la moyenne entre celle du cylindre et celle de la bande pour chaque position selon la direction du laminage.

Toujours selon cet auteur, l'effet thermique sur le procédé est surtout important en entrée. Il est dès lors primordial d'avoir une bonne discrétisation spatiale de la distribution de température dans cette zone.

Finalement, Tieu et al. [133] présentent un modèle complet des plus récents tenant compte du régime de lubrification mixte avec un lubrifiant diphasique huile/eau. La formule des conductance tirées de [138] est légèrement modifiée et utilisée pour la partie solide du contact. Selon ce modèle, le principal facteur influençant les valeurs thermiques obtenues est la réduction. À basse température, le cylindre joue le rôle de puits de chaleur entraînant une température plus faible à l'interface qu'au plan moyen de la bande ; plus la vitesse augmente et plus la température à l'interface devient supérieure aux températures en interne de la bande et du cylindre. Cette dernière constatation est uniquement possible grâce à la prise en compte de la source de chaleur due aux frottements qui influence fortement la distribution verticale des températures, alors qu'elle ne représente en général pas plus de 10% de la chaleur totale apportée au système.

1.2 LA MÉCANIQUE DES SURFACES RUGUEUSES

Avant d'étudier la mécaniques des surfaces rugueuses, il faut pouvoir la décrire. Différentes techniques classiques de description topographique d'une surface rugueuse sont abordées sommairement. Ensuite, les mécanismes d'interaction lors d'un mouvement relatif sont introduits. Il s'agit principalement du phénomène d'écrasement d'aspérités et du mécanisme de transfert de rugosité. Pour terminer, une présentation des modèles macroscopiques de frottement est réalisée.

1.2.1 Topologie de surface

Un petit préambule permet de montrer que la notion de surface est plus complexe qu'il n'y paraît. Pour la définition d'un problème, une surface géométrique est une surface parfaite. Une surface spécifiée est dérivée d'une surface géométrique, compte tenu des tolérances de dimensions, de formes, de positions et des prescriptions d'états de surface. La surface réelle est celle qui résulte de la fabrication, alors que celle mesurée est déterminée par l'interaction de l'instrument de mesure avec la surface réelle.

Grüebler et al. [48] soutiennent que la topographie est le facteur le plus important quant au comportement général au niveau de la friction, de la lubrification et de l'usure. Sa description doit donc être, selon eux, la plus précise possible. Ils détaillent la norme DIN4760 qui décrit 6 niveaux de rugosité de surface allant du réseau atomique à la déviation de forme en passant, notamment, par les rugosités de type striure et sillon. Il existe plusieurs approches pour décrire une surface. Elles sont présentées ci-dessous.

L'analyse statistique est la méthode de description surfacique la plus répandue à l'heure actuelle. Elle est utilisée dans notre approche et est donc la seule largement détaillée dans la section suivante.

La seconde, plus récente, utilise l'analyse fractale. Les formes de la géométrie fractale sont caractérisées par une structure et des fragments qui demeurent inchangés à différents niveaux de détail. La structure de chaque partie de la forme est semblable à celle de la forme entière. Elle permet d'aller plus loin dans la description des rugosités de n'importe quel ordre de grandeur. Dans cette approche, le profil de la surface est transformé vers l'espace de Fourier où il est décomposé en une multitude d'oscillations en forme de sinus pouvant varier en amplitude et en fréquence. Un paramètre important est la dimension fractale D et est dérivé de la géométrie euclidienne : 0 → point, 1 → ligne, 2 → surface et 3 → volume. Dans l'approche fractale, ce paramètre est compris entre 1 et 2 pour une ligne irrégulière et entre 2 et 3 pour une surface quelconque. Plus la surface ou la droite est lisse et plus le paramètre est petit. Cette dimension fractale reste la même à toutes les échelles, d'où la propriété intéressante d'indépendance par rapport à l'échelle à laquelle est faite la mesure, et donc dans un certain sens aux instruments de mesure eux mêmes. Plurabué et Boehm [104] utilisent cette méthode pour décrire le transfert de rugosité.

Finalement, une troisième méthode, basée sur le concept de structure équivalente, est introduite par Roques-Carmes et al. [113]. Elle consiste à simuler le comportement d'une surface rugueuse par une autre décrite par des formes convexes et paramétrables. Les éléments de base utilisés par les auteurs sont des ellipses pour représenter des profils et des ellipsoïdes pour des volumes. Des comparaisons entre les paramètres classiques de rugosité obtenus via des surfaces déterministes ou aléatoires et leurs homologues, calculés via cette technique, fournissent des résultats encourageants.

Description des principaux paramètres classiques

Il existe trois types de paramètres caractérisant la rugosité de surface :
- les amplitudes verticales,
- les espacements horizontaux,
- les grandeurs hybrides (liées aux deux notions).

Via une approche probabilistique, leurs valeurs dépendent fondamentalement de la notion de la densité de probabilité. Par définition, il s'agit de la probabilité pour une variable aléatoire Y d'avoir une valeur appartenant au domaine infinitésimal défini par y et $y + dy$

$$f(y) = \lim_{dy \to 0} P\{y < Y < y + dy\} \tag{1.2.1}$$

Si cette équation est appliquée à la topologie de surface, y est l'ordonnée ou hauteur par rapport à la surface moyenne pour laquelle on sait que, par définition,

$$\int_0^L y(x)dx = 0 \tag{1.2.2}$$

Définissant par y_{min} et y_{max}, les bornes respectivement inférieure et supérieure d'une distribution particulière, il vient que

$$\int_{y_{min}}^{y_{max}} f(y)\, dy = 1 \tag{1.2.3}$$

autrement dit la probabilité d'être à une hauteur comprise entre le minimum et le maximum est de 100% !

La norme ISO4287 introduit les différents paramètres présentés ci-dessous. Elle se base sur une approche 2D alors que la nouvelle norme ISO 25178 désigne un ensemble de normes internationales définissant l'analyse des états de surface surfaciques (appelés aussi états de surface 3D).

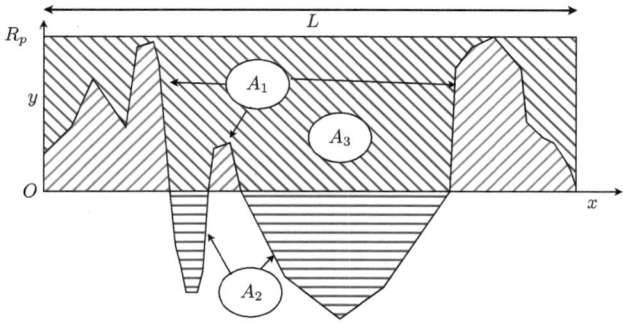

FIGURE 1.10 – Illustration des paramètres R_a et R_p. $R_a = (|A1| + |A2|)/L$ et $R_p = (|A2| + |A3|)/L$.

Paramètres caractérisant l'amplitude verticale de la rugosité de surface

La figure 1.10 illustre quelques-uns des nombreux paramètres qui ont été définis. Le plus basique de tous est la rugosité moyenne R_a définie par

$$R_a \equiv \frac{1}{L} \int_0^L |y(x)| \, dx \tag{1.2.4}$$

R_a est donc la moyenne arithmétique des écarts du profil par rapport à la ligne moyenne. Ceci revient à sommer, en valeur absolue, les aires A_1 (pleine) et A_2 (creuse) et à diviser le résultat par la longueur L d'évaluation. L'ordre de grandeur du paramètre R_a se situe entre le centième de micron pour le meilleur fini de surface et 10 μm pour un moulage grossier.

Le second paramètre s'appelle la rugosité quadratique moyenne R_q, ou RMS provenant de l'anglais *Root Mean Square*. Il s'agit de la déviation standard dans la théorie de la probabilité. Ce paramètre est défini comme suit :

$$R_q \equiv \left(\frac{1}{L} \int_0^L y(x)^2 \, dx \right)^{\frac{1}{2}} \tag{1.2.5}$$

Les déviations de la hauteur de pics du troisième et du quatrième ordres sont appelées respectivement **Skewness** $R_{sk} = \left(\equiv \frac{1}{LR_q^3} \int_0^L y(x)^3 \, dx \right)$ et **Kurtosis** $R_{ku} = \left(\equiv \frac{1}{LR_q^4} \int_0^L y(x)^4 \, dx \right)$. Le troisième ordre paraît fort important pour la lubrification puisqu'il mesure l'asymétrie de la surface. Une valeur positive correspond à une surface avec de hauts pics au-dessus d'une moyenne plate, alors qu'une valeur négative est trouvée pour de profondes vallées entourées de plateaux lisses. Le coefficient de Kurtosis mesure quant à lui le degré d'écrasement de la distribution.

Le troisième paramètre R_p renseigne sur la hauteur maximale des pics de rugosité. R_p (avec p comme pic) décrit le volume vide creusé dans la surface - à un facteur L

près - lequel contient le lubrifiant et piège les débris d'usure, phénomènes primordiaux en tribologie. Il est défini comme suit :

$$R_p \equiv \frac{1}{L} \left[\int_0^L (y_{max} - y(x)) \; dx \right] \qquad (1.2.6)$$

Au vu de (1.2.2), il est clair que $R_p = y_{max}$. Sur la figure 1.10, $|A_2| + |A_3|$ représente ce volume creusé dans la surface et donc $R_p = (|A_2| + |A_3|)/L$. Vu que $|A_1| = |A_2|$ par définition de la moyenne, il est clair visuellement que R_p est la hauteur du rectangle formé de A_1 et A_3 qui vaut évidemment y_{max}. Il existe deux autres critères dérivés de R_p. Il s'agit de R_v (avec v comme vallée), pendant de R_p pour la matière, et R_z qui est la somme des deux, ce qui correspond à $y_{max} - y_{min}$ sur l'échantillon choisi.

| Paramètres caractérisant l'espacement horizontal de la rugosité de surface |

L'espacement horizontal est mesuré dans le plan local de la surface, souvent mesuré le long d'un ou plusieurs profils particuliers. Instinctivement, un pic est un maximum local de la hauteur le long de ce profil. Il est difficile de séparer les pics significatifs des pics secondaires, c.-à-d. ne participant pas réellement au contact. Datant de 1994, la norme ISO4287 comptabilise un pic de rugosité lorsque le profil traverse successivement deux fois la ligne moyenne (voir pic ISO de la figure 1.11). L'espacement moyen qui en découle est mesuré le long de cette ligne moyenne. Ceci n'est pas adapté aux études tribologiques vu que l'amplitude verticale des pics n'est pas prise en compte.

Roizard et al. [112] définissent, quant à eux, deux lignes parallèles à la ligne moyenne, la première d'altitude R_1 ($\equiv 0, 4R_p$) pour comptabiliser les pics suffisamment hauts et la seconde de profondeur R_2 ($\equiv 0, 4R_v$) pour ne prendre en compte que les vallées suffisamment profondes. Ces valeurs sont issues d'essais numériques. Un pic de rugosité, dit «tribologique», est dès lors comptabilisé lorsque le profil passe successivement au-dessus de la ligne R_1 et en dessous de la ligne R_2. Le pas moyen L_{SS} le long du profil étudié sera alors la longueur d'évaluation L divisée par le nombre de pics de rugosité détectés. Sur la figure 1.11, la norme ISO comptabiliserait deux pics, alors que selon [112], un seul est significatif sur le plan tribologique.

La fonction dite d'autocorrélation ACF (*AutoCorrelation Function*) permet, grâce à la théorie des probabilités, de caractériser la répartition spatiale des rugosités. Elle est définie par :

$$ACF(\beta) = \frac{1}{R_q^2} E\left[y(x)y(x+\beta) \right] \qquad (1.2.7)$$

où $E = \int x f(x) \, dx$ est l'espérance mathématique. La longueur d'autocorrélation est la valeur de β pour laquelle la valeur de $ACF(\beta)$ est en dessous du seuil fixé à partir duquel la hauteur en x et celle en $x+\beta$ peuvent être considérées comme indépendantes. Elle peut être différente selon la direction choisie et permet de montrer le caractère

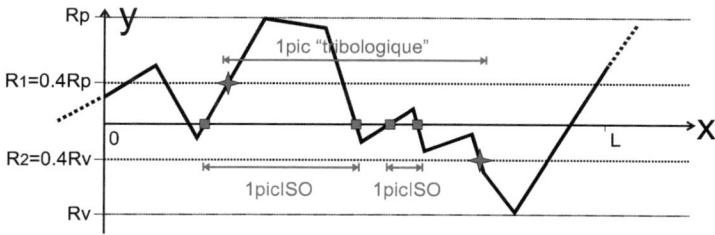

FIGURE 1.11 – Définition de l'espacement horizontal tribologiquement significatif d'un pic de rugosité.

anisotrope d'une surface. Le nombre de Peklenik γ_S est défini par le rapport des longueurs d'autocorrélation dans la direction du laminage DL et celle transverse DT.

$$\gamma_S = \frac{ACF_x(\beta)}{ACF_z(\beta)} \tag{1.2.8}$$

La figure 1.12 illustre cette notion.

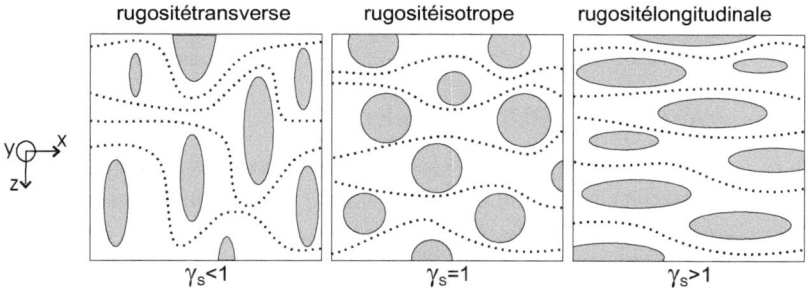

FIGURE 1.12 – Caractérisation de la rugosité par le nombre de Peklenik γ_S.

x = direction de laminage

z = direction transverse.

Paramètres hybrides

Il existe de nombreux paramètres hybrides. De manière similaire aux paramètres sur l'amplitude des rugosités, il existe des paramètres qualifiant leur pente. Le pendant de R_a est la moyenne absolue de la pente moyenne du profil sur la longueur d'évaluation

$$\Delta_a = \frac{1}{L} \int_0^L \left| \frac{dy(x)}{dx} \right| dx$$

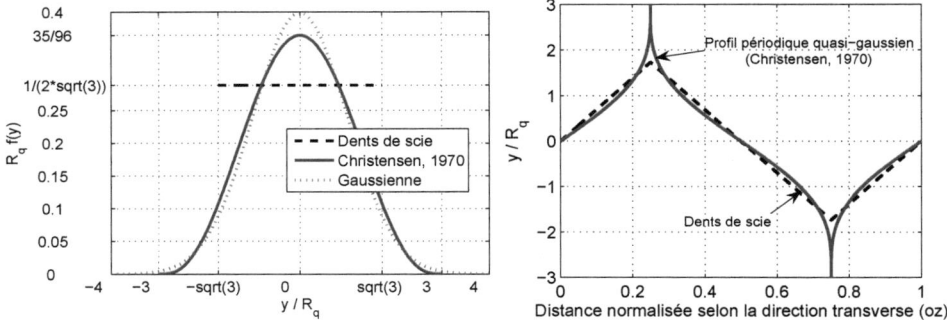

FIGURE 1.13 – Distribution de densité de hauteurs de pic pour différentes topologies de surface.

FIGURE 1.14 – Vue de profils selon une coupe transverse de rugosités longitudinales.

et tout naturellement l'équivalent de R_q vaut

$$\Delta_q = \sqrt{\frac{1}{L} \int_0^L \left(\frac{dy(x)}{dx}\right)^2 dx}$$

Obtenir ces valeurs au travers de mesures demande un traitement numérique adéquat.

Modèles topologiques 2D particuliers

Dans les problèmes bi-dimensionnels, les surfaces réelles sont modélisées par un profil équivalent. Dans le cadre du laminage à froid, deux profils types se retrouvent régulièrement dans la littérature. Le profil en dents de scie (1.2.9) est caractérisé par une distribution de densité constante, alors que Christensen [35] propose un profil ayant une distribution quasi-gaussienne tronquée (1.2.10).

$$\left\{ \begin{array}{rcl} y_{max} & = & +\sqrt{3}R_q \\ f(y) & = & \frac{1}{2\sqrt{3}R_q} \\ y_{min} & = & -\sqrt{3}R_q \end{array} \right. \quad (1.2.9)$$

$$\left\{ \begin{array}{rcl} y_{max} & = & +3R_q \\ f(y) & = & \frac{35}{96R_q}\left[1 - \left(\frac{y}{3R_q}\right)^2\right]^3 \\ y_{min} & = & -3R_q \end{array} \right. \quad (1.2.10)$$

Ces distributions sont parfaitement symétriques par rapport à la ligne moyenne, ce qui implique $y_{max} = -y_{min}$ ou encore $R_p = -R_v$. La figure 1.13 les reprend ainsi que la distribution gaussienne qui est valable pour les surfaces obtenues par un procédé de sablage ou d'électroérosion. La figure 1.14 illustre le profil en dents de scie et un profil périodique équivalent à la distribution quasi-gaussienne tronquée, c.-à-d. ayant la même distribution de hauteur de pics.

1.2.2 Topologie de l'interface surface rugueuse/surface lisse

Dans les problèmes impliquant deux surfaces rugueuses en contact, Wilson [147] émet l'hypothèse de l'équivalence –lorsque la pente des aspérités reste modérée– avec une configuration surface lisse/surface rugueuse en ce qui concerne le phénomène d'écrasement des aspérités. Pour assurer la représentativité des phénomènes, la rugosité quadratique moyenne de la surface rugueuse fictive est égale à la rugosité quadratique moyenne combinée R_{qc} définie selon $R_{qc} \equiv \sqrt{R_{q1}^2 + R_{q2}^2}$.

En contact sec élastique, il a été démontré que l'utilisation d'une rugosité combinée était statistiquement fondée, qu'en est-il en non-linéaire ? En effet, la déformation plastique de la rugosité de la bande ainsi que la présence de lubrifiant sont deux sources de non-linéarité. Sur la plasticité, une pondération différente pour les rugosités du corps déformé et du corps déformant pourrait être envisagé. Pour la lubrification, il a été montré, par exemple grâce à des calculs hydrodynamiques utilisant des surfaces explicitement rugueuses, voire Letalleur [78], que, dans certains cas, le contact avec toute la rugosité mise d'un côté ne se comporte pas comme un couple de surfaces rugueuse. Par exemple, ce serait le cas si les deux surfaces sont déterministes et non corrélées ou encore avec des surfaces auto-affines.

En laminage, le plus souvent, on imprime la rugosité d'un outil sur une surface sinon toujours lisse, du moins suffisamment molle, i.e. «plastiquement compliante», pour oublier sa propre rugosité et prendre celle de l'outil. La figure 1.15 schématise différentes notions de base qui permettent de décrire une interface constituée, d'une part, d'une surface rugueuse et, d'autre part d'une surface lisse. Pour faciliter la vue de l'esprit, on représente en général la surface de la pièce comme rugueuse et celle de l'outil comme lisse.

Le modèle de l'arrachement ou étêtage est utilisé. Dans ce type de modèle, si un écrasement se produit, on considère que le sommet des aspérités est tout simplement décapité (matière perdue) [5]. La surface fraîche ainsi découverte est appelée plateau. Ce lieu supporte le contact solide-solide direct. Le reste s'appelle les vallées.

L'aire relative de contact (A) est définie comme le rapport entre l'aire totale des plateaux et l'aire totale de l'interface. Il est parfois défini comme le taux de surface portante S_{mr}. La hauteur des vallées (h_v) est la distance moyenne entre les deux surfaces. L'étêtage de la surface rugueuse modifie sa position de la ligne «surface moyenne» . La hauteur des vallées est donc physiquement la distance entre cette surface en évolution et la surface lisse. La distance h est la distance entre les lignes moyennes des surfaces non actualisées. Cette grandeur peut devenir négative lors de forts écrasements et n'a

---

5. En réalité, une partie de la matière est effectivement arraché de la surface mais il existe également un aplatissement des aspérités et une déformation des flancs des aspérités.

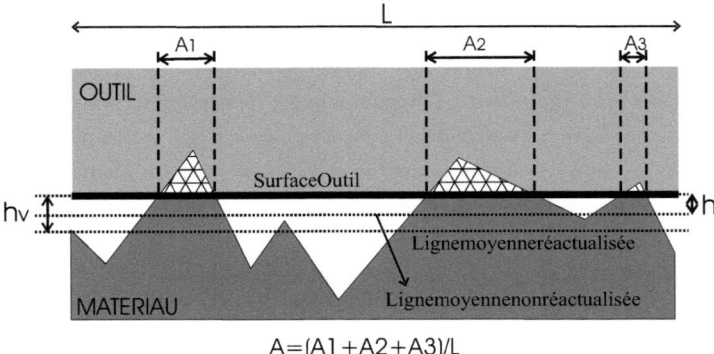

FIGURE 1.15 – Illustration schématique de la hauteur des vallées h_v, de l'aire relative de contact A et de la distance inter-surface avec ligne moyenne non-réactualisée h. L est la longueur de l'échantillon.

donc plus rien de physique.

La définition mathématique de l'aire de contact A est écrite en fonction de h et de la fonction de répartition des hauteurs (1.2.1) selon

$$A = A(h) = \int_h^{y_{max}} f(y)\, dy \tag{1.2.11}$$

Il en est de même pour la hauteur des vallées h_v :

$$h_v = \int_{y_{min}}^h [1 - A(y)]\, dy \tag{1.2.12}$$

Lorsque le contact est établi, le profil initial en dents de scie (1.2.9) fournit

$$\begin{cases} A &= \frac{1}{2} - \frac{H}{2} \\ h_v/R_p &= \frac{1}{4}(1 + H)^2 \end{cases} \tag{1.2.13}$$

alors que le profil quasi-gaussien (1.2.10) donne

$$\begin{cases} A &= \frac{1}{32}\left(16 - 35H + 35H^3 - 21H^5 + 5H^7\right) \\ h_v/R_p &= \frac{1}{256}\left(35 + 128H + 140H^2 - 70H^4 + 28H^6 - 5H^8\right) \end{cases} \tag{1.2.14}$$

où $H = {}^h/_{R_p}$ est la distance adimensionnelle entre les lignes moyennes non réactualisées. Pour rappel, R_p ($\equiv y_{max}$) vaut $\sqrt{3}R_q$ pour une distribution en dents de scie, alors qu'il vaut $3R_q$ pour une distribution quasi-gaussienne. Les relations (1.2.13) et (1.2.14) sont respectivement représentées aux figures 1.16 et 1.17. Une asymptote de pente unitaire est présente sur chacune des deux figures pour bien faire prendre conscience au lecteur que les deux profils ont une distance réactualisée h_v qui évolue linéairement avec h lors du début du contact.

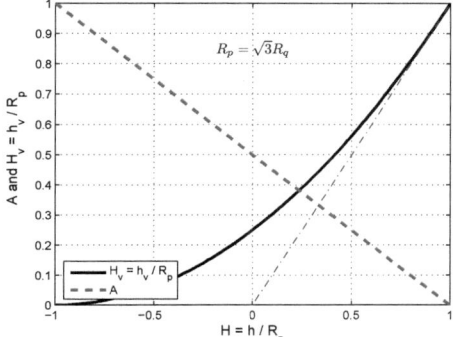

FIGURE 1.16 – Dents de scie : relations géométriques entre A, H et H_v.

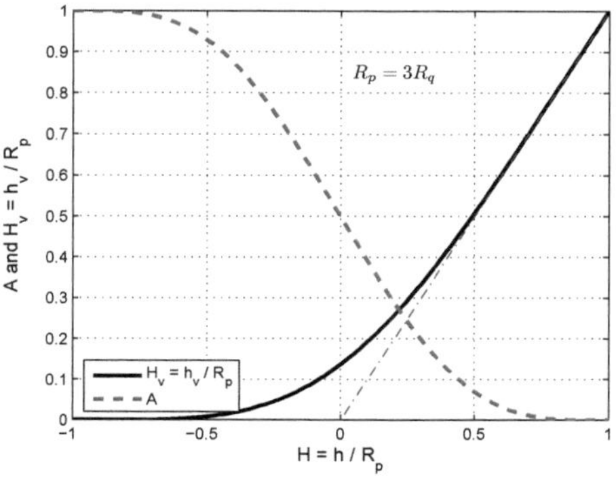

FIGURE 1.17 – Profil de Christensen [35] : relations géométriques entre A, H et H_v.

1.2.3 Micro-mécanique de l'interface surface rugueuse/surface lisse en mise à forme de métal

La force de frottement entre deux surfaces rugueuses dépend de la manière dont les deux surfaces se conforment l'une à l'autre en formant un certain nombre de micro-surfaces de contact. Elle dépend également des conditions locales sur ces aires de contact ainsi que dans les vallées. Bowden et Tabor [26] ont les premiers éclairci ces deux notions dans leur théorie de l'adhésion. Ils présentent notamment le concept d'une aspérité isolée se déformant sur une fondation élastique. Greenwood et Rowe [49] ont montré l'importance de la prise en compte de la déformation plastique de la matière afin d'analyser les déformations des aspérités de surface. Dans le domaine de la mise en forme où par essence la bande plastifie en cœur, les études antérieures basées sur des substrats élastiques ont donc un intérêt relativement limité.

Comme expliqué à la section précédente, le contact est généralement modélisé avec une surface lisse et une surface rugueuse. Les dernières cages d'un train-tandem à froid ou même lors de l'opération du *skin-pass* sont bien représentées par la configuration outil rugueux-bande lisse. À l'inverse, la première cage du laminage à froid correspond plus à outil lisse-bande rugueuse. En ce qui concerne l'évolution de l'aire de contact, Wilson [147] émet l'hypothèse de l'équivalence de l'une ou l'autre configuration lorsque la pente des aspérités reste modérée.

Les modes de déformation

Black et al. [22] passent en revue les trois modes de déformation classiques qui accompagnent la configuration outil rugueux - bande lisse. Pour des angles faibles et un niveau de frottement bas, le modèle de la vague correspond à un labourage de la surface sans déplacement global de matière (figure 1.18). Aux angles et frottements plus élevés, le modèle d'abrasion de la vague considère que celle-ci est arrachée de la surface. Finalement, pour des angles plus élevés, l'usinage de la surface entraîne la formation de particules ou copeaux. En laminage, ce dernier mécanisme n'est normalement pas rencontré vu les pentes des aspérités présentes sur les cylindres. Des approfondissements de ces modèles existent. Avitzur [5] a pris en compte la présence de lubrifiant, alors que Bay et al. [19] évaluent les effets de doubles échelles des rugosités. L'extension au cas 3d est réalisée par Torrance [134].

Récemment, Lo et Yang [83] proposent le modèle de micro-cale (*microwedge*), mécanisme présent dans le cas d'un contact glissant entre un outil lisse et une bande rugueuse. Lo et Yang [81] montrent pratiquement l'intérêt de ce nouveau modèle et proposent le schéma de la figure 1.19. Ce modèle est né d'observations en temps réel sur un test de compression-glissement et sur des résultats de calcul par MEF. En effet, les mesures expérimentales obtenues sur l'aire de contact dépassent les prédictions théoriques. La raison invoquée est la déformation élastique temporaire de l'outil autour de l'aspérité. Celle-ci n'est pas fixe par rapport à l'outil.

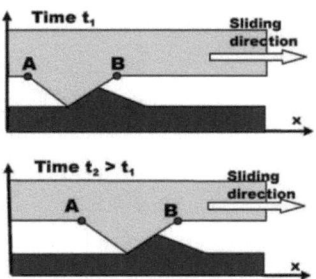

FIGURE 1.18 – Labourage avec vagues plastiques tiré de Lo et Yang [81].

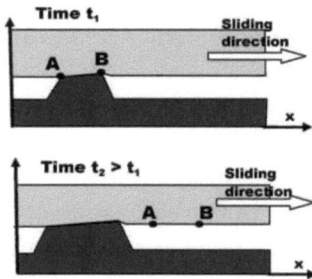

FIGURE 1.19 – Le modèle de micro-cale tiré de Lo et Yang [81].

Modèle d'écrasement d'aspérités sur substrat plastique

Comme introduit au début de cette section, Greenwood et Rowe [49] ont montré expérimentalement l'importance de la déformation plastique macroscopique du substrat sur l'écrasement d'aspérités. La plastification du substrat[6] facilite l'écrasement

---

6. Par définition, zone où le comportement de la matière n'est plus influencée localement par la présence d'une aspérités de la rugosité de surface.

des aspérités.

Expérimentalement, la rugosité diminue dans le contact sous l'effet de la pression. Cette diminution irréversible provient d'une déformation plastique à l'échelle des aspérités. En contact sec, de nombreuses études y ont été consacrées. Bay et Wanheim [18] ont montré comment le taux d'aire réelle de contact A croît d'abord linéairement avec la pression, puis s'infléchit vers l'asymptote $A = 1$.

Plus tard, deux modèles théoriques [127, 151] basés sur la méthode de la borne supérieure mettent en évidence le couplage entre plasticité locale (aspérité) et plasticité globale (« de volume »). En effet, la première peut, en se développant, entraîner la seconde et celle-ci, via une élongation plastique globale, facilite l'écrasement des aspérités. Ces deux modèles étudient la déformation d'aspérités périodiques triangulaires (voir figure 1.20). L'idée suivie par ces modèles est de remplacer un écrasement par une indentation équivalente (voir figure 1.21). $V_{y,t}$ et $\bar{V}_{y,v}$ sont les vitesses verticales moyennes des plateaux/vallées, alors que p_t et p_v sont respectivement les pressions au niveau des plateaux/vallées.

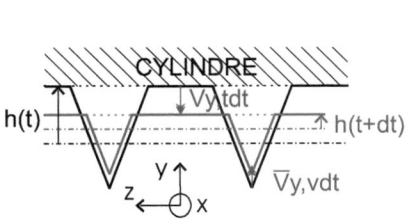

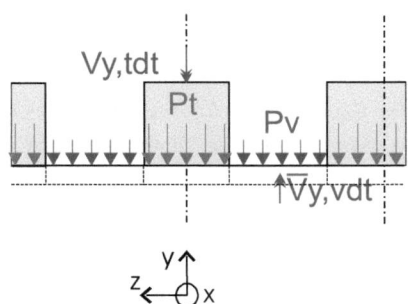

FIGURE 1.20 – Cinématique de l'écrasement de rugosité longitudinale avec conservation de la pente et étêtage des têtes d'aspérités (pressions p_t et p_v absentes pour la clarté).

FIGURE 1.21 – Cinématique de l'écrasement de rugosité longitudinale selon Wilson et Sheu [151].

Peu influencée par les conditions limites (glissement ou collement) sous les indenteurs, une relation semi-empirique est établie entre l'aire réelle de contact (A), la vitesse de déformation au cœur de la bande (E_p) et la dureté relative des aspérités (H_a). Cette dernière est donc une image adimensionnelle de la pression de contact que peut subir, pour des conditions données, une aspérité sur son sommet et sur ses flancs :

$$\frac{p_t - p_v}{k} = H_a\left(A, E_p, \psi\right) \tag{1.2.15}$$

avec ψ étant ici l'orientation relative de la direction d'écoulement macroscopique avec la rugosité et k la contrainte de cisaillement. La pression dans les vallées p_v, c.-à-d. la pression du lubrifiant p_l s'il remplit entièrement les vallées, agit sur les flancs des aspérités comme une contre-pression à celle qui écrase leurs sommets p_t. La vitesse de déformation plastique adimensionnelle au cœur de la pièce est définie selon

$$E_p = \frac{\dot{\varepsilon}^{pl}\bar{l}}{V_{y,t} + \bar{V}_{y,v}} \qquad (1.2.16)$$

avec $\bar{l}$ la demi-distance entre aspérité et $\dot{\varepsilon}^{pl}$ la vitesse de déformation plastique selon la direction d'écoulement macroscopique au cœur de la matière. Le couplage entre micro et macro-plasticité est visible à travers ce dernier terme.

Wilson et Sheu [119, 151] étudient uniquement la configuration longitudinale des rugosités par rapport à la direction de déformation plastique du matériau ($\psi = 0$) alors que Sutcliffe [127] analyse aussi une configuration transverse ($\psi = 90$). Pour une configuration longitudinale, Marsault [86] présente ces résultats sous la forme utilisée dans [151] :

$$E_p = \left(\frac{2}{H_a} - \frac{1}{2.571 - A - A\ln(1-A)}\right)\frac{1}{0.515 + 0.345A - 0.86A^2} \qquad (1.2.17)$$

$$E_p = \frac{4}{H_a^2 A^2 (3.81 - 4.38A)} \quad valable\ si \quad 0 < A < \frac{3.81}{4.38} \qquad (1.2.18)$$

Les figures [1.22,1.23] reprennent ces relations sous la forme de (1.2.15). La relation de Wilson ne tend vers l'infini que pour un seul bord du domaine admissible - en $A = 1$ - alors que c'est le cas en trois limites pour la relation de Sutcliffe - en $A = 0$, en $A = \frac{3.81}{4.38}$ et lorsque $E_p = 0$. Cette dernière n'est donc ni utilisable dans le domaine élastique ni pour des forts taux de contact.

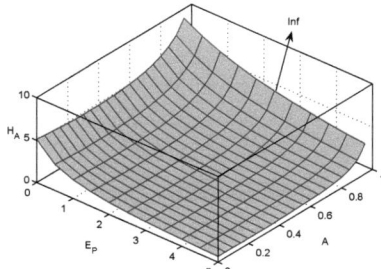
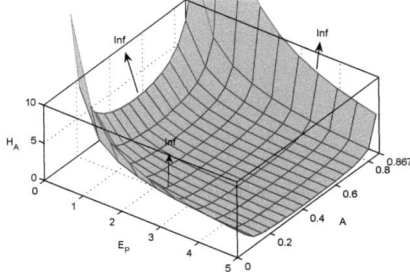

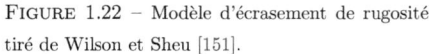

FIGURE 1.22 – Modèle d'écrasement de rugosité tiré de Wilson et Sheu [151].

FIGURE 1.23 – Modèle d'écrasement de rugosité tiré de Sutcliffe [127].

Par la suite, l'analyse éléments finis de Makinouchi et al. [85] a confirmé les résultats obtenus. Korzekwa et al. [66] utilisent d'ailleurs la MEF afin d'étudier le cas général avec des composantes de déformation dans les directions longitudinale et transverse aux aspérités. Sutcliffe [128, 129] a étendu son analyse à une configuration double échelle et avec des rugosités distribuées aléatoirement. La déformation des aspérités dépend alors du rapport des deux amplitudes caractéristiques initiales. Il conclut à l'importance de l'effet double échelle si le rapport des dimensions (hauteur et longueur d'onde) est inférieur à 10.

Kimura et Childs [65] étudient un cas de compression en état plan de contrainte à l'aide d'un champ de vitesse cinématiquement admissible modélisant l'écrasement d'une aspérité sur un substrat en écoulement plastique. Cette méthode est couplée à celle de la minimisation de l'énergie permettant d'ajuster les paramètres du champ de vitesse. Des comparaisons avec l'expérience (pour de l'aluminium) sont réalisées. Leurs résultats montrent que l'aire relative tend vers une valeur entre 0.6 et 0.8 pour l'expérience et entre 0.75 et 0.95 pour la théorie. La valeur théorique trouvée dépend de la valeur du coefficient de frottement choisi et de l'aspect de forme des champs de vitesse utilisés pour représenter l'écoulement plastique du substrat. Arrivée à cette valeur, l'aire relative de contact n'évolue plus même si la déformation plastique du substrat continue à augmenter : c'est le phénomène de persistance des aspérités - bien connu lors d'une fondation élastique - expliqué en partie par l'interaction entre les champs de déformation de chaque aspérité.

Plus récemment, Stupkiewicz et Mròz [126] ont développé un modèle phénoménologique - et non plus micro/macro - qui considère une fine épaisseur de matière homogène mais affaiblie par les déformations plastiques locales dues aux aspérités. Les déformations et contraintes sont considérées comme constantes sur l'épaisseur de cette couche. Cette approche est très générale et fournit des résultats proches des résultats obtenus par les approches micro-macro.

Équation généralisée d'écrasement d'aspérités

L'équation généralisée d'écrasement d'aspérités décrit le rapprochement de deux surfaces au cours de leur contact. Elle utilise la fonction de densité de hauteurs de pics pour décrire la topologie de la surface combinée ce qui la rend très générale.

Substrat élastique

En entrée d'emprise, la bande subit généralement un contact mixte avant de plastifier. En l'absence de plastification, les modèles prédisent un taux de contact influencé directement par la pression d'interface. Une forme générale consiste à reprendre la formule (1.2.17) en posant $E_p = 0$:

$$\boxed{H_a\left(A\right) = 2\left[2.571 - A - A\ln\left(1 - A\right)\right]} \qquad (1.2.19)$$

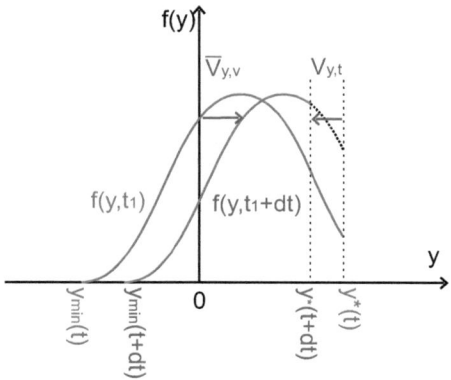

FIGURE 1.24 – Évolution de la fonction de distribution de hauteur de pic selon le modèle de l'arrachement.

Substrat plastifié

Dans le cas d'un substrat plastifié, Marsault [86] fournit l'équation générale, développée ci-dessous, valable pour une rugosité de forme quelconque décrite par leur fonction de répartition des hauteurs de pics $f(h)$. Lors du contact entre les surfaces, les rugosités sont considérées comme tronquées (voir le modèle de l'arrachement à la section 1.2.2), ce qui revient à limiter la fonction de distribution de hauteur de pic selon une fonction de Heaviside H (ou échelon) en $y = y^* = h$ soit $f(h) \rightarrow f(h)(1 - H(y - y^*))$. Au temps $t_1 + \Delta t$, le sommet des aspérités est écrasé de $V_{y,t}\Delta t$ et donc l'échelon se déplace d'autant vers les y négatifs (voir la figure 1.24). La ligne moyenne non réactualisée se rapproche de l'autre surface de $\bar{V}_{y,v}\Delta t$. Exprimons l'ensemble des valeurs intéressantes en $t_1 + dt$ en fonction des grandeurs en t_1 :

$$y_{min}(t_1 + \Delta t) = y_{min}(t_1) + \bar{V}_{y,v}\Delta t$$

$$y^*(t_1 + \Delta t) = y^*(t_1) - V_{y,t}\Delta t$$

$$f(y, t_1 + \Delta t) = f(y + \bar{V}_{y,v}\Delta t, t_1)$$

En combinant les équations (1.2.3) et (1.2.11), on peut exprimer l'aire de contact selon :

$$A(t) = 1 - \int_{y_{min}(t)}^{y^*(t)} f(y, t) \, dy \tag{1.2.20}$$

La variation de l'aire de contact sur le temps Δt s'exprime selon

$$
\begin{aligned}
\Delta A = A(t_1 + \Delta t) - A(t_1) &= \int_{y_{min}(t_1)}^{y^*(t_1)} f(y, t_1) \, dy - \int_{y_{min}(t_1 + \Delta t)}^{y^*(t_1 + \Delta t)} f(y, t_1 + \Delta t) \, dy \\
&= \int_{y_{min}(t_1)}^{y^*(t_1)} f(y, t_1) \, dy - \int_{y_{min}(t_1) + \bar{V}_{y,v}\Delta t}^{y^*(t_1) - V_{y,t}\Delta t} f(y + \bar{V}_{y,v}\Delta t, t_1) \, dy \\
&= \int_{y_{min}(t_1)}^{y^*(t_1)} f(y, t_1) \, dy - \int_{y_{min}(t_1)}^{y^*(t_1) - (V_{y,t} + \bar{V}_{y,v})\Delta t} f(y, t_1) \, dy
\end{aligned}
$$

Si l'incrément de temps tend vers l'infiniment petit et vu que $y^*(t_1) = h(t_1)$, il vient

$$\frac{dA}{dt} = \left[V_{y,t} + \bar{V}_{y,v}\right] f(h) \tag{1.2.21}$$

Par définition de la vitesse de déformation plastique au cœur de la matière (1.2.16), on obtient la formule générale :

$$\frac{dA}{dt} = \frac{\dot{\varepsilon}^{pl}\bar{l}}{E_p} f(h) \tag{1.2.22}$$

Cette relation lie l'évolution de l'aire relative de contact à la répartition spatiale de la rugosité via $f(h)$ et $\bar{l}$, aux deux nombres sans dimension E_p et H_a ainsi qu'à la macro-plasticité de la pièce déformée.

Dans le cas du laminage, on peut exprimer cette relation selon la dérivée spatiale dans la direction du laminage DL selon :

$$\frac{dA}{dx} = \frac{\dot{\varepsilon}_x^{pl}\bar{l}}{V_S E_p} f(h) \tag{1.2.23}$$

Vu que $f(h) = -\frac{dA}{dh}$ tiré de (1.2.11), on peut exprimer la relation précédente suivant la variation de la distance inter-surface non réactualisée :

$$\boxed{\frac{dh}{dx} = -\frac{\dot{\varepsilon}_x^{pl}\bar{l}}{V_S E_p}} \tag{1.2.24}$$

Modèle de transfert de rugosité

Inévitablement lorsque deux surfaces entrent en contact, leur topologie se modifie. Il se peut qu'une des surfaces marquent plus l'autre : elle imprime sa rugosité sur l'autre surface plus molle. Ce phénomène porte le nom de transfert de rugosité. Les mécanismes d'interaction entre aspérités, d'indentation par les rugosités de l'outil sur l'autre surface et d'écrasement des aspérités de la tôle interviennent simultanément.

Certains procédés industriels utilisent ce mécanisme dans le but de marquer la surface du produit d'une certaine manière. Il s'agit donc de la configuration outil rugueux - pièce lisse. Dans le processus du laminage, l'impression de la rugosité finale de la bande par celle des cylindres de travail est réalisée soit à la dernière cage du laminoir à froid , soit lors de l'opération du *skin-pass*.

Bünten et al. [25] étudient et ensuite modélisent le transfert de rugosité pour des cylindres texturés par la technique *Electro Beam Texturing* . Des essais furent réalisés, à sec et avec du lubrifiant, sur un *skin-pass* quarto. Les conditions expérimentales sont visibles à la table 1.1. Le degré de transfert de rugosité est évaluée à partir d'un coefficient basé sur une image des rugosités de la bande (avant et après) et du cylindre.

$$K = \frac{f_{S2}(R_a, \ldots) - f_{S1}(R_a, \ldots)}{f_R(R_a, \ldots) - f_{S1}(R_a, \ldots)} \tag{1.2.25}$$

Rugosité des cylindres	$R_a = 2\ \mu m$
Type de surface	déterministe (voir figure 1.25)
Vitesse de laminage	$200\ m/min$
Tension d'entrée	$30\ MPa$
Tension de sortie	$15\ MPa$
Type métal	acier galvanisé FePO5
Épaisseur à l'entrée	$0.8\ mm + 10\ \mu m$ de Zn

TABLE 1.1 – Bünten et al. [25] : caractéristiques des tests de transfert de rugosité à un *skin-pass*.

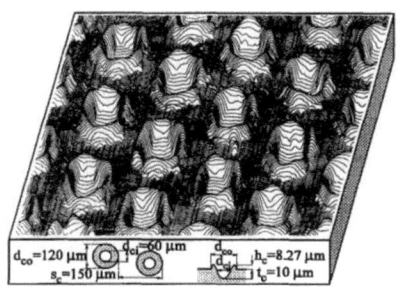

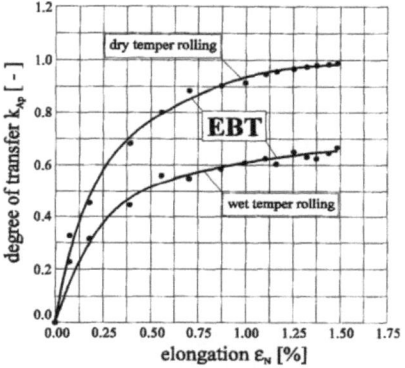

FIGURE 1.25 – Bünten et al. [25] : détails sur la texture «EBT» pour les tests au *skin-pass*.

FIGURE 1.26 – Bünten et al. [25] : résultats expérimentaux du niveau de transfert de la rugosité d'une texture «EBT» pour les tests au *skin-pass*.

Bünten et al. identifient deux mécanismes de base : la pénétration (ou indentation) et le phénomène d'extrusion inverse. Le premier domine lorsque l'élongation plastique du substrat est faible. Dans le cas contraire, c'est le second qui prime. Les résultats de la figure 1.26 montrent clairement que le transfert de rugosité est fortement atténué par la présence de lubrifiant. Hu et al. [58] arrivent aux mêmes conclusions. Cet effet est expliqué par la formation de poches de lubrifiant sous pression hydrostatique dans la structure du cylindre. Pour le cas sec avec une élongation de 1.06%, leur modèle éléments finis fournit un degré de transfert d'environ 92.3%. Ce résultat est compatible avec les mesures expérimentales de la figure 1.26.

Larsson et al. [73] étudient l'impression d'une aspérité unique dans un matériau viscoplastique. Le modèle utilise l'indentation d'un demi-espace par une sphère d'un rayon déduit des rayons des deux surfaces en contact. Leur contact est étudié sans frottement en se basant sur les résultats présentés dans Carlsson et al. [29] qui montrent que cela n'influence que faiblement (quelques pour cents) les variables globales. À partir de cette étude et de la théorie probabiliste, ils déterminent le comportement d'une distribution d'aspérités. Des relations entre l'aire de contact, la profondeur d'impression et la charge sont établies. En particulier, la loi reliant la pression et l'aire de contact est légèrement non linéaire suite à l'écrouissage du métal.

Plouraboué et Boehm [104] apportent des nouvaux résultats expérimentaux pour caractériser ce phénomène de transfert. Ces résultats sont ensuite analysés par la théorie fractale. L'utilisation d'un microscope à force atomique (AFM) permet d'analyser les différentes tailles de rugosité présentes sur un alliage d'aluminium et sur l'acier du cylindre. Leur taille varie entre 0.05 et 100 μm. La conclusion est que les deux surfaces sont bien anisotropes et auto-affines [7]. Les paramètres de rugosité sont trouvés fort similaires pour les deux surfaces. Les auteurs en concluent que le transfert de rugosité se réalise à toutes les échelles, au moins entre les bornes étudiées.

Collette et al. [36] ont pour objectif de valider des modèles d'écrasement du type (1.2.15) par la technique des éléments finis. Ils se placent dans le cadre de rugosités de pente faible et appliquent leur validation aussi bien à l'indentation qu'à l'écrasement. Pour ces deux mécanismes, ils établissent d'ailleurs une autre forme de la relation (1.2.23) suivant :

$$\frac{dh}{dy_{RCC}} = -\frac{1}{1 + \frac{E_p e_s}{2l}} \qquad (1.2.26)$$

avec y_{RCC} l'ordonnée de la position verticale du centre du cylindre. Les simulations sont réalisées en 2D et valident le modèle théorique de l'équation (1.2.17). Ils appliquent ensuite ce modèle dans un modèle de laminage à froid. Ils présentent des résultats de l'application dans le cas d'un tandem 4 cages de Tilleur ainsi qu'au *skin-pass*. Pour cette application, cela a permis de mettre en évidence l'influence de la pression maximale atteinte sur la rugosité finale de la tôle.

1.2.4 Modèle de frottement

Les différents modes de déformation et l'étude de l'écrasement de la rugosité de surface interviennent dans la force de retenue lors d'un déplacement relatif de deux surfaces en contact.

Leonard de Vinci (1452-1519) étudiait déjà le frottement. Il a déduit de ses expériences que le frottement est indépendant de l'aire de contact apparente A_A et qu'il est proportionnel à la composante normale au plan de contact de la force entre les corps. Guillaume Amontons (1663-1705) re-découvrit ces mêmes lois et les formalisa.

---

7. Une surface auto-affine est une surface fractale statistiquement indépendante à une transformation affine selon sa normale et une direction particulière. En laminage, cette direction est la direction de laminage.

Charles Augustin Coulomb (1736-1806) réalisa des expériences qui montrent que le frottement est indépendant de la vitesse relative des corps en contact. Il émet l'idée que cette force est due à la présence de micro-dents sur les surfaces. Ensuite, Leonhard Euler (1707-1783) découvrit la nuance entre le frottement statique et dynamique (légèrement inférieur) suite à des expérimentations sur un plan incliné. Peu après, Desaguliers prouva par l'expérience que des surfaces hautement polies en contact provoquaient une force - proportionnelle à l'aire de contact - qui gardait les corps en contact. Il existe donc une rugosité propre à chaque surface qui permet de minimiser le frottement. Deux siècles plus tard, Bowden et Tabor [26] ont mis au point le modèle de l'adhésion qui explique ce phénomène dû aux forces d'attraction intermoléculaire. Ils ont également formulé la proportionnalité du frottement F à l'aire de contact réelle A_R, c.-à-d. l'ensemble des micro-contacts suivant :

$$F = \tau A_R \tag{1.2.27}$$

avec τ une contrainte de cisaillement dépendante des caractéristiques de la surface.

Dans le cadre des procédés de mise en forme métallique, la force de frottement est généralement modélisée en prenant en compte l'aire apparente de contact selon une loi générale

$$F = \vec{\tau} A_A = -\|\vec{\tau}\| \frac{\overrightarrow{\Delta V}}{\left\|\overrightarrow{\Delta V}\right\|} A_A \tag{1.2.28}$$

où $\vec{\tau}$ représente le cisaillement et $\overrightarrow{\Delta V}$ est la vitesse de glissement relative à l'interface.

La loi de Coulomb [38] reprise à l'équation (1.2.29) nécessite uniquement la détermination d'une constante unique $\bar{m}^C$ incluant l'effet de tous les paramètres instantanés intrinsèques à l'interface, tels que la rugosité, la température et la présence éventuelle d'un corps intermédiaire (par exemple du lubrifiant), ...

$$\|\vec{\tau}\| = \bar{m}^C \|\sigma_n\| \tag{1.2.29}$$

S'il y a adhérence, alors on sait juste que $\|\vec{\tau}\| < \bar{m}^C \|\sigma_n\|$. Bien que ce modèle soit régulièrement utilisé comme tel, il n'a aucun sens physique lorsque les contraintes de frottement ainsi évaluées dépassent la contrainte limite en écoulement de cisaillement $k = \sigma_Y/\sqrt{3}$. Comme précisé dans la section précédente, Bay et Wanheim [18] ont montré comment le taux d'aire réelle de contact A croît d'abord linéairement avec la pression, puis s'infléchit vers l'asymptote $A = 1$. Selon eux, la loi de frottement de Coulomb (1.2.29) est donc justifiée aux pressions nominales inférieures à $1.5\sigma_Y$ soit tant que $\sigma_n/(2k) < 1.3$. Wanheim et Petersen [142] soutiennent cependant que la loi de Coulomb reste valide pour des contraintes plus importantes lorsqu'une très bonne lubrification existe $\left(\bar{m}^C < 0.2\right)$!

La loi de Coulomb, modifiée par Orowan [96], impose un maximum physique à la contrainte de cisaillement τ_m. Elle s'appelle la loi de Coulomb-Orowan et s'écrit

$$\|\vec{\tau}\| = min\left(\bar{m}^C \left|\sigma_n\right|, \tau_m\right) \quad \textbf{avec} \quad \tau_m \leq k \tag{1.2.30}$$

Pour de plus fortes contraintes, la force de frottement est souvent modélisée très simplement par la loi de Tresca [135] (voir équation (1.2.31)). Ces deux lois ont besoin de la détermination d'une certaine constante caractérisant la rugosité de la surface et qui reprend toutes les complexités en une moyenne.

$$\|\vec{\tau}\| = \bar{m}^T k \quad \textbf{avec} \quad 0 \leq \bar{m}^T \leq 1 \tag{1.2.31}$$

où k est la contrainte d'écoulement en cisaillement du matériau. Dans ce modèle, le frottement est donc indépendant de la pression. Cette loi est connue pour souffrir d'un écart à la réalité pour de très faibles vitesses de glissement. Chen et Kobayashi [34] proposent une régularisation permettant de régler certains soucis numériques au voisinage du point neutre :

$$\|\vec{\tau}\| = \bar{m}^T k \frac{atan\left(\dfrac{\|\overline{\Delta v}\|}{L}\right)}{\pi/2} \tag{1.2.32}$$

avec L un paramètre de régularisation.

1.3 LA LUBRIFICATION EN LAMINAGE À FROID

Les huiles et émulsions utilisées en laminage jouent un rôle capital à plusieurs niveaux : dans la qualité de la surface des produits finis, pour l'usure des cylindres de travail mais aussi au niveau de la consommation d'énergie. Son utilisation permet de laminer plus vite et donc d'augmenter la capacité de production. La consommation d'huile représente une part non négligeable des frais de fonctionnement d'un train tandem de laminage à froid. Entre ces différents éléments, un optimum doit donc être trouvé.

Dans cette section, l'attention est focalisée principalement sur le lubrifiant et non sur les circuits de distribution. En effet, le type du circuit (application directe ou recirculé) et de nombreux autres paramètres devraient être pris en compte (ouverture des buses, pressions à divers endroits, ...), mais ce travail sort du cadre de cette recherche. Tout d'abord, le rôle du lubrifiant, sa composition et ses effets sur le laminage sont exposés. Ensuite, une partie plus théorique détaille les différentes équations qui régissent l'écoulement mécanique du fluide dans l'emprise. Avant de conclure, les bases de la modélisation du laminage à froid lubrifié sont passées en revue.

1.3.1 Rôle de la lubrification

Cenac [31] et Hancart [52] fournissent la base des réflexions reprises dans cette section. Les différentes fonctions du lubrifiant peuvent être reprises sous deux rôles majeurs. D'une part, le lubrifiant doit éliminer les calories produites par l'important travail mécanique dû à la déformation du métal. D'autre part, il a pour objectif de réduire le frottement entre les deux surfaces. En réalité, ces deux rôles sont liés. En effet, la diminution du frottement entraîne un dégagement de chaleur moindre, donc une chute de la température du système, ce qui augmente la viscosité du lubrifiant. Cette augmentation de viscosité permet alors un entraînement dynamique plus important de lubrifiant dans l'emprise ce qui diminue le coefficient de frottement moyen à son interface.

Refroidissement de l'emprise

L'élévation de la température participe à la déformation de l'outil. Le contrôle de la forme du produit doit donc tenir compte de cet aspect. Un effet thermique important est le bombé thermique du cylindre de travail dans la direction transverse, c.-à-d. le long de la génératrice du cylindre. De plus, son état de surface peut être abîmé par échauffement excessif. L'oxydation de la surface de la tôle, la dégradation de l'efficacité du lubrifiant ainsi que d'autres faits motivent un refroidissement efficace de l'emprise.

Afin de réaliser un refroidissement valable, une projection d'eau est donc généralement indispensable. En effet, la capacité thermique de l'huile pure est en général insuffisante. L'huile est donc souvent diluée dans de l'eau et ils forment ensemble une émulsion ou une dispersion (voir 1.3.3) plus facile à transporter et permettant un refroidissement plus efficace de l'emprise.

Diminution du coefficient de frottement

Toutes autres choses restant égales, une diminution du coefficient de frottement entraîne

- une diminution de l'effort de laminage (F_{LAM}),
- une diminution du couple de laminage (C_{LAM}), donc de consommation d'énergie,
- une diminution de l'usure des cylindres de travail,
- une augmentation de la vitesse possible du laminoir.

Toutefois, il ne faut pas oublier que l'entraînement de la tôle dans la cage de laminage est assuré par le frottement. La condition d'engagement de la tôle est : $\tau > p \tan \theta_0$, soit pour la loi de Coulomb $\bar{m}^C > \tan \theta_0$ typiquement 0.01. La condition de non-patinage du produit engagé est moins forte et correspond à une valeur critique de moitié inférieure environ à la valeur précédente. Il est donc primordial de maintenir ce coefficient le plus bas possible, tout en maintenant un niveau minimal de frottement.

1.3.2 Les différents régimes de lubrification

L'écoulement du lubrifiant est généralement caractérisé selon différents régimes. Pour chaque régime, différents facteurs aussi bien physiques que chimiques contrôlent les conditions de lubrification. Il existe quatre régimes principaux qui sont différentiés selon les valeurs de deux caractéristiques physiques : le rapport H_l de l'épaisseur du lubrifiant h_l à la rugosité R_p et le rapport entre la force de contact supportée par les plateaux Ap_t se rapportant à une unité de surface et la force totale à l'interface p de cette même unité. La figure 1.27 illustre les quatre régimes dont les caractéristiques sont :

film épais	film mince	mixte	limite
$H_l \geq 3$	$1 < H_l < 3$	$H_l \leq 1$	$H_l \ll 1$
$^{Ap_t}/_p = 0$		$0.1 < {^{Ap_t}/_p} < 0.9$	$^{Ap_t}/_p \simeq 1$

On remarque que ces régimes admettent des zones de transition non définies.

En régime *film épais*, l'épaisseur du fluide est largement plus grande (environ 10 fois) que la taille moyenne des aspérités. Il n'y a donc aucun contact métal-métal. On suppose que la rugosité n'influence aucunement l'écoulement du fluide. Ce régime est toujours présent en laminage dans la zone d'entrée, sauf si le procédé souffre

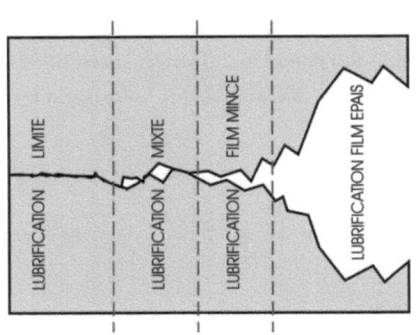

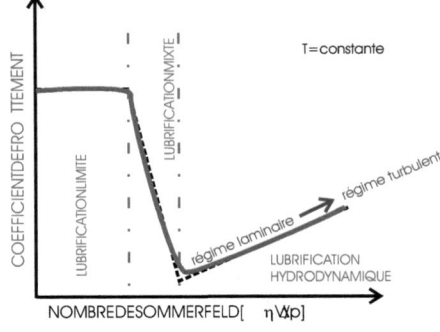

FIGURE 1.27 – Les quatre régimes de lubrification.

FIGURE 1.28 – La courbe de Stribeck établie à une température de lubrifiant constante.

d'une sous-alimentation majeure. En avançant vers l'emprise, on atteint le régime *film mince*. Il n'y a toujours aucun contact métallique mais la hauteur du film d'huile est du même ordre de grandeur que la taille moyenne des aspérités. L'amplitude, l'orientation, la distribution topologique de la rugosité influencent donc l'écoulement. Ensuite, le régime *mixte* est généralement rencontré au milieu de l'emprise. Une certaine part de la pression est alors subie par des zones métal-métal −surface A et une pression p_t−, tandis que le reste est soutenu par le fluide −surface $(1 - A)$ et une pression p_l. Finalement, le *régime limite* correspond à un contact presque total entre aspérités. Pour une forte charge, il ne subsiste qu'une couche adsorbée quasi monomoléculaire mais il ne s'agit pas d'un frottement sec. L'aptitude du lubrifiant à former cette couche adhérente, appelée onctuosité, est une qualité primordiale afin d'empêcher les vrais contacts directs métal sur métal. Le frottement est plus élevé que pour les autres régimes et l'usure des outils est également plus importante. Ce régime n'est pas très courant, sauf à l'opération *skin-pass* et parfois en laminage à chaud. Des valeurs du coefficient de frottement l'ordre de 0.1 à 0.15 sont couramment citées. Feln [44] cite même des valeurs plus faibles allant jusqu'à 0.03.

Malgré que le régime limite ne soit pas rencontré fréquemment en tant que tel en laminage, il est très intéressant car, pendant le régime mixte, les zones de contact dites métal-métal ne sont en réalité pas des zones de contact sec mais bien des zones où un régime limite est présent. En effet, on admet généralement l'existence d'une double couche moléculaire adsorbée à la surface de la bande et du cylindre par les extrémités polaires des molécules. L'adsorption de la couche limite peut être physique ou chimique :

– physique : elle met en jeu des liaisons des liaisons faible, du type forces de Van

Der Walls. Elle est spontanée et réversible (lorsque la température augmente, le film se désorbe).

– chimique : des liaisons chimiques non toujours réversibles sont établies.

Autrement dit, malgré que l'on utilise le terme de contact sec pour les plateaux, il n'est pas sûr que l'on ait effectivement ce type de contact. En effet, il n'est pas évident de savoir s'il s'agit effectivement d'un frottement sec, d'un régime limite ou de présence de micro-hydrodynamisme (voir section 1.3.7). Cet amalgame provient sûrement du fait que les relations fournissant le cisaillement à l'interface utilisées sont les mêmes sur les plateaux en régime limite et en frottement sec. Il s'agit des lois de Coulomb [38] ou de Tresca [135], respectivement reprises aux équations (1.2.29) et (1.2.31), ou relations similaires.

Une des caractéristiques très importantes de tout régime de contact est le coefficient de frottement. Illustrée à la figure 1.28, la fameuse courbe de Stribeck [125] fournit pour une température fixée un coefficient de frottement en fonction du nombre de Sommerfeld $\frac{\eta \Delta V}{p}$. Ce dernier mesure la capacité de portance du film. Les régimes en film mince et épais ne sont pas différenciés. Cependant, on doit garder à l'esprit que la valeur du coefficient de frottement obtenue via une expérimentation est une image de la moyenne sur la zone de contact (valeur globale) et n'est donc pas forcément valable localement en tout point de l'emprise.

1.3.3 Description du lubrifiant

Composants de l'huile de laminage

La formulation d'une huile est assez complexe et souvent gardée secrète par les producteurs. Plus d'une vingtaine de constituants sont parfois utilisés dont voici une brève description des plus courants :

Huile minérale Il s'agit d'un des constituants principaux. Ses effets sont particulièrement intéressants en lubrification hydrodynamique (voir la définition des régimes de lubrification en 1.3.2). Il a un rôle de solvant pour les autres composants.

Huiles d'origine animale ou végétale Au sens strict, ce sont des triglycérides (triester de glycérol). Elle sont souvent remplacées par des produits synthétiques, par exemple des tri-esters à acides gras purifiés (tri-oléates en général) de glycérol ou de tri-méthylol-propane. L'intérêt est un meilleur contrôle/reproductibilité de la qualité et de la pureté, et une propreté de tôle amélioré, en particulier avec moins de résidus carbonés après recuit. Elles peuvent se trouver sous forme gélifiée dans un réseau solide (savon le plus souvent, ou argile) : on parle alors de graisses. On utilise parfois aussi la "graisse" d'un animal (suif de bœuf), mélanges de triglycérides solides à température ambiante, mais fondant vers 40°C donc à l'état liquide dans les bains, normalement.

Par ailleurs, ces huiles végétales peuvent servir de matière première pour la fabrication d'additifs dérivés, les acides gras, extraits directement des triglycérides par hydrolyse, ou alcools gras. Ces "additifs d'onctuosité" ont un pouvoir lubrifiant fort même en lubrification mixte ou limite.

Les acides gras travaillent par adsorption (dissociative, mais réversible à haute température > 100°C typiquement), formant des "tapis" protecteurs - d'autant plus protecteurs que ces couches sont denses, épaisses (chaînes longues pour une forte interaction latérale de type van der Waals), et rigides. En final, ce sont leurs propriétés nano-mécaniques qui comptent, pour autant qu'une forte enthalpie d'adsorption sur les surfaces permettent leur maintien en conditions sévères : elles doivent être résistantes dans le sens normal (d'où l'importance des interactions entre chaînes), tout en exposant à leur surface des groupements à faible énergie de surface, donc interagissant peu avec l'autre antagoniste, d'où l'importance d'une bonne organisation de la couche. Bref, un comportement hautement anisotrope, dû à leur caractère polaire et "amphiphile" (une partie grasse, qui les rend soluble dans les huiles, et une tête polaire, qui va leur permettre de s'ancrer sur les surfaces solides).

Anti-oxydants Ils ont pour rôle de supprimer, ou du moins ralentir, l'altération des corps gras sous l'action de l'air.

Inhibiteurs de corrosion Ils protègent la surface métallique contre la corrosion.

Bactéricides Composés de phénol et de formol, ils évitent le développement des bactéries.

Additifs extrême pression et anti-usure La fonction de ce type d'additif est de permettre une lubrification sous des pressions élevées en régime limite. Son rôle est d'être anti-grippant (c.-à-d. anti-soudage).

Il s'agit, en général, soit de composants contenant du phosphore (températures modérées) ou du soufre (efficace pour des températures élevées). Ils travaillent en se décomposant, les produits de décomposition réagissant avec les surfaces pour donner des couches relativement épaisses (quelques dizaines à centaines de nm, et non pas 2 ou 3 nm comme les tapis d'additifs polaires d'onctuosité), qui sont soit des "verres" polyphosphates, soit des sulfures de fer (car ces molécules sont conçues pour travailler sur des contacts entre surfaces d'acier). Le sulfure de fer est un solide lamellaire, i.e. à forte rigidité normale aux lamelles, mais se délitant facilement, grâce à leur structure moléculaire et cristallographique.

Les polyphosphates sont des solides ayant une dureté de plusieurs centaines de MPa, voire dépassant le GPa, suivant leurs conditions de formation, et résistent donc bien aux contraintes normales et à l'usure. Ce sont des sortes de couches sacrificielles efficaces qui corrodent d'abord un petit peu l'acier et sont ensuite lentement usées "à sa place".

Facteurs qualitatifs et quantitatifs d'un lubrifiant

Pour pouvoir classer et sélectionner des huiles, il faut pouvoir les comparer entre elles selon certains critères qualitatifs mais surtout quantitatifs. Les critères qualitatifs sont nombreux, tels que non toxicité, pas d'odeur marquée, biodégrabilité, non corrosivité et une bonne propreté de la bande après laminage. On souhaite aussi

- une forte résistance de son film en régime limite,
- une bonne stabilité thermique ce qui se traduit par une destruction pas trop rapide lors d'une élévation de température,
- une bonne stabilité chimique notamment au point de vue de la formation de savons de fer et de l'hydrolyse.

Outre ces différents aspects, il est généralement préférable que cette huile puisse convenir comme huile de protection du métal (dans l'attente du dégraissage ou du recuit).

Les principaux facteurs quantitatifs sont :

Viscosité Il s'agit de la résistance aux glissements des molécules les unes sur les autres. La viscosité dynamique est le coefficient η tel que

$$dF = \eta \frac{dV}{dy} dS$$

dF est la force de frottement exercée par la viscosité sur la surface dS. $\frac{dV}{dy}$ est le gradient de vitesse dans la direction normale à dS. Son unité est le Poiseuille, récemment remplacé par le $Pa.s$. La viscosité cinématique μ vaut la viscosité dynamique divisée par la masse volumique de l'huile ρ. À $20°C$, la viscosité dynamique de l'eau vaut environ $10^{-3} Pa.s$, alors qu'elle vaut environ **90** fois plus pour de l'huile d'olive par exemple.

Pression isovisqueuse asymptotique réciproque (α^*) Cette notion se base sur celle de viscosité dynamique. Comme indiqué dans Blair et Qureshi [23], sa définition mathématique est :

$$\alpha^* = \left[\int_0^\infty \frac{\eta_0}{\eta(p)} \, dp \right]^{-1} \Bigg|_T$$

L'indice $_0$ est relatif à la pression atmosphérique. Ce paramètre ne dépend plus que de la température. À $100°C$, la valeur de ce paramètre pour des huiles typiques de laminage est comprise entre 6 et 17 GPa^{-1}. En réalité, on se sert souvent du paramètre de film ($\eta_0 \alpha^*$) dont la valeur doit se situer entre 50 et 150 $10^{12}s$ à $100°C$ pour être acceptable.

Indice de saponification C'est le nombre de milligrammes de potasse (**KOH**) nécessaire pour neutraliser les acides gras libres et saponifier, i.e. transformer en savons, les esters contenus dans un gramme d'huile. Il permet ainsi de mesurer la teneur en corps gras.

Indice d'acide (IA) Il mesure les acides gras libres dans l'huile.

Indice d'iode Il caractérise la teneur en corps gras non saturés. Plus précisément, il s'agit du nombre de grammes d'iode susceptible de se fixer sur $100g$ d'huile. Moins celui-ci est élevé, plus l'huile est lubrifiante.

Plate-out Capacité de l'huile à se séparer de l'eau et à s'étendre pour recouvrir par adhérence une surface métallique.

Polarité Capacité de l'huile à l'adhérence sur une surface métallique.

Type de lubrifiant

L'huile «pure», détaillée en 1.3.3, est très souvent diluée dans une fluide porteur sous la forme d'une émulsion ou d'une dispersion. La première raison est le besoin de réaliser un enlèvement de calories important. Cela nécessite la présence d'un fluide dont la capacité calorifique est plus élevée que l'huile. La seconde raison est d'empêcher des bouchons dans les tuyaux du circuit. Le fluide porteur doit donc posséder une viscosité plus faible que l'huile.

En plus d'être peu chère et extrêmement répandue, l'eau possède ces deux caractéristiques et est donc généralement le fluide porteur retenu. Cependant, la nature de cette eau est analysée afin de vérifier que des «polluants» n'ont pas des réactions non désirables avec des composants de l'huile. En effet, il peut arriver que, par exemple, un émulsifiant réagisse avec un sel alcalino-terreux. Ledgard et al. [77] distinguent les émulsions et les dispersions.

Dans une émulsion, l'huile est chimiquement et mécaniquement cisaillée en des particules de tailles variées. Un émulsifiant décroît la tension entre l'eau et l'huile, ce qui laisse l'huile avoir une certaine gamme de tailles de particules. Les plus grandes d'entre elles servent à la lubrification mais sont moins stables, alors que c'est l'inverse pour les petites gouttes. L'émulsion est stable et n'a donc pas besoin d'être mélangée pour rester dans son état. Cependant, dans les cuves, une séparation entre les crasses emportées lors du laminage (principalement des particules de fer) se réalise spontanément et cette couche doit être écrémée mécaniquement.

Dans la dispersion, le lubrifiant est constitué de fines particules d'huile distribuées dans l'eau sans liaison chimique forte entre les deux. Une agitation mécanique est nécessaire pour contrôler l'uniformité du mélange et le circuit de distribution doit éviter de comporter des forts ralentissements. La taille des particules et son écart-type autour de la moyenne est contrôlable, principalement par le degré d'agitation. Des agents dispersants peuvent être ajoutés si la seule agitation ne suffit pas. Ceux-ci ont un caractère chimique cationique et sont naturellement attirés par le métal, ce qui permet une meilleure lubrification.

Les avantages d'une dispersion par rapport à une émulsion sont :

1. efficacité accrue de la lubrification (plus grande taille de particules en moyenne, «*plate-out*» plus important),

2. amélioration de la stabilité du laminage vu la meilleure prédiction de la lubrification,

3. aucun écrémage mécanique,

4. propreté accrue de la bande et de l'installation.

Par contre, les débits possibles sont plus faibles qu'avec une émulsion et la ré-utilisation du lubrifiant sur le même outil est impossible.

1.3.4 L'équation de Reynolds

Les équations de Navier-Stokes sont les plus générales de la mécanique des fluides newtoniens (voir détails à l'annexe C). Reynolds [110] établit une formule simplifiée qui décrit un écoulement bi-dimensionnel sous les hypothèses suivantes :

- forces de volume et d'inertie négligées,
- pression et viscosité constantes sur l'épaisseur du film d'huile,
- la courbure des surfaces lubrifiées est très grande en comparaison avec l'épaisseur du film,
- condition de non-glissement entre le fluide et les deux surfaces l'entourant [8],
- lubrifiant supposé newtonien [9],
- écoulement laminaire (pas de choc, pas de tourbillons!),
- vitesse verticale du fluide petite devant sa vitesse horizontale (ainsi que ses dérivées).

Une autre hypothèse simplificatrice classique consiste à ignorer la dépendance de la viscosité en fonction de la pression et de la température dans le calcul pour établir la formule de Reynolds. Elle peut être ré-introduite dans la formule finale. Pour des

---

8. Pit [103] a étudié ce point en détail pour le laminage mettant en doute la validité de cette hypothèse suivant l'épaisseur de film atteinte, c.-à-d. à partir de 170 *nm* à 400 *nm* selon les molécules actives utilisées.

9. Molimard et al. [91] ont confirmé cette hypothèse dans le cadre du laminage à froid.

surfaces lisses, Rajagopal et Szeri [109] discutent d'ailleurs ce point et établissent une équation de Reynolds modifiée afin de tenir compte explicitement de ce couplage.

Comme décrit à l'annexe C, l'équation générale de Navier-Stokes est formée des équations (C.5.39), (C.5.40), (C.5.41) et (C.5.42). En combinant (C.5.40) et (C.5.42), on obtient :

$$\rho \frac{D\vec{v}}{Dt} = -\nabla p_l + \nabla \cdot \left(\lambda \left(\nabla \cdot \vec{v} \right) \mathbb{1} + \eta \left(\nabla \vec{v} + (\nabla \vec{v})^T \right) \right) + \rho \vec{f} \tag{1.3.1}$$

avec $\vec{f}$ les forces de volume, ρ la masse volumique ainsi que η et λ respectivement le premier paramètre de viscosité et le second. Si les forces volumiques sont négligées ($\vec{f} = 0$) et que l'on suppose un régime établi ($\frac{D\bullet}{Dt} = 0$), il vient :

$$\nabla p_l = \nabla \cdot \left(\lambda \left(\nabla \cdot \vec{v} \right) \mathbb{1} + \eta \left(\nabla \vec{v} + (\nabla \vec{v})^T \right) \right) \tag{1.3.2}$$

Notons que, pour un fluide incompressible ($\nabla \cdot \vec{v} = 0$), on aurait :

$$\begin{aligned} \nabla p_l &= \nabla \cdot \left(\eta \left[\nabla \vec{v} + (\nabla \vec{v})^T \right] \right) \\ &= \eta \Delta \vec{v} + \nabla \eta \left[\nabla \vec{v} + (\nabla \vec{v})^T \right] \end{aligned} \tag{1.3.3}$$

En développant (1.3.2), on a le système :

$$\begin{cases} \frac{\partial p_l}{\partial x} = \frac{\partial}{\partial x} \left[2\eta \frac{\partial v_x}{\partial x} + \lambda \left(\nabla \cdot \vec{v} \right) \right] & + \frac{\partial}{\partial y} \left[\eta \left(\frac{\partial v_x}{\partial y} + \frac{\partial v_y}{\partial x} \right) \right] & + \frac{\partial}{\partial z} \left[\eta \left(\frac{\partial v_x}{\partial z} + \frac{\partial v_z}{\partial x} \right) \right] \\ \frac{\partial p_l}{\partial y} = \frac{\partial}{\partial x} \left[\eta \left(\frac{\partial v_y}{\partial x} + \frac{\partial v_x}{\partial y} \right) \right] & + \frac{\partial}{\partial y} \left[2\eta \frac{\partial v_y}{\partial y} + \lambda \left(\nabla \cdot \vec{v} \right) \right] & + \frac{\partial}{\partial z} \left[\eta \left(\frac{\partial v_y}{\partial z} + \frac{\partial v_z}{\partial y} \right) \right] \\ \frac{\partial p_l}{\partial z} = \frac{\partial}{\partial x} \left[\eta \left(\frac{\partial v_z}{\partial x} + \frac{\partial v_x}{\partial z} \right) \right] & + \frac{\partial}{\partial y} \left[\eta \left(\frac{\partial v_z}{\partial y} + \frac{\partial v_y}{\partial z} \right) \right] & + \frac{\partial}{\partial z} \left[2\eta \frac{\partial v_z}{\partial z} + \lambda \left(\nabla \cdot \vec{v} \right) \right] \end{cases} \tag{1.3.4}$$

Vu le système d'axes choisi, $\partial \bullet / \partial z = 0$ et il reste :

$$\begin{cases} \frac{\partial p_l}{\partial x} = \frac{\partial}{\partial x} \left[2\eta \frac{\partial v_x}{\partial x} + \lambda \left(\nabla \cdot \vec{v} \right) \right] & + \frac{\partial}{\partial y} \left[\eta \left(\frac{\partial v_x}{\partial y} + \frac{\partial v_y}{\partial x} \right) \right] \\ \frac{\partial p_l}{\partial y} = \frac{\partial}{\partial x} \left[\eta \left(\frac{\partial v_y}{\partial x} + \frac{\partial v_x}{\partial y} \right) \right] & + \frac{\partial}{\partial y} \left[2\eta \frac{\partial v_y}{\partial y} + \lambda \left(\nabla \cdot \vec{v} \right) \right] \end{cases} \tag{1.3.5}$$

Vu l'hypothèse faite sur les vitesses, tous les termes qui dépendent de v_y sont négligeables. De plus, la viscosité est considérée constante sur l'épaisseur du film. Les deux paramètres η et λ sont donc indépendants de y :

$$\begin{cases} \frac{\partial p_l}{\partial x} = \frac{\partial}{\partial x} \left[(2\eta + \lambda) \frac{\partial v_x}{\partial x} \right] + \eta \frac{\partial^2 v_x}{\partial y^2} \\ \frac{\partial p_l}{\partial y} = \frac{\partial}{\partial x} \left(\eta \frac{\partial v_y}{\partial y} \right) + \lambda \frac{\partial}{\partial y} \left(\frac{\partial v_x}{\partial x} \right) \end{cases} \tag{1.3.6}$$

En négligeant, a priori, les variations de la viscosité selon la direction de laminage et en supposant que $(2\eta + \lambda) \frac{\partial^2 v_x}{\partial x^2} << \eta \frac{\partial^2 v_x}{\partial y^2}$ ce qui est justifié suite à l'hypothèse sur les rayons de courbures, il reste :

$$\begin{cases} \frac{\partial p_l}{\partial x} = \eta \frac{\partial^2 v_x}{\partial y^2} \\ \frac{\partial p_l}{\partial y} = (\eta + \lambda) \frac{\partial}{\partial x} \left(\frac{\partial v_x}{\partial y} \right) \end{cases} \tag{1.3.7}$$

On néglige souvent la variation de pression sur l'épaisseur $\frac{\partial p_l}{\partial y} = 0$. D'ailleurs, le dernier terme présent $(\eta + \lambda) \frac{\partial}{\partial x} \left(\frac{\partial v_x}{\partial y} \right)$ disparaît lorsque l'on considère un écoulement incompressible idéal.

La double intégration de (1.3.7) sur l'épaisseur du film h_l entre la bande ayant une vitesse de V_S et le cylindre ayant une vitesse à la paroi V_R fournit l'expression de la vitesse dans la direction du laminage :

$$v_x = \frac{1}{2\eta} \frac{dp_l}{dx} y (y - h_l) + (V_R - V_S) \frac{y}{h_l} + V_S \tag{1.3.8}$$

Ce profil de vitesse est donc parabolique. Pour le cas stationnaire, la conservation du débit massique d_M s'écrit alors

$$d_M \equiv cste \equiv \int_0^h \rho v_x dy = \left(\frac{V_S + V_R}{2} \right) \rho h_l - \frac{\rho h_l^3}{12\eta} \frac{\partial p_l}{\partial x} \tag{1.3.9}$$

en supposant $\frac{\partial \rho}{\partial y} = 0$.

Dans le cas incompressible ($\rho \equiv constante$), la forme finale de l'équation de Reynolds incompressible avec η constant à une dimension est :

$$d_v = \left(\frac{V_S + V_R}{2} \right) h_l - \frac{h_l^3}{12\eta} \frac{\partial p_l}{\partial x} \tag{1.3.10}$$

avec d_v le débit volumique de lubrifiant. On aurait pu utiliser $\bar{U} \equiv \frac{V_S + V_R}{2}$ qui est la vitesse moyenne des parois. Le premier terme du membre de droite est appelé le terme de Couette et représente le débit dû aux glissements nuls aux parois, alors que le second membre s'appelle le terme de Poiseuille et donne la contribution du gradient de pression au débit.

La contrainte de frottement due à l'écoulement du fluide sur la bande s'écrit :

$$\tau_l = \eta \left. \frac{dv_x}{dy} \right|_{y=0} = -\frac{h_l}{2} \frac{\partial p_l}{\partial x} + \eta \frac{V_R - V_S}{h_l} \tag{1.3.11}$$

En pratique, certains auteurs n'utilisent pas la valeur locale du cisaillement à la paroi de la bande mais bien la moyenne sur l'épaisseur du film d'huile. En repartant alors de (1.3.8) et en calculant la moyenne selon :

$$\tau_l = \frac{1}{h_l} \int_0^{h_l} \eta \left. \frac{dv_x}{dy} \right|_s ds$$

Après le calcul de l'intégral et quelques opérations algébriques, il vient :

$$\tau_l = \eta \frac{(V_R - V_S)}{h_l} \tag{1.3.12}$$

1.3.5 Rhéologie des lubrifiants

La viscosité relie le taux de cisaillement $\dot{\gamma}$ à la contrainte dans le lubrifiant τ. Aux faibles pressions, la simple relation de proportionnalité entre ces deux termes (comportement newtonien) est, en général, valable.

$$\tau = \eta (T, p_l) \dot{\gamma} \tag{1.3.13}$$

Selon Cameron [27], les huiles restent newtoniennes jusqu'à 1 GPa. Des modèles non newtoniens (voir [153] et [88]) et viscoélastiques - inspirés par Maxwell (1831-1879) tels que [43] - existent et rendent compte de comportements plus complexes.

La viscosité η d'un fluide est influencée par sa température T et la pression p_l subie par ce fluide. La viscosité de référence η_0 est la viscosité à la température T_0 (généralement $25°C$) et à la pression p_0 de référence ($1atm = 101325Pa$). Les conditions typiques dans une emprise de laminage à froid sont une pression élevée, un fort taux de cisaillement et une augmentation de température importante soit

$$\begin{cases} p_l & = & 400 - 1000MPa \\ \dot{\gamma} & = & 10^5 - 10^7 s^{-1} \\ T & = & 100 - 300°C \end{cases}$$

Pour illustrer les implications d'un tel domaine, comme précisé dans Wolff et Dupuis [153], l'alcool méthylique à 20^oC subit une augmentation de 50 % de sa viscosité pour une augmentation de pression de 100 MPa alors qu'une variation identique s'obtient en abaissant la température de seulement 15^oC. Dans la suite de cette setion, une revue succincte des modèles de prise en compte de la variation de la viscosité par rapport à ces deux paramètres est présentée.

Prise en compte de la pression (ou piézoviscosité)

La piézoviscosité est la dépendance de la viscosité à la pression. Historiquement, l'effet de la pression sur la viscosité du lubrifiant est pris en compte par une loi exponentielle ou loi de Barus [17] :

$$\eta = \eta_0 e^{\gamma_l p_l} \tag{1.3.14}$$

où γ_l est le coefficient de pression de la viscosité. Aux faibles pressions, elle est souvent considérée comme valide. A haute pression, Molimard et Le Riche [90], entre autres, observent expérimentalement qu'elle surestime la viscosité. Au contraire, Schmidt et al. [117] présentent des courbes expérimentales présentant bien un comportement $p - log\,(\eta)$ linéaire aux "faibles" pressions pour terminer avec une concavité vers le haut. L'explication serait le début de la solidification du lubrifiant. Jiang et al. [60] présentent un modèle à deux pentes suivant le domaine de pression. Cela permet de ne pas sur ou sousestimer la viscosité d'un fluide à haute pression tout en ayant un bon comportement aux faibles pressions. Une transition la plus douce possible est construite entre les deux domaines de pression définis.

Molimard et Le Riche [90] expliquent que le moyen de mesure de la piézoviscosité le plus complet est l'utilisation d'un viscosimètre haute pression [139]. Le principe de cet appareil est la chute d'un mobile sous l'effet de la gravité dans un cylindre sous pression rempli du fluide à tester. La vitesse de chute est proportionnelle à la viscosité du fluide. Cependant, plus la pression est élevée, plus le temps de mesure est long. Les temps de mesure (de l'ordre de plusieurs minutes, voire d'heures) sont alors très différents du temps de passage du lubrifiant dans un contact (quelques millisecondes) ce qui soulève la question d'éventuels phénomènes rhéopexiques i.e. dont la viscosité. augmente avec le temps sous l'effet d'une agitation. L'utilisation de cet instrument de mesure reste rare et le coefficient de piézoviscosité est souvent déduit de mesures de la hauteur d'un film dans un contact bille/plan en fonction de la vitesse de roulement [91]. La piézoviscosité est alors identifiée à partir de grandeurs macroscopiques et de modèles de lubrification approchés. Si les temps de passage sont bien respectés, l'utilisation de cette formule réduit l'analyse rhéologique à la détermination du paramètre de la loi de Barus. D'autre part, des études récentes ont mis en évidence les faiblesses de ces modèles [68] montrant que l'erreur commise peut atteindre plus de 20% de la valeur identifiée.

Prise en compte de la température (ou thermo-viscosité)

La thermo-viscosité est la dépendance de la viscosité à la température. De manière similaire à la prise en compte de la pression, une loi exponentielle est historiquement utilisée

$$\eta = \eta_0 e^{-\delta(T-T_0)} \tag{1.3.15}$$

où δ est le coefficient de température de la viscosité. Le signe du terme exponentiel est négatif afin qu'une augmentation de température entraîne une chute de la viscosité.

La forme de la loi d'Arrhenius montre que la valeur de l'énergie d'activation a l'importance prépondérante sur la vitesse des réactions.

La théorie des énergies d'activation en cinétique chimique due à Arrhenius décrit la dépendance de la vitesse des réactions chimiques d'un corps par rapport à sa température. Appliqué aux huiles et en l'extrapolant directement à la viscosité, une loi couramment reprise est

$$\eta = \eta_0 e^{\frac{E}{R}\left(\frac{1}{T}-\frac{1}{T_0}\right)} \tag{1.3.16}$$

avec E l'énergie d'activation d'Arrhenius et R la constante des gaz parfaits valant 8.3145 $Jmol^{-1}K^{-1}$.

Prise en compte couplée de la température et de la pression

Roelands [111] présente une formule empirique basée sur des mesures faites avec des huiles minérales. Selon son auteur, cette formule étend le domaine de validité en

pression par rapport à Barus.

$$\eta = \eta_0 e^{(\ln \eta_0 + 9.67)\left[\left(1 + \frac{p_l}{p_r}\right)^{z_{p_l}}\left(\frac{T-138}{T_0-138}\right)^{-S_0} - 1\right]} \tag{1.3.17}$$

avec $p_r = 196.2\ MPa$, z_{p_l} l'index de pression de la viscosité et S_0 l'index de température de la viscosité. En imposant $S_0 = 0$, on retombe sur une loi pure de piézoviscosité, alors que, si $z_{p_l} = 0$, c'est une loi pure de thermoviscosité sur laquelle on retombe. Dans le premier cas, pour avoir équivalence des pentes avec Barus (1.3.14) aux faibles pressions, il faut choisir $z_{p_l} = \frac{\gamma_l p_r}{\ln \eta_0 + 9.67}$.

Larsson et al. [74] proposent une formulation qui utilise la formulation de Roelands en posant $S_0 = 0$ et en ajoutant une dépendance de η_0 et de z_{p_l} à la température suivant :

$$\begin{cases} \eta_0(T) &= e^{A\left(1 + \frac{T}{135}\right)^{-B} - 4.2} \\ z_{p_l}(T) &= C + D\ln\left(1 + \frac{T}{135}\right) \end{cases} \tag{1.3.18}$$

avec A, B, C et D des paramètres constants. Pettersson et al. [101] analysent cinq lubrifiants différents et fournissent des valeurs de ces 4 paramètres. Par exemple, pour une huile synthétique tri-ester basée sur de l'alcool trimethylolpropane (TMP), ces paramètres valent respectivement 3.1578, 0.8495, 0.0713 et 0.5246. Le calage de ces paramètres est réalisé sur une plage de pression allant jusqu'à quelques centaines de MPa.

Un certain nombre de lois rhéologiques plus récentes sont basées sur la loi de Williams-Landel-Ferry (WLF) [144] utilisant le concept de volume libre, c.-à-d. la distance moyenne de vide séparant les molécules.

$$\log \eta(T, p_l) = \log \eta_g - \frac{C_1[T - T_g(p_l)]}{C_2 + [T - T_g(p_l)]}$$

avec l'indice g signifiant à la température de transition vitreuse [10]. η_g est choisi par convention et représente la viscosité à T_g. L'expression de T_g donne donc la variation de la température de transition vitreuse avec la pression et $T_g(0)$ la température de transition à pression atmosphérique. Par exemple, Molimard et al. [91] présentent un modèle nommé **WLF modifié** :

$$\log \eta(T, p_l) = \log \eta_g - \frac{C_1[T - T_g(p_l)]F(p_l)}{C_2 + [T - T_g(p_l)]F(p_l)}$$

avec :

$$\begin{cases} T_g(p_l) &= T_g(0) + A_1 \ln(1 + A_2 p_l) \\ F(p_l) &= 1 - B_1 \ln(1 + B_2 p_l) \\ \eta_g &= 10^{12} Pa.s \end{cases} \tag{1.3.19}$$

---

10. changement d'état du polymère, sous l'action de la température, entraînant des variations importantes de ses propriétés mécaniques

Le calage du modèle requiert la détermination de six constantes (A_1, A_2, B_1, B_2, C_1 et C_2) ce qui nécessite des résultats expérimentaux sur une large plage de températures et de pressions. Notons que Molimard et Le Riche [90] ont présenté une méthodologie générale afin d'identifier les paramètres d'une loi quelconque de piézoviscosité. Après un "bruitage" des courbes connues, ils atteignent une précision de l'ordre de 5% sur l'identification des paramètres des lois de Barus et Roelands, alors que celle-ci se révèle impossible pour leur propre loi présentée ci-dessus.

1.3.6 Compressibilité des lubrifiants

Au vu de l'équation fournissant la conservation du débit massique (1.3.9), il est intéressant de voir comment il est possible de caractériser la dépendance de la masse volumique en fonction de la température et de la pression. En effet, sa variation le long de l'emprise pourrait se révéler important. Cet dépendance est négligée par la suite et seules deux possibilités existantes sont présentées comme illustration.

Dowson et Higginson [40] ont proposé la formule :

$$\frac{\rho}{\rho_0} = (1 - \alpha_p (T - T_0)) \left(1 + \frac{0.34615 p_l}{0.59263E9 + p_l} \right)$$

avec ρ_0 la masse volumique en condition standard et α_p le coefficient d'expansion thermique.

Elcoate et al. [41] utilise la dépendance

$$\frac{\rho}{\rho_0} = \frac{1 + \gamma p}{1 + \kappa p}$$

pour uniquement l'effet de la pression. Il propose de plus des valeur des paramètres pour l'huile utilisée dans l'application de $\gamma = 2.27 GPa^{-1}$ et $\kappa = 1.68 GPa^{-1}$.

Plus tard, Wang et al. [141] ont utilisé la forme suivante

$$\frac{\rho}{\rho_0} = 1 + \frac{A p_l}{1 + B p_l} + C (T - T_0)$$

Pour une huile minérale, les constantes A, B et C valent respectivement $0.610^{-9} m^2/N$, $1.710^{-9} m^2/N$ et $-710^{-4} K^{-1}$. En négligeant le terme couplé température-pression, cette formule rejoint fortement la première formulation si l'on admet que $C = -\alpha_p$.

1.3.7 Le micro-hydrodynamisme

Le micro-hydrodynamisme est l'ensemble des phénomènes d'écoulement de matière (en général des fluides) à l'échelle du micron. Dans l'étude de l'écoulement du lubrifiant en laminage à froid, on étudie généralement pas directement ces phénomènes mais ils sont pris en compte par des moyennes. Suite à certaines observations expérimentales, ils s'avèrent qu'il existe sûrement des phénomènes complexes de couplage entre l'écoulement du fluide et la topologie de la surface. Ces phénomènes pouvant atteindre des échelles encore inférieures au micro (typiquement jusqu'au nanomètre) sont repris pour les lamineurs sous le terme générique de «micro-hydrodynamisme».

Cette section se divise en 4 parties distinctes. La première section introduit la problématique et discerne les principaux mécanismes identifiés. Ensuite dans la deuxième section, des observations expérimentales apportent la preuve de l'existence de ces mécanismes sur certains montages d'essai. La troisième partie traite des causes et des conséquences de l'apparition des mécanismes identifiés. Pour finir, une présentation des différents modèles théoriques ainsi que des approches numériques constitue la quatrième et dernière section.

Problématique

L'influence de la topographie des surfaces lors d'un contact lubrifié est depuis longtemps connue comme étant un facteur primordial quant à la faisabilité de certains processus de mise en forme ainsi que sur la qualité des surfaces produites.

Lors d'études expérimentales étudiant la friction en mettant en oeuvre un test d'étirage, Kudo et al. [70] ont mesuré une augmentation du frottement avec le produit viscosité - vitesse d'étirage alors que le régime de lubrification observé était de type mixte. Mizuno et Okamoto [89] ont également observé ce même phénomène lors d'un test de compression-glissement. Ces deux observations sont contraires à ce qui est attendu suivant la courbe de Stribeck (figure 1.28 p. 68). Mizuno et Okamoto expliquèrent ce résultat, qui n'est normalement observé que loin dans le régime hydrodynamique, en supposant qu'un écoulement hydrodynamique apparaîtrait à une échelle inférieure à celle traitée classiquement. Les zones où ce mécanisme est pressenti sont les plateaux qui sont normalement définis par un contact "direct" entre les surfaces solides. Ce contact direct ne serait donc pas réellement un contact solide-solide mais bien un contact de même type que dans les vallées, c.-à-d. solide-fluide-solide, tout en possédant une couche de fluide d'épaisseur nettement plus faible que celle présente dans les vallées. Cette épaisseur pourrait s'épaissir sous certaines conditions bien particulières.

Conjointement à ce phénomène présumé, le mécanisme de création de poches hydrostatiques est de première importance. En effet, du lubrifiant peut être emprisonné dans des rugosités de la surface de la pièce de travail. Ce volume de lubrifiant subit alors une augmentation de la pression avec un débit de fuite négligeable. On parle alors de poches sous pression hydrostatique ou plus simplement de poches hydrostatiques. Kudo [69] signale deux effets directs. Le premier est une augmentation de la capacité de charge sans augmentation significative du frottement. En effet, les poches contiennent un lubrifiant dont le frottement en surface est toujours nettement inférieure à celui d'une surface solide. Le second est que la présence de ce lubrifiant empêche les deux surfaces de se conformer l'une à l'autre. Le transfert de rugosité est donc nettement amoindri (voir section 1.2.3 p. 61).

Il s'agit donc de deux mécanismes distincts mais qui interagissent. En effet, la formation des poches hydrostatiques empêchent les surfaces de se conformer parfaitement et donc l'aire de contact relative reste limitée. Lorsqu'une certaine condition - à déterminer - est remplie, le fluide présent dans ces poches peut s'écouler sur les plateaux diminuant le frottement à ces endroits mais permettant aux deux surfaces de mieux se conformer et donc d'obtenir une aire de contact relative plus proches de l'unité.

Comme montré dans la partie «preuves expérimentales», des écoulements de lubrifiant hors de la poche sont principalement observés dans la direction de glissement. Ces écoulements ne se produisent pas exclusivement vers l'arrière, soit dans le sens inverse du glissement, mais également vers l'avant. Azushima et al. [9] décrivirent et nommèrent ces deux phénomènes physiques respectivement *MPHDL* pour *MicroPlasto HydroDynamic Lubrication* et *MPHSL* pour *MicroPlasto HydroStatic Lubrication*.

L'explication du mécanisme du *MPHDL* réside dans la mise sous pression dynamique p_{dyn} de la partie arrière de la poche qui forme un convergent. L'addition de la pression statique de la poches p_{sta} et de cette pression dynamique p_{dyn} fournit une pression totale supérieure à la pression d'interface (ou moyenne) p. Pour le *MPHSL*, la pression hydrostatique à elle seule est plus importante que la pression p en avant de la poche. Ces deux mécanismes sont illustrés aux figures 1.29 et 1.30.

Une seconde analyse de ces phénomènes est illustrée aux figures 1.31 et 1.32. Bech et al. [21] introduisent sur le schéma la présence du lubrifiant extrait de la poches et les notions de pression arrière (*rear*) p_r et pression avant (*forward*) p_f pour différencier les pressions en avant et en arrière de la poche.

Preuves Expérimentales

L'observation directe d'un phénomène est la meilleure preuve de son existence. Deux groupes de recherche, *Azushima, Kudo et al.* et *Bech, Eriksen et al.*, ont donc orienté leurs travaux vers la mise au point d'un appareil expérimental permettant une observation visuelle de micro-écoulements. Ces deux équipes ont abouti à un appareil basé sur le principe de l'étirage plan avec un partie supérieure transparente. Guangteng et al. [51] étudient le contact mixte en élasto-hydrodynamique. Ils étudient le phénomène de manière expérimentale avec un montage bille d'acier - plaque de silicium/chrome. Le micro-EHD (Elasto Hydro Dynamic) est ce qui se passe au-dessus d'une aspérité artificielle fixée sur la bille. Un appareillage sophistiqué permet de mesurer jusqu'à

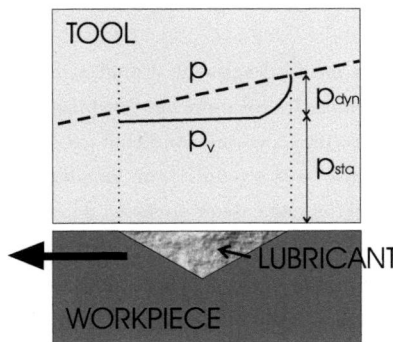

FIGURE 1.29 – Modèle de Azushima et al. [9] expliquant le *MicroPlasto HydroDynamic Lubrication*.

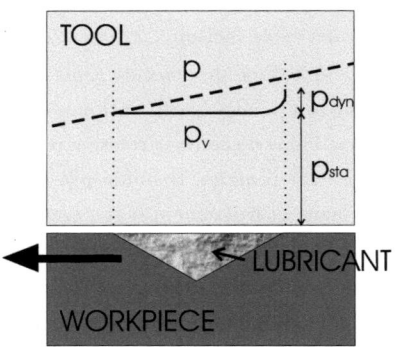

FIGURE 1.30 – Modèle de Azushima et al. [9] expliquant le *MicroPlasto HydroStatic Lubrication*.

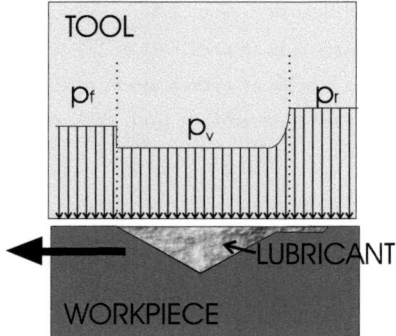

FIGURE 1.31 – Modèle de Bech et al. [21] expliquant le *MicroPlasto HydroDynamic Lubrication*.

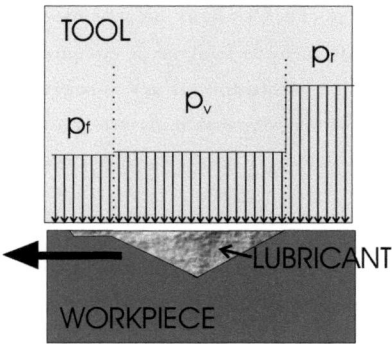

FIGURE 1.32 – Modèle de Bech et al. [21] expliquant le *MicroPlasto HydroStatic Lubrication*.

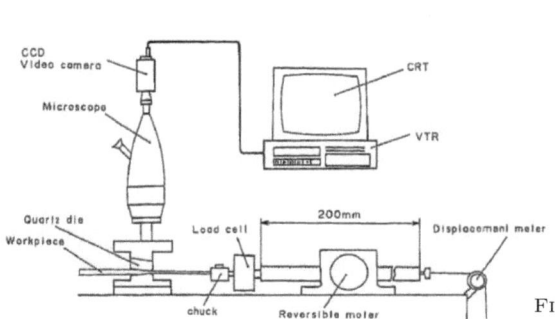

FIGURE 1.33 – Représentation schématique du dispositif d'étirage de bande avec observations directes de l'interface matrice-pièce (*quartz die-workpiece*).

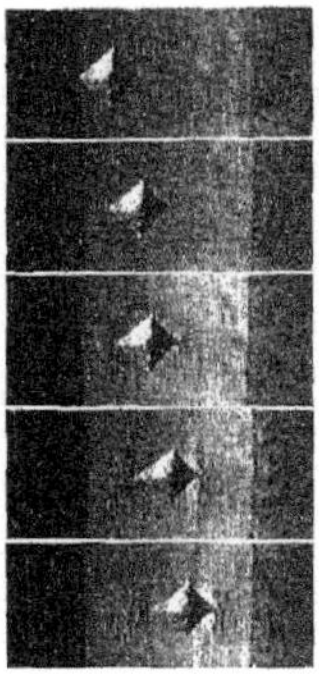

FIGURE 1.34 – Séquence de photos montrant l'écoulement du lubrifiant hors d'une cavité pyramidale lors d'un étirage à une vitesse de 0.8 m/s, une réduction de 0.092 et avec un lubrifiant possédant une viscosité de 1000 *cSt*.

une précision de quelques nanomètres l'épaisseur du film fluide. Cette étude s'éloigne de la nôtre mais méritait d'être signalée.

Travaux de Azushima, Kudo et al.

Le travail de ce groupe fut initié par Kudo (1965) et poursuivi par Azushima (2000). Entre temps, de nombreux intervenants les ont aidés dans leur recherche. La mise en place de l'appareillage d'étirage expérimental eut lieu en 1989. Le schéma de la figure 1.33 représente le montage en question. Ce montage a évolué au cours des années mais aucun changement de première importance n'y a été apporté.

Dans les références Azushima et al. [9, 12], les auteurs utilisent des feuilles d'aluminium ayant été poinçonnées au préalable par des indentations de formes pyramidales uniformément distribuées sur la surface. Au départ, ils ont testé une vitesse de 0.8 *m/s* et différents lubrifiants. Ils observèrent clairement, comme à la figure 1.34, que du lubrifiant s'échappait des poches en arrière (MPHDL) mais aussi en avant (MPHSL).

Toujours pour de l'aluminium, Azushima et al. [13] mettent ensuite en relation le coefficient de frottement mesuré avec la vitesse d'étirage pour quatre niveaux de réduction. Ils observent que, pour la plus faible réduction valant 3%, aucune remontée de lubrifiant n'est observée. De plus, le coefficient de frottement est le même que dans le cas sans indentations remplies d'huile. Pour les cas de plus fortes réduction (8, 15 et 20 %), le coefficient de frottement augmente avec la vitesse pour une plage allant de 0.01 m/s à 0.1 m/s. Ils évaluent également la quantité d'huile sortie des poches. Ils obtiennent que, si la vitesse de glissement est multipliée par 10, le volume en question n'est multiplié que par deux.

Azushima et al. [14] présentent dans la lignée une étude systématique en vitesse et en viscosité à réduction constante. Ils étudient une plage de vitesse étendue jusqu'à 10 m/s et 7 lubrifiants différents. Les bandes ont une rugosité surfacique de 0.02 μm alors que la matrice en a une de 0.01 μm. Ils étudient en plus des forces normales et tangentielles, permettant de calculer le coefficient de frottement, la brillance et la rugosité de la surface en sortie. Pour de hautes vitesses, ils observent que la rugosité en sortie augmente avec la viscosité alors que la brillance au contraire diminue. Pour ces hautes vitesses, la direction d'étirage n'a plus d'influence sur les résultats. D'une manière générale, on peut dire que le coefficient de frottement est quasi indépendant de la viscosité. Après analyse, la brillance semble suivre une courbe fonction de l'épaisseur en entrée divisée en trois parties comme illustré à la figure 1.35. Pour une épaisseur en entrée inférieure au centième de micron, la brillance est constante et grande. Au vu des résultats, un régime mixte avec régime limite sur les plateaux est présent. Pour des épaisseurs de film plus importantes et allant jusqu'au micron, la brillance décroît linéairement. Il y a donc présence de micro plasto hydro écoulements (statique/dynamique) soit micro-PHL. Au delà de cette épaisseur de film en entrée, la brillance est constante et faible. On a alors quitté le régime mixte pour un régime en film mince voire épais.

Azushima et Kudo [10] étudient l'influence de la pression moyenne du contact sur le micro-PHD. Ils mettent en corrélation les observations visuelles de brillance avec des mesures du coefficient de frottement. Ils obtiennent pour deux spécimens à rugosités différentes une tendance similaire, voir figure 1.36 qui montre une valeur d'environ 0.2 peu dépendante de la pression en-dessous de 45 MPa. Jusqu'à ces valeurs, il existe un écoulement de fluide autour de plateaux isolés. À partir de cette valeur, il n'y a plus d'écoulement et des poches isolées apparaissent comme cela est visible aux figures 1.37 et 1.38. Le coefficient de frottement subit un changement de pente et commence à diminuer pour terminer à la moitié de sa valeur initiale pour une pression de 72 MPa. Pour une pression supérieure à 59 MPa, les plateaux passent de brillant à mate ce qui suppose du micro-PHL. Pour le spécimen B, le phénomène est nettement plus important ce qui concorde bien avec la stabilisation du coefficient de frottement observée à la figure 1.36.

Azushima et Kudo tentent d'expliquer l'évolution du coefficient de frottement (type Coulomb). La relation de partage classique (voir section suivante pour plus de détails)

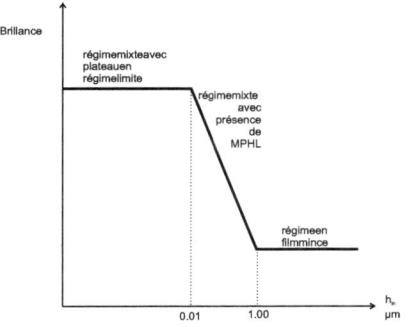

FIGURE 1.35 – Azushima et al. [14] : Évolution de la brillance avec l'épaisseur de film en entrée.

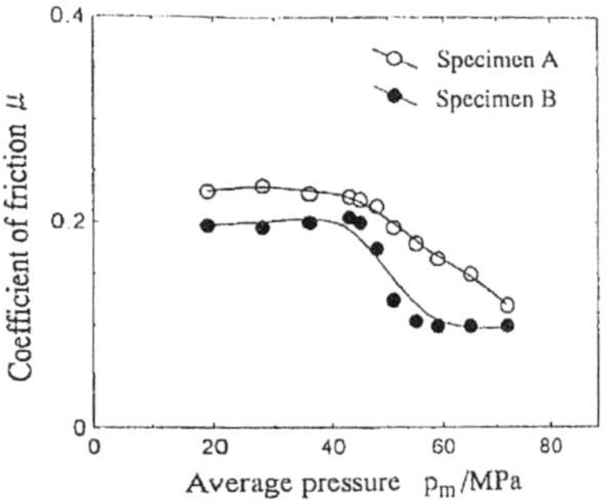

FIGURE 1.36 – Azushima et Kudo [10] : Relation entre le coefficient de frottement et la pression moyenne sur deux spécimens.

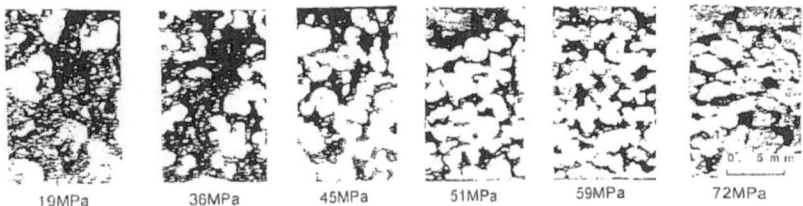

FIGURE 1.37 – Azushima et Kudo [10] : photos de la surface du spécimen A à 6 pressions différentes.

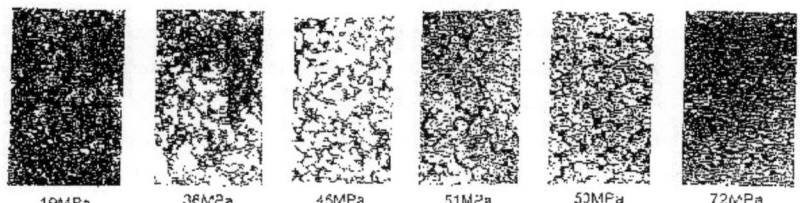

FIGURE 1.38 – Azushima et Kudo [10] : photos de la surface du spécimen B à 6 pressions différentes.

Chapitre 1. État des connaissances en laminage à froid

fournit une relation du type avec l'indice p pour plateaux et v pour vallée :

$$X = AX_p + (1 - A)X_v \qquad (1.3.20)$$

Cette relation est supposée valable pour la force de frottement et pour la force normale. Le coefficient de frottement nominale est défini par le rapport de la force tangentielle à la force normale. Pour des cas où il n'y a pas de poches sous pression hydrostatique, Azushima et Kudo [10] négligent la partie due au fluide et obtiennent la formule

$$\mu_N = \frac{F_T}{F_N} = \frac{\tau_p A}{p_p A} = \frac{\tau_p}{p_p} = \mu_p \qquad (1.3.21)$$

Le coefficient de frottement mesuré reste indépendant par rapport à l'évolution de l'aire de contact. Lorsque le cap de la formation de poches est passé, la force normale doit à présent tenir compte de la composante fluide pour ces poches (indice ph).

$$F_N = p_p A + q A_{ph} \qquad (1.3.22)$$

Le coefficient de frottement devient alors dans ce cas :

$$\mu_N = \frac{F_T}{F_N} = \frac{\tau_p A}{p_p A + q A_{ph}} = \frac{\mu_p}{1 + \frac{q A_{hp}}{p_p A}} \qquad (1.3.23)$$

À la limite, si toutes les vallées se sont transformées en poches hydrostatiques, on dit que le seuil de percolation est atteint et dans ce cas $A_{ph} = 1 - A$.

La forme de 1.3.23 explique qualitativement bien la figure 1.36. Cependant en comparant les mesures et la formule, Azushima et Kudo déduisent que la division par deux du coefficient de frottement ne peut pas s'expliquer uniquement par ces considérations. Ils ajoutent alors un paramètre qui permet de tenir compte d'une diminution du coefficient de frottement sur les plateaux où le micro-PHL se passe. Ils en déduisent que pour la pression moyenne de 72 MPa ce facteur veut environ 0.74 pour le spécimen A et 0.71 pour le spécimen B.

Finalement, notons qu'il existe encore deux papiers relatifs à ce travail. Azushima et al. [15] étudient plusieurs types de lubrifiant pour plusieurs réductions alors que Azushima et al. [11] étudient plus spécifiquement l'effet de la rugosité. Ils mesurent la topographie de surface par une technique par fluorescence. Ils en concluent que, lorsque l'aire de contact est trop importante, le phénomène de micro-lubrification ne se produit pas.

> Travaux de Bech, Eriksen et al.

Bech et al. [20] utilisent un montage pratiquement similaire à celui utilisé par la première équipe. Son schéma, repris à la figure 1.39, illustre bien que la seule partie

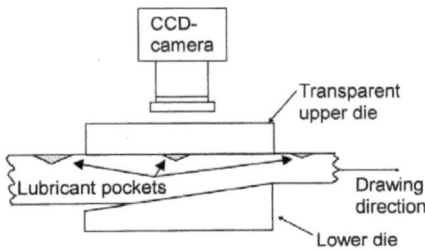

FIGURE 1.39 – Bech et al. [20] : Schéma de l'équipement expérimental.

FIGURE 1.40 – Bech et al. [20] : Images de l'étude systématique des micro-écoulements.

lubricant viscosity	drawing speed	reduction	die angle	back tension	strain hard. exponent	coefficient of friction
 η = 5 cSt A1	0.2mm/sec A2	 10 % A3	 2° A4	 0 A5, **REF**	 n = 0.08 A6, **REF**	 μ = 0.025 A7, **REF**
 η= 126 cSt B1, **REF**	 0.5 mm/sec B2, **REF**	 15 % B3	 3° B4, **REF**	 62 N/mm^2 B5	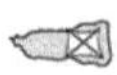 n = 0.16 B6	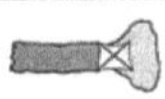 μ = 0.05 B7
 η= 700 cSt C1	 5 mm/sec C2	 20 % C3, **REF**	5° C4	 105 N/mm^2 C5	 n = 0.21 C6	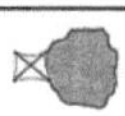 μ = 0.28 C7

inférieure de la matrice est penchée par rapport à l'horizontale. La figure 1.40 présente les résultats de 15 configurations testées.

Au vu des résultats, les autres paramètres restant constant, la variation d'un paramètre provoque le passage entre les phénomènes de MPHDL et MPHSL ou inversement. Pour la réduction qui fait office d'exception, le mécanisme dynamique domine pour les trois valeurs testées. L'augmentation de la valeur de trois paramètres fait évoluer le phénomène du comportement statique vers le celui dynamique : il s'agit de la viscosité du lubrifiant, de la vitesse d'étirage et de la pente d'écrouissage. Par contre, l'angle d'attaque, la tension arrière et le coefficient de frottement avec la matrice inférieure influencent les tendances dans l'autre sens. Par exemple, plus la viscosité augmente plus le phénomène de MPHSL diminue au profit du MPHDL. Par contre, plus le coefficient de frottement avec la matrice inférieure augmente et plus le MPHSL devient prédominant. Ces résultats sont en accord avec les modèles présentés au chapitre précédent.

Causes et conséquences des micro-écoulements

Bech et al. [21] fournissent une explication de la lubrification type micro-plasto-hydrodynamique en appliquant l'équation de Reynolds à une poche en supposant un écoulement dont la hauteur de film de fuite est connue. Leur modèle mathématique fournit l'évolution de la pression sur la matrice et dans la cavité de fluide (figure 1.41). La pression moyenne dans la poche est nulle jusqu'à ce que celle-ci soit entièrement dans l'interface. Ensuite, elle augmente très rapidement jusqu'à une valeur d'environ 5% inférieure à la pression moyenne. La distribution de la pression dans la poche (figure 1.42) est également calculée. Ils obtiennent qu'une pression dynamique p_{dyn} de 10 MPa, différence entre la valeur maximal de 240 MPa et la valeur dans le reste de la poche valant 230 MPa, se développe sur une distance de 10 μm uniquement dans le convergent du côté arrière de la poche.

Leurs observations, figure 1.43, montrent également que la force de frottement diminue sensiblement (variation inférieur à 10%) lorsque des micro-écoulements sont observés. En effet, il ne suffit donc pas que la rangée d'indentation rentre dans le contact mais aussi que les écoulements se produisent ! Les oscillations trouvées sont entourées par une force minimale calculée avec un frottement nulle pour les vallées alors que la maximale est trouvée dans le cas où il n'existe pas de vallées. La valeur minimale des mesures est inférieure à la valeur théorique calculée. Cela peut sembler logique vu que les micro-écoulements diminuent le coefficient de frottement sur les plateaux.

Shimizu et al. [120] étudient systématiquement l'influence de la forme de la cavité

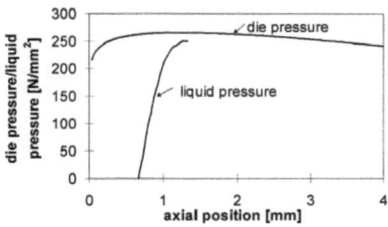

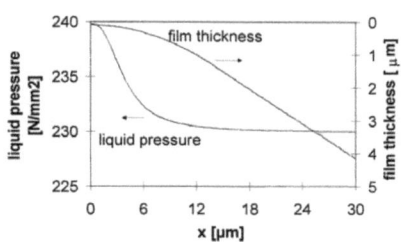

FIGURE 1.41 – Bech et al. [21] : Pression fluide moyenne dans la poche et pression sur la matrice fonction de leur position pour l'expérience de référence.

FIGURE 1.42 – Bech et al. [21] : Épaisseur local de film and distribution de pression fluide à l'arrière de la poche.

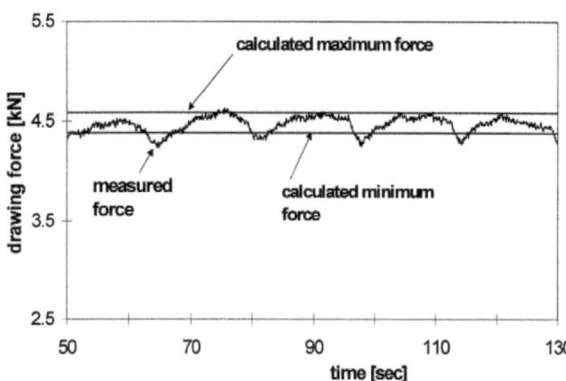

FIGURE 1.43 – Bech et al. [20] : Mesures expérimentales de force durant l'étirage avec poches de lubrifiant et les forces minimales et maximales calculées.

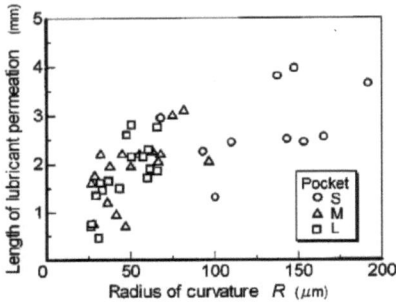

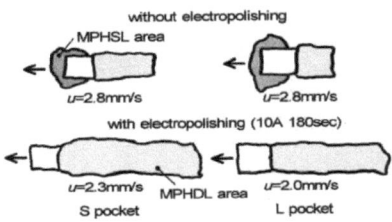

FIGURE 1.44 – Shimizu et al. [120] : Relation entre la longueur de pénétration par MPHDL et le rayon de courbure sur le bord des poches.

FIGURE 1.45 – Shimizu et al. [120] : Examples de micro-écoulement pour les petites (S) et grandes (L) poches avec et sans electro-polissage.

remplie de lubrifiant sur l'importance des micro-écoulements. Trois poches ayant des bases de longueur d'environ 750 μm se différencient par leur pente valant respectivement 3 (Small), 7(Medium) et 11(Large) degré. La quantité de lubrifiant emprisonnée varie donc également. Ils concluent que le phénomène MPHDL est favorisé lorsque l'angle "arrière" de la poche est faible. Shimizu, Andreasen, Bech et Bay ne se contentent pas d'étudier la forme des indentations mais également l'influence du rayon de courbure sur les bords des poches, qui dépend du temps de polissage. La figure 1.44 montre une relation quasi linéaire entre la longueur de pénétration par MPHDL et ce rayon de courbure. Par ailleurs, la figure 1.45 montre quatre résultats concrets.

Comme présenté dans la section précédente, les micro-écoulements sont à l'origine d'oscillations dans la force d'étirage. Y a-t-il d'autres effets qui sont dû à ces micro-écoulements ?

Comme décrit dans la première section, la brillance est souvent mise en relation avec la présence de ce type de phénomène. Bech et al. [21] ont mesuré des profils de rugosité autour des poches avant et après les phénomènes de MPHDL et MPHSL. Ils ont utilisé précisément les cas C1 (fortes viscosités et donc MPHDL) et C7 (haut coefficient de frottement sur l'autre face et donc MPHSL) qui étaient présentés à la figure 1.40. Les résultats des mesures sont présentés à la figure 1.46. Cela confirme bien l'apparition de micro-rugosités dû à ces écoulements et le changement de brillance qui y correspond.

D'autres conséquences sont observées macroscopiquement par des mesures plus classiques. Steinhoff et al. [122] étudient très précisément les différents types de surface possibles et les fonctions qui sont associés à la topographie recherchée pour un

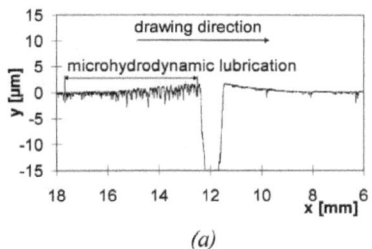 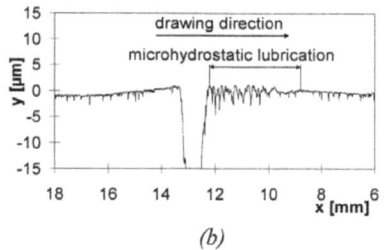

(a)

(b)

FIGURE 1.46 – Bech et al. [21] : Profils de rugosité autour des poches. (a) Cas C1-MPHDL (b) Cas C7-MPHSL

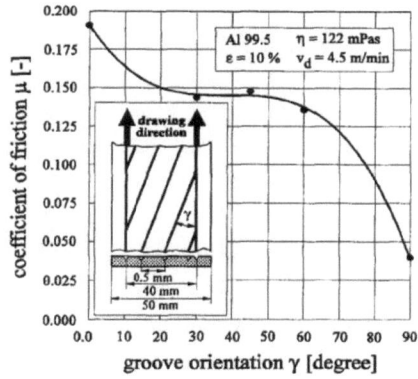

FIGURE 1.47 – Steinhoff et al. [122] : Coefficient de frottement en fonction de l'orientation des rugosités.

mécanisme d'étirage. Ces fonctions sont l'apport de lubrifiant, le transport de ce lubrifiant ainsi que l'évacuation des particules d'usure et finalement la distribution de ce lubrifiant. La première fonction est rendue possible selon ces auteurs avec une surface permettant une fermeture rapide des poches de lubrifiant ce qui permet d'apporter au cœur du processus le lubrifiant nécessaire sous pression hydrostatique. Arrivé à ce stade, pour que la lubrification soit optimum, la présence de micro-réseau de distribution est nécessaire. Selon leur étude, ils concluent qu'une surface de type déterministe-stochastique est la plus efficace.

La figure 1.47 illustre l'effet de l'orientation des rugosités. De plus, Roizard et al. [112] obtiennent sensiblement les mêmes résultats avec une étude en vitesse supplémentaire qui montre qu'un changement d'orientation de 90 degré en passant d'une orientation longitudinale à transverse diminue le coefficient de frottement de manière plus importante qu'une multiplication par 1000 de la vitesse d'étirage. Cet effet est un peu moindre pour un cas de mise en forme U. Roizard et al. expliquent ces résultats par le fait que le nombre de micro-convergents (partie arrière d'une vallée) augmente d'autant plus que l'orientation est transverse.

Signalons que Wihlborg et Crafoord [143] présentent également des tests sur plusieurs topographies par pliage sous tension. Ils arrivent à mettre en relation le coefficient de frottement apparent du procédé avec le Wihlborg-Crafoord index (WC index), index qui vaut le nombre de poches isolées de lubrifiant multipliée par la longueur de contact et divisé par l'aire de contact apparent. Pour ce procédé, le coefficient de frottement est linéairement décroissant avec le WC index quelque soit le type de surface utilisé.

Comme expliqué précédemment, l'évolution de l'aire de contact est influencée par la formation de poches sous pression hydrostatique. Lorsque des micro-écoulements se produisent, la forme de ces poches doit se modifier. Lo et Horng [82] ont mesuré pour des tests de compression-glissement avec de l'acier que la forme des poches évoluait selon un mode centripète. Lors de ce mode, la profondeur des poches ne diminuent que très peu alors que la surface de la base diminue fortement. Les observations de Ahmed et Sutcliffe [1] concordent puisque cette équipe trouve bel et bien une réduction de l'aire des vallées au cours d'un procédé d'étirage. Malheureusement, ils ne précisent ce qu'il advient de la profondeur des indentations.

Modèles théoriques et simulations numériques

Cette section regroupe non seulement les modèles théoriques mais aussi les modèles de calcul qui se rapportent à la problématique des micro-écoulements.

Étude de poches sous pression hydrostatique pure

Comme il a déjà été fait mention au préalable, Kudo [69] a étudié analytiquement l'évolution de la forme d'une poche remplie de lubrifiant sans possibilité de fuites.

Deux analyses par éléments finis ont permis d'étudier la mise sous pression d'une poche emprisonnant du lubrifiant. Tout d'abord, Azushima [8] utilise un matériau rigide parfaitement plastique. Selon cette étude, une réduction de hauteur de 4% suffit à mettre le fluide sous une pression approchant la limite de plasticité du solide. Plus récemment, Huart et al. [59] simulent concrètement le cas du laminage avec rugosités transverses. Le principe utilisé est présenté à la figure 1.48 alors que les différences du comportement avec ou sans présence de lubrifiant sont illustrées à la figure 1.49. Ils sont donc capables d'obtenir des résultats micro-macro. Ils étudient plus spécialement l'état de plasticité localement en-dessous des aspérités et concluent que le glissement avant et la réduction appliquée a une influence importante au travers des valeurs de pression et de force de frottement obtenues.

Étude de poches avec écoulement de fuite

Sheu et al. [118] et ensuite Le et Sutcliffe [75] simulent le comportement du fluide avec un milieux poreux rempli de lubrifiant (genre mousse ou éponge). Plus spécifiquement, Le et Sutcliffe [75] étudient le cas d'un test en compression en état plan de contrainte. En réalité, l'interface outil/pièce est un second domaine également considéré comme poreux. Cette modélisation permet de simuler l'échappement du lubrifiant hors de l'emprise. Ils analysent alors la profondeur résiduelle des indentations en fonction de la perméabilité du milieu interface, qui physiquement dépend fortement de la viscosité. Ils obtiennent que cette profondeur résiduelle est directement proportionnelle à la viscosité de l'huile, ce qui est confirmé expérimentalement. Leurs calculs montrent également une large plage de réduction pour laquelle la profondeur de ce résidu de cavité est constante. Cela est en accord avec les observations faites par Lo et Horng [82] relatée à la section précédente.

Malheureusement, cette approche souffre de problèmes de stabilité numérique. Stephany et al. [124] contournent ce soucis en utilisant le concept de poches hydrostatiques reliées par des tuyaux. Les débits dans ces conduits sont gérés par un coefficient choisi multipliant la différence de pression de chacune des deux indentations. Une piste d'amélioration serait de rendre ce coefficient, appelé paramètre d'écoulement, dépendant de distance entre les poches, de la pente moyenne instantanée de la poche, ... La principale différence consiste, par rapport à l'approche précédente, à négliger les variations de pression au sein d'une même poche. Un gain évident de stabilité et de vitesse permet alors de tester systématiquement la réduction, la pente des aspérités, ... Les résultats obtenus montrent une dépendance importante de la réduction de profondeur de poches fonction de la pente initiale de celle-ci et de la plage de valeur du paramètre d'écoulement.

Modèle micro-macro de poches transverses avec écoulement

Ces modèles plus complexes permettent de simuler le cas complet du laminage à froid. Lo et Horng [82] proposent un modèle qui permet d'étudier des rugosités transverses pour une vitesse de glissement constant et un procédé à taux d'écrouissage constant dans le temps. Il met en relation des lois d'écrasement d'aspérités bien connues avec la loi qui régit le fluide (Reynolds). Il permet de simuler la lubrification micro-PHD et même la jonction de deux poches voisines lorsque le pénétration du

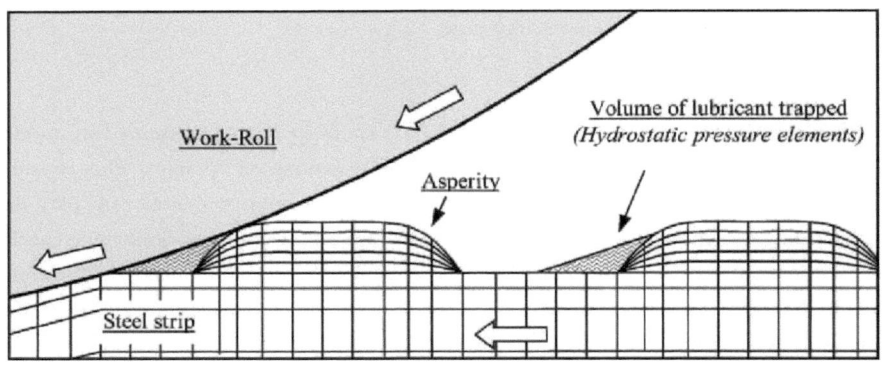

FIGURE 1.48 – Huart et al. [59] : Lubrifiant emprisonné dans l'interface cylindre-bande.

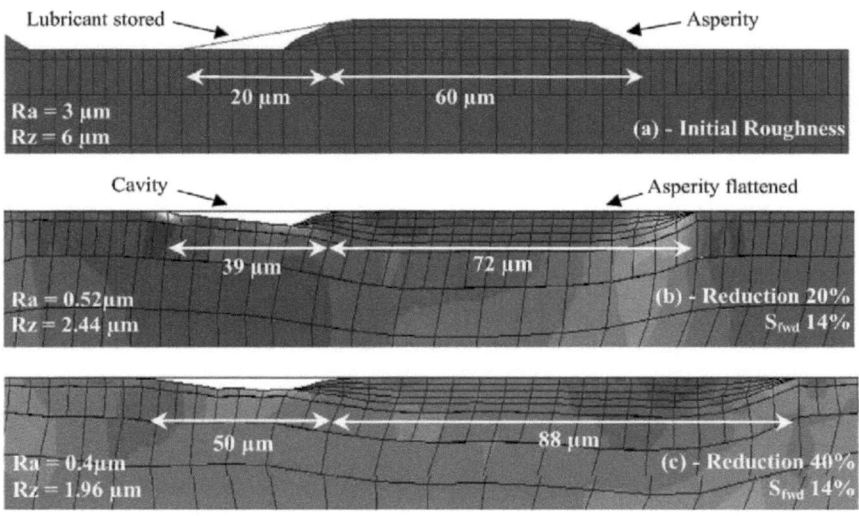

FIGURE 1.49 – Huart et al. [59] : Rugosités (a) initiales, (b) après 20% de réduction et (c) après 40% de réduction.

fluide sur les plateaux est suffisante. Lo et Horng concluent qu'avec une viscosité suffisamment haute et une grande vitesse de glissement, le micro-PHD peut avoir lieu. Selon eux, un état quasi-statique, soit de type hydrodynamique (ce qui implique un écoulement entre poches) soit avec une partie du fluide emprisonnée au niveau des plateaux, peut être atteint.

Sutcliffe et al. [131] reprennent cette approche et la généralisent pour une vitesse de glissement et un taux d'écrouissage variables. Ils appliquent alors leur modèle au cas de laminage et d'étirage. Ils concluent que les facteurs importants sont : l'angle des poches, la viscosité du lubrifiant (ainsi que sa dépendance en pression), la limite de plasticité du matériau et la vitesse de glissement. Une corrélation entre un nombre sans dimension reprenant ces facteurs et le changement de l'aire des vallées est établi.

Commentaires finaux sur les micros écoulements

La présence de micro-écoulements sur les plateaux d'un contact mixte est une réalité observée par plusieurs équipes. Les différents montages expérimentaux utilisent toujours le procédé d'étirage avec une surface supérieure transparente et un microscope. L'étude la plus complète et la plus systématique est présentée par Bech et al. [21].

Deux types de mécanisme sont identifiés. Ils se déroulent toujours principalement dans la direction de glissement de l'interface. Le premier et sûrement le plus répandu est la lubrification micro-PlastoHydroDynamique (micro-PHD). Il apparaît à l'arrière de la poche par rapport à la direction de déplacement. Il est principalement expliqué par une mise en pression dynamique du fluide dans le micro-convergent formé par l'arrière de la cavité. Le second est la lubrification micro-PlastoHydroStatique (micro-PHS). Il apparaît cette fois à l'avant de la poche par rapport à la direction de déplacement. L'explication avancée à ce jour est la présence d'une pression dans le fluide supérieure à celle à l'avant de la poche.

Expérimentalement, les facteurs, déjà identifiés, influençant les micro-écoulements sont nombreux. Le lubrifiant est important et sa viscosité ainsi que sa dépendance en pression interviennent. Pour le procédé d'étirage, la vitesse, la réduction totale, l'angle d'attaque et la tension arrière sont importantes. De manière plus micro, deux éléments ont clairement été identifiés : la pente de la poche et le rayon de courbure de ses bords.

Les conséquences macro de l'apparition de micro-écoulements sont de deux types. Premièrement, il existe une forte différence de valeur de coefficient de frottement selon l'orientation de la rugosité. En effet, plus celle-ci est transverse à la direction de glissement, plus il existe de micro-convergents et plus la pression dynamique prendra de l'importance entraînant une diminution du frottement. Deuxièmement, les micro-écoulements permettent aux zones des plateaux qui sont redevenus des surfaces mouillées de se micro-disloquer et une micro-rugosité apparaît alors. Elle se traduit par une brillance nettement diminuée dans ces zones.

La simulation du phénomène de mise sous pression d'une poche hydrostatique a été étudiée par la méthode des éléments finis. Plus récemment, Huart et al. [59] ont présenté un modèle numérique complet micro-macro. Finalement, un modèle extrêmement complet présenté par Sutcliffe et al. [131] permet de simuler les micro-écoulements reliant plusieurs aspérités lors de procédés tels que l'étirage et le laminage. Ils se sont cependant limités à simuler des poches transverses puisque leur approche est bi-dimensionnel.

1.3.8 Modélisation du contact lubrifié

Montmitonnet [92] retrace l'évolution des connaissances dans le domaine de la modélisation du contact lubrifié. Les points les plus importants sont discutés ci-dessous.

Couplage fluide-solide

La considération de la déformation des surfaces en contact s'avère nécessaire lorsque celle-ci est non négligeable par rapport à l'épaisseur caractéristique du film de lubrifiant en jeu. Suivant que la déformation des solides reste dans le domaine élastique ou non, on parle de la lubrification élasto-hydrodynamique (EHD) ou plasto-hydrodynamique (PHD).

La résolution de ce type de problème passe par l'obtention d'une équation dite de déformation qui lie la déformation des solides en contact à la pression normale que leurs surfaces subissent. Les forces tangentielles sont négligées à ce niveau. Cette déformation fournit directement l'évolution de l'épaisseur du film de lubrifiant séparant les deux corps. Dans le cas de fortes pressions, il ne faut pas oublier de tenir compte de son influence sur la viscosité et sur la compressibilité du lubrifiant.

Deux techniques classiques de résolution existent : la résolution directe et indirecte. La résolution directe est valide pour de faibles charges et consiste à fournir initialement l'épaisseur du film d'huile. L'équation de Reynolds (1.3.10) fournit ensuite un champ de pression qui sert alors à re-calculer la séparation des surfaces suivant l'équation de déformation. Le calcul est ensuite itératif. Dans le cas de fortes pressions, la convergence n'est plus évidente et une technique inverse devient nécessaire. Elle consiste à résoudre l'équation de Reynolds (1.3.10) inverse à partir d'une distribution de pression, c.-à-d. résoudre une équation du $3^{\text{ième}}$ degré pour trouver $h(x)$.

Plus récemment, Elcoate et al. [41] ont complètement couplé l'équation de Reynolds

(1.3.10) à l'équation de déformation discrétisée par la méthode des fonctions d'influence. ces fonctions sont déterminées par intégration de l'équation de la déformation du cylindre pour une distribution parabolique de la pression. L'effort tangentiel n'est donc pas pris en compte et l'expression matricielle du système

$$\triangle R_j = \sum_{touti} FI_{i,j} p_i$$

est alors résolue par MEF ou MDF (pour Méthode des Différences Finies). Ces auteurs ont pu obtenir une bonne convergence dans des cas très sévères. L'analyse des résultats obtenus par cette méthode (voir à la figure 1.50) fournit les commentaires ci-dessous.

- Plus la pression est faible, ou les solides rigides, plus le profil du cylindre reste circulaire.

- Au fur et à mesure que la charge augmente, une zone plate se crée et s'étend au centre du contact. La théorie de Hertz du contact explique alors une pression de plus en plus elliptique. Cependant, la contraction finale du film (ou constriction) explique un pic de pression en sortie.

- Ce pic se déplace vers la sortie en s'atténuant puis disparaît lorsque, dans les cas les plus sévères, la constriction diminue : le problème dans son ensemble devient quasi-hertzien, en dépit de l'interposition d'un film d'épaisseur non infinitésimale de fluide.

Effets de la rugosité pour le régime film mince

Par définition, lorsque le régime mince est atteint, la rugosité influence la génération de pression dans l'écoulement. Or l'équation de Reynolds (1.3.10) ne prend pas en compte cette dépendance. Pour remédier à cette lacune, deux approches existent : la déterministe et la statistique.

L'approche déterministe considère la «vraie» surface rugueuse sur laquelle on résout l'équation de Reynolds afin de trouver le profil de pression. On considère généralement un cas stationnaire. Récemment, Hu et Zhu [57] ont étendu ce type de modèle pour des contacts mixtes et limites en considérant ces deux modes de contact comme un continuum pour lequel l'épaisseur du film tend vers zéro.

L'approche statistique ou stochastique consiste à modifier l'équation de Reynolds en une équation moyennée par certains facteurs. Ce genre de modèle ne nécessite qu'une description statistique et non exacte de la topologie des surfaces. Cette approche est celle retenue et certains détails complémentaires sont donc fournis ci-dessous.

Christensen [35] propose un premier modèle stochastique du régime hydrodynamique en film mince. Il développe une méthode analytique utilisant la notion d'espérance mathématique qui aboutit à deux versions de l'équation de Reynolds moyenne

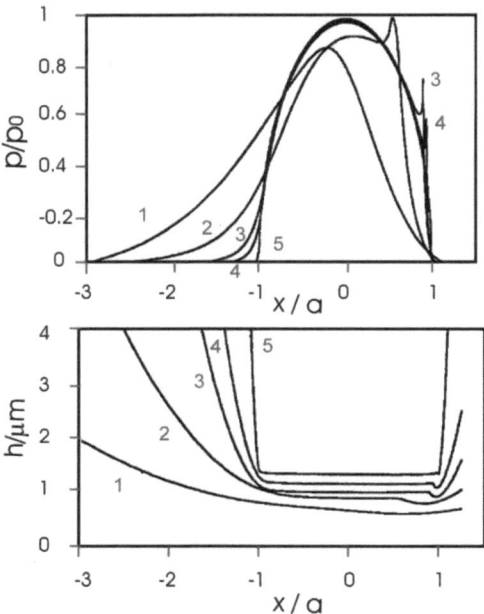

FIGURE 1.50 – Elcoate et al. [41] : Profils de pression (en haut) et profils d'épaisseur de film (en bas) dans des contacts isothermes cylindre–plan (charge croissante de 1 à 5) .

pour les configurations transverse et longitudinale. Par la suite, Patir et Cheng [99] utilisent un calcul de moyennes en temps et en espace à une grande échelle par rapport à celle des aspérités mais petite par rapport à la zone totale de contact. Ils déterminent ainsi des termes appelés «facteurs de forme» dans une équation de Reynolds moyenne. On parle de facteurs de forme en pression Φ^P et en cisaillement Φ^S. Pour un fluide incompressible, la formule générale de l'équation de Reynolds moyenne donne pour un problème à une dimension et en régime établi :

$$d_v = \left(\frac{V_S + V_R}{2} \right) \langle h_l \rangle - \Phi^P \frac{\langle h_l \rangle^3}{12\eta} \frac{\partial \langle p_l \rangle}{\partial x} + \frac{\Delta V}{2} R_q \Phi^S \tag{1.3.24}$$

avec $\Delta V = V_S - V_R$ et $\langle . \rangle$ signifiant en moyenne. $\langle p_l \rangle$ et $\langle h_l \rangle$ sont donc bien ici des valeurs moyennes en temps et en espace et non pas des valeurs locales et ponctuelles. Par abus, ces grandeurs sont souvent écrites sans ce symbole de moyenne. Cette équation ayant été établie en film épais et mince, il est donc tout à fait permis de remplacer h_l par h. Les facteurs de forme ont une interprétation physique :

- Φ^P est une mesure de l'augmentation ou de la diminution de débit du lubrifiant due à l'interaction des rugosités avec un gradient de pression selon x,

- Φ^S est une mesure de l'augmentation ou de la diminution de débit du lubrifiant due à une vitesse de glissement à l'interface selon x.

Physiquement, il est clair que Φ^P doit tendre vers l'unité lorsque le rapport h_l/R_q augmente, alors que dans le même cadre, Φ^S tend à devenir nul. Ces facteurs ont été calculés de nombreuses façons différentes, par différents auteurs, soit numériquement, soit à l'aide de la théorie de la perturbation, cette dernière étant plus générale. Patir et Cheng [99] ont obtenu des valeurs par simulations d'écoulement avec une surface possédant une rugosité générée numériquement. Peeken et al. [100] ont confirmé ces résultats par des calculs éléments finis. Pour la distribution dite de Christensen [35], les facteurs de forme Φ^P et Φ^S sont définis mathématiquement selon Patir et Cheng [99] par des formules complexes. Ces formules originales se basent sur des tableaux de paramètres suivant les valeurs de γ_S, voir (1.2.8), et de h/R_q. Les figures 1.51 et 1.52 illustrent les formules simplifiées, utilisées en pratique, reprises ci-dessous :

$$\begin{cases} \mathbf{si}\ \gamma_S \leq 1 : \Phi^P &= 1 - ae^{-b\frac{h}{R_q}} \\ \mathbf{sinon} : \Phi^P &= 1 + c\left(\frac{h}{R_q}\right)^{-1.5} \end{cases} \quad \mathbf{avec} \quad \begin{cases} a &= +0.89679 - 0.26591 \ln \gamma_S \\ b &= +0.43006 - 0.10828\gamma_S + 0.23821\gamma_S^2 \\ c &= -0.10667 + 0.10750\gamma_S \end{cases}$$

$$(1.3.25)$$

$$\Phi^S = ae^{-b\frac{h}{R_q}} \quad \mathbf{avec} \quad \begin{cases} a &= +1.0766 - 0.37758 \ln \gamma_S \\ b &= +0.25 \end{cases} \qquad (1.3.26)$$

La première formule n'est recommandée que pour $h/R_q > 3$, alors que la seconde ne l'est que jusque $h/R_q > 5$. En réalité, une autre formule un peu plus complexe complète le domaine de Φ^S jusqu'à $h/R_q = 3$. Elle n'est pas reprise ici car elle est de toute façon supplantée par une autre formule présentée ultérieurement dans la section régime mixte.

Pour le profil dents de scie orientées longitudinalement, Wilson et Chang [148] recommandent

$$\begin{cases} \Phi^P &= 1 + \left(\frac{1}{H}\right)^2 \\ \Phi^S &= 0 \end{cases} \qquad (1.3.27)$$

avec $H \equiv \frac{h}{R_p}$.

Les résultats montrent que l'orientation des rugosités, via le nombre de Peklenik γ_S, influence très fortement l'écoulement. Pour des rugosités longitudinales ($\gamma_S > 1$), le débit de lubrifiant est inférieur pour une surface rugueuse par rapport une la surface lisse. Le contraire est vrai pour des rugosités isotropes ou transverses ($\gamma_S <= 1$).

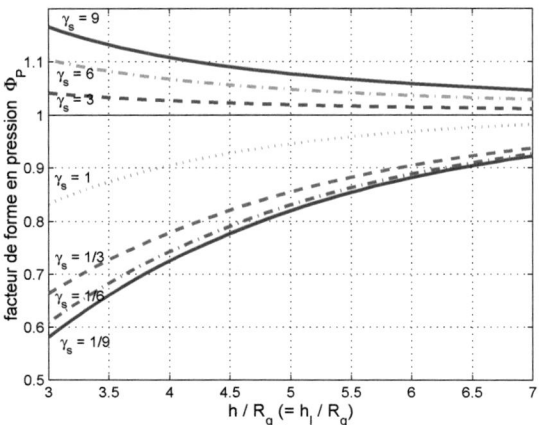

FIGURE 1.51 – Patir et Cheng [99] : facteur de forme en pression (formule simplifiée).

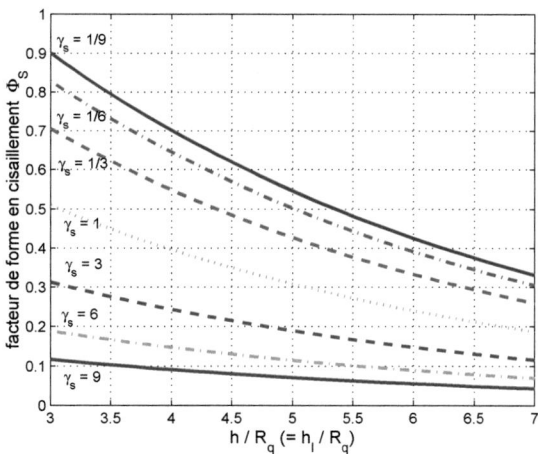

FIGURE 1.52 – Patir et Cheng [99] : facteur de forme en cisaillement (formule simplifiée).

A l'instar des modifications réalisées sur l'équation de Reynolds, des modifications de la formule de la force frottement fluide (1.3.11) doivent être effectuées comme présenté dans [99]. Des relations similaires aux facteurs de forme sont donc introduites dans une formule de calcul du cisaillement modifiée.

Modélisation en régime mixte

La mise en forme des métaux en régime mixte implique quatre phénomènes :

- formation et évolution d'un film lubrifiant,
- micro-plasticité des aspérités,
- macro-plasticité de la bande,
- élasticité des outils.

Tsao et Sargent [136] ont présenté le premier modèle de lubrification en régime mixte pour le laminage prenant en compte ces quatre phénomènes. En fait, ils considèrent le régime mixte comme une combinaison entre le régime limite (sur les plateaux) et celui de film mince (dans les vallées). Le paramètre de pondération est l'aire de contact relative. Cependant, ce modèle ne prend pas en compte l'influence de la macro-plasticité de la bande et de la mise en pression du lubrifiant sur la micro-plasticité. Les premiers modèles de régime mixte complets ont été présentés par Sutcliffe et Johnson [130] ainsi que par Wilson [146]. Cependant, ceux-ci rencontrent - par construction algorithmique - des difficultés à basses vitesses. Wilson et Chang [149] ont alors résolu ce problème en laissant libre la pression du lubrifiant en entrée de la zone de travail et en tenant compte, après ce point, du terme de Poiseuille dans l'équation de Reynolds. Afin de couvrir tout le domaine pratique de vitesses de laminage, Lin et al. [79] combinent les résolutions en mode «basse vitesse» et, si nécessaire, en mode «haute vitesse». La distinction «basse vitesse»/«haute vitesse» se réduit à négliger ou pas le terme de Poiseuille dans le cœur de l'emprise. En décalage avec les approches précédentes, Qiu et al. [108] utilisent non plus une résolution numérique de type méthode des tranches mais plutôt la méthode des différences finies pour résoudre l'équation de Reynolds moyenne.

Dans les sections qui suivent, outre les hypothèses de base, les principaux aspects du modèle physique regulièrement repris sont présentés.

Hypothèses du régime mixte

L'équation dite de partage exprime la contribution respective des zones plateaux et des zones vallées aux grandeurs d'interface. La relation utilisée pondère pour certaine grandeur F les influences respectives des deux zones par l'aire de contact relative réelle

$A(x)$ selon :

$$F = A(x)F_t(x) + [1 - A(x)]\,F_v(x) \tag{1.3.28}$$

Elle s'applique aussi bien à la pression qu'aux forces de frottement. La pression totale p vaut donc

$$p(x) = A(x)p_t(x) + [1 - A(x)]\,p_v(x) \tag{1.3.29}$$

et on exprime le cisaillement d'interface selon

$$\tau(x) = A(x)\tau_t(x) + [1 - A(x)]\,\tau_v(x) \tag{1.3.30}$$

On suppose également que la pression présente dans une vallée p_v ne peut être supérieure à la pression que subissent les plateaux p_t adjacents. Autrement dit :

$$p_v(x) \leq p_t(x) \qquad \forall x \in [x_{iw}, x_2] \tag{1.3.31}$$

Ce point pourrait physiquement s'expliquer par les phénomènes décrits dans la section 1.3.7 puisqu'une pression $p_v \geq p_t$ entraîne vraisemblablement un écoulement vers les plateaux ce qui limite l'augmentation de pression.

Le et Sutcliffe [76] explique en détails qu'il paraît sensé de limiter le frottement dans les vallées τ_v selon

$$\tau_v(x) \leq \tau_t(x) \qquad \forall x \in [x_{iw}, x_2] \tag{1.3.32}$$

En effet, Bair et Winer [16] et Evans et Johnson [42] ont montré qu'une huile se comporte comme un plastique solide avec une contrainte limite de frottement proportionnel à la pression sur toute la plage de leurs mesures. Donc, $\tau_v < Xp_v$. Au vu du postulat précédent sur les pressions, on peut écrire que $\tau_v < Xp_t$. Il paraît physiquement acceptable de prendre ce paramètre X comme étant égal au paramètre utilisé sur les plateaux $\bar{m}_t$. Il vient donc que l'on peut supposer que la contrainte de cisaillement subie dans les vallées τ_v reste toujours inférieure au cisaillement évalué sur les plateaux τ_t adjacents.

Remarquons qu'au vu de la relation de partage, les deux dernières hypothèses peuvent se réécrire de manière équivalente en fonction des valeurs moyennes et non plus des valeurs aux plateaux selon $p_v(x) \leq p(x)$ et $\tau_v(x) \leq \tau(x)\ \forall x \in [x_{iw}, x_2]$.

| Évolution irréversible de la rugosité |

L'écrasement plastique des aspérités est dû à des déformations locales micro entraînant localement de la plasticité. Ce point a déjà été largement discuté à la section 1.2.3. En résumé, lorsque la bande est plastifiée en cœur, on utilise un modèle d'écrasement du type (1.2.15) accompagné de la loi d'écrasement générale d'aspérité du type

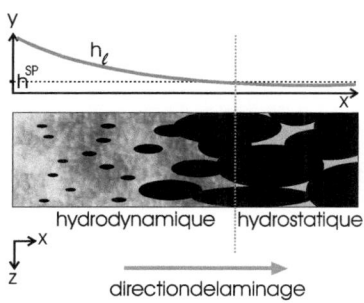

FIGURE 1.53 – Représentation schématique du seuil de percolation h^{sp} par une vue du dessus d'une tôle écrasée et lubrifiée.

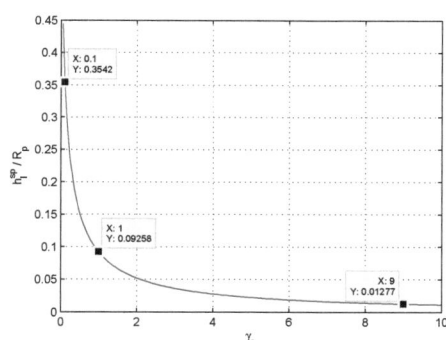

FIGURE 1.54 – Formule (1.3.33) avec les trois points utilisés généralement : 1/9 pour une rugosité transverse, 1 pour une rugosité isotrope et 9 pour une rugosité longitudinale.

(1.2.23), **soit**

$$\begin{cases} \frac{dA}{dx} & = & \frac{\dot{\varepsilon}_r^{pl}\bar{l}}{V_S E_p} f\left(h\right) \\ E_p & = & E_p\left(A, H_a, \psi\right) \end{cases}$$

| Notion de seuil de percolation |

La figure 1.53 illustre la zone de contact entre le cylindre et la tôle laminée lors de son avancement dans l'emprise. Les taches noires représentent les plateaux, alors que les vallées sont remplies de lubrifiant. Si les deux surfaces se rapprochent suffisamment, l'épaisseur de film d'huile diminue et le régime hydrodynamique peut devenir un régime hydrostatique. Le lubrifiant est alors piégé dans des vallées déconnectées les unes des autres. On dit alors que l'épaisseur de film est en dessous du seuil de percolation h^{sp}. L'équation de Reynolds décrivant l'écoulement d'un fluide n'est donc plus valide. Seule la conservation de la matière - débit volumique pour un fluide incompressible - doit encore être vérifiée.

Pour les aspérités en dents de scie, les stries sont toujours parfaitement longitudinales. Le seuil de percolation est donc toujours nul. Wilson et Marsault [150] ont calculé la valeur du seuil de percolation, pour des aspérités avec densité de pics selon Christensen [35] :

$$h^{sp} = R_p \left[1 - \frac{1}{\left(\frac{0.47476}{\gamma_S} + 1 \right)^{0.25007}} \right] \tag{1.3.33}$$

avec γ_S le nombre de Peklenik qui caractérise l'orientation des rugosités (voir figure 1.12 à la page 51). La figure 1.54 représente l'équation (1.3.33).

L'équation de Reynolds moyenne (1.3.24) est valide pour le régime film mince dans lequel $h = h_l$. Les facteurs de forme associés ne sont plus valides pour h négatif ce qui arrive pour des régimes mixtes sévères. Il faut donc les reformuler.

Pour des aspérités de forme quelconque mais possédant une distribution de hauteur de pics quasi gaussienne, Wilson et Marsault [150] ont calculé de nouveaux facteurs de forme. Autrement dit, on garde la formule (1.3.24) avec des facteurs de forme redéfinis par :

$$\Phi^P h_l^3 = a R_q \left(h_l - h^{sp} \right)^2 + b \left(h_l - h^{sp} \right)^3 \tag{1.3.34}$$

avec

$$\begin{cases} a &= +0.051375 \ln^3 \left(9\gamma_S \right) - 0.0071901 \ln^4 \left(9\gamma_S \right) \\ b &= +1.0019 - 0.17927 \ln \gamma_S + 0.047583 \ln^2 \gamma_S - 0.016417 \ln^3 \gamma_S \end{cases}$$

et :

$$\Phi^S = \sum_{i=0}^{5} b_i \left(\gamma_S \right) \left(\frac{h_l}{R_q} \right)^i \tag{1.3.35}$$

avec b_i des formules complexes en γ_S selon

$$\begin{cases} b_0 &= 0.12667 \gamma_S^{-0.6508} \\ b_1 &= +exp \left(-0.38768 - 0.44160 \ln \gamma_S - 0.12679 \ln^2 \gamma_S + 0.042414 \ln^3 \gamma_S \right) \\ b_2 &= -exp \left(-1.17480 - 0.39916 \ln \gamma_S - 0.11041 \ln^2 \gamma_S + 0.031775 \ln^3 \gamma_S \right) \\ b_3 &= +exp \left(-2.88430 - 0.36712 \ln \gamma_S - 0.10676 \ln^2 \gamma_S + 0.028039 \ln^3 \gamma_S \right) \\ b_4 &= -4.706e^{-3} + 1.4493e^{-3} \ln \gamma_S + 3.3124e^{-4} \ln^2 \gamma_S - 1.7147e^{-4} \ln^3 \gamma_S \\ b_5 &= 1.4734e^{-4} - 4.2550e^{-5} \ln \gamma_S - 1.0570e^{-5} \ln^2 \gamma_S - 5.0292e^{-6} \ln^3 \gamma_S \end{cases} \tag{1.3.36}$$

Wilson et Marsault recommandent ces formules jusqu'à $\frac{h_l}{R_q} < 5$. Pour $\frac{h_l}{R_q} < h^{sp}$, tout le fluide est emprisonné dans les poches de la surface rugueuse (la bande) et est entraîné à sa vitesse, ce qui se traduit par $\Phi^S = \frac{h_l}{R_q}$.

Comme illustré à la figure 1.55, la formulation en $\Phi^P h_l^3$ de (1.3.34) permet d'évaluer les termes de l'équation de Reynolds même pour des valeurs extrêmement faibles de l'épaisseur ! En effet, ce groupe se retrouve tel quel dans l'équation de Reynolds modifiée (1.3.24).

Pour le profil dents de scie orientées longitudinalement, Wilson et Chang [148] recommandent

$$\begin{cases} \Phi^P &= \frac{2}{H_l} \\ \Phi^S &= 0 \end{cases} \tag{1.3.37}$$

avec $H_l \equiv \frac{h_l}{R_p}$.

Deux travaux plus récents sont à signaler concernant l'étude de ces facteurs de forme. Premièrement, Schmid et Zhou [116] présentent une formulation en tenant

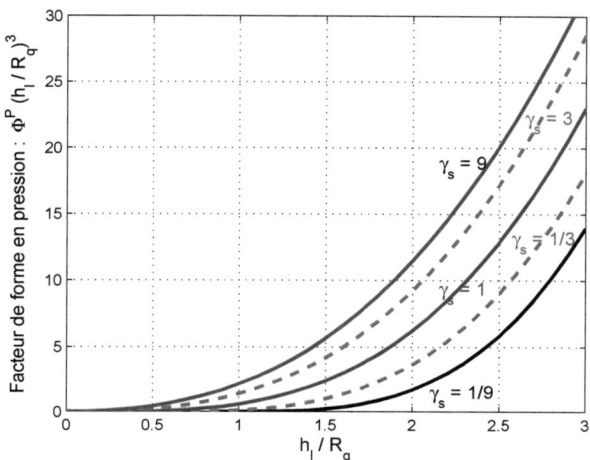

FIGURE 1.55 – Wilson et Marsault [150] : facteur de forme en pression.

compte de la présence de deux phases de lubrifiant (émulsion eau-huile). Ils utilisent les
équations de concentration dynamique et étudient deux configurations géométriques
précises pour les gouttes d'huile. En second lieu, Harp et Salant [53] tiennent compte
dans l'équation de Reynolds moyenne de la présence de la cavitation globale, mais
aussi de la cavitation inter-aspérités. Leur domaine d'application n'est pas le laminage
à froid au contraire de ce que Letalleur [78] avait déjà étudié.

Remarque 1.3.1 *Les facteurs de forme fournis par Patir et Cheng [99] selon les équations* (1.3.25)
et (1.3.26) *sont-ils compatibles avec ceux fournis par Wilson et Marsault [150] selon les équations*
(1.3.34) *et* (1.3.35) ?

*La réponse est fournie par les figures 1.56 et 1.57 illustrant les deux formulations sur un seul
graphique. Pour le facteur en pression (point de passage $h = h_l = R_p = 3R_q$), on remarque
que la pente des courbes est, en général, bien conservée mais que de légers décalages existent.
Plus γ_S s'éloigne de l'unité, plus cette différence devient importante. Rappelons qu'il s'agit d'une
formule simplifiée pour Patir et Cheng [99]. La compatibilité semble satisfaisante et d'ailleurs ne
posera aucun problème numérique dans nos futures applications. En ce qui concerne le facteur en
cisaillement (point de passage $h = h_l = 5R_q$), les formules publiées ne me semblent pas correctes
pour $\gamma_S \neq 1$. La figure 1.57 montre clairement la non-continuité des courbes au raccord avec les
formules ainsi qu'un croisement de courbes pour $\gamma_S = 1/9$ et $\gamma_S = 1/3$. Ces formulations sont donc
à utiliser avec une extrême prudence.*

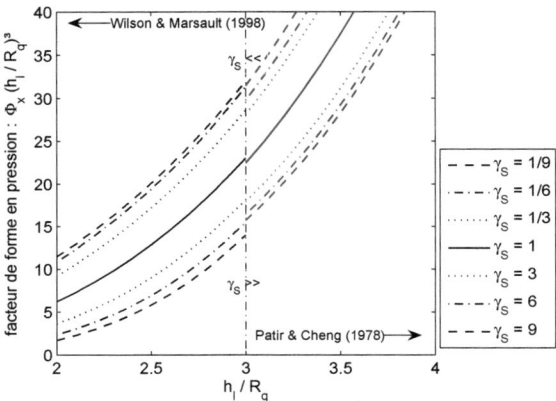

FIGURE 1.56 – Compatibilité validée à la transition régime mixte pour le facteur de forme en pression de Patir et Cheng [99] (formule simplifiée (1.3.25)) et de Wilson et Marsault [150] (équation (1.3.34)).

Modèle de frottement

Pour les vallées remplies de lubrifiant, le frottement est uniquement d'origine visqueuse. Notons d'abord que h_l^{loc} - l'épaisseur locale de film moyennée en régime mixte - est reliée à l'épaisseur moyenne du film via $h_l^{loc} = \frac{h_l}{1-A}$. En partant de l'expression (1.3.11) valable sans contact et au niveau de la paroi bande, on introduit cette valeur h_l^{loc} qui remplace h_l pour obtenir

$$\tau_l = -\frac{h_l}{2\,(1-A)}\frac{\partial p_l}{\partial x} + \eta\frac{(1-A)\,(V_R - V_S)}{h_l} \qquad (1.3.38)$$

ou en repartant de la relation moyenne sur l'épaisseur du film d'huile (1.3.12) :

$$\tau_l = \eta\frac{(1-A)\,(V_R - V_S)}{h_l} \qquad (1.3.39)$$

Pour les plateaux, le modèle original [146] fait une distinction entre le terme de friction d'adhésion et de labourage telle que $\tau_t = \tau_{adhesion} + \tau_{labourage}$. Le premier terme était de la forme d'une loi de Tresca (1.2.31), alors que le second était proportionnel à la pente des aspérités et à leur dureté adimensionnelle. Ce terme a disparu dans les modèles plus récents dans lesquels on rencontre couramment la loi de Coulomb limitée (1.2.30) comme terme unique.

1.4 COMMENTAIRES FINAUX

Trois domaines principaux nécessaires à la compréhension de la problématique du laminage à froid ont été abordés dans ce chapitre : le procédé du laminage à froid, la mécanique associée au contact entre des surfaces rugueuses et la lubrification.

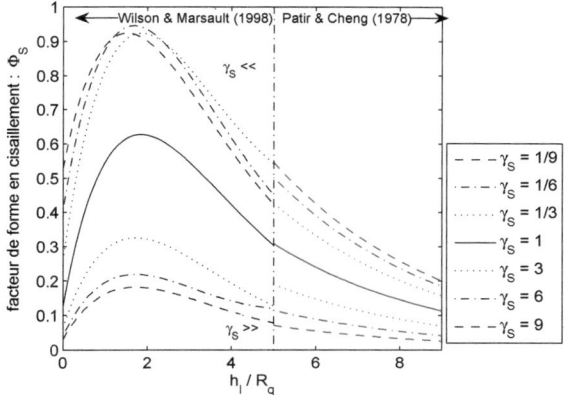

FIGURE 1.57 – Compatibilité invalidée à la transition régime mixte pour le facteur de forme en cisaillement : formule simplifiée (1.3.26) de Patir et Cheng [99] et équation (1.3.35) de Wilson et Marsault [150].

Pour la première section, après avoir recadré l'objectif de l'opération de laminage au sein du procédé industriel, une description des principaux éléments d'un laminoir permet de comprendre les difficultés d'analyse de ce procédé multi échelles et multi physiques. Des notions telles que le point neutre, le glissement avant, l'emprise, la réduction de passe sont présentées afin de pouvoir analyser les applications à venir. Les modèles mécaniques et thermiques ainsi que les méthodes de calcul associées clôturent ce premier sujet. Cependant, de nombreux points pourtant intéressants n'ont pas été abordés. Les phénomènes métallurgiques liés à d'éventuelles transformations de phase ou mouvements des dislocations dus à la thermique ainsi que toute la problématique des effets tridimensionnels (par bombé thermique, effet de bord, ...) en sont deux exemples.

Dans la deuxième section, après que la description topologique d'une surface fut introduite, l'interface entre le cylindre et la tôle a pu être décrite à l'aide de notions telles que vallée, plateau, aire de contact relative et distance entre lignes moyennes non réactualisée. La mécanique des aspérités conduit au modèle et à l'équation généralisée d'écrasement d'aspérités. Les modèles de force de frottement finissent cette seconde partie. A nouveau, tout n'a pas pu être abordé. L'usure des cylindres et de la bande est par exemple un sujet qui mériterait un approfondissement.

La dernière section sur la lubrification débute par la justification de la présence d'un lubrifiant en laminage à froid. Une description des lubrifiants (composants, formes, ...) permet de mesurer l'étendue des possibilités dans ce domaine. Une fois les régimes de lubrification introduits, l'équation de Reynolds, centrale dans notre travail, est présentée tout d'abord en régime film épais ensuite en film mince et pour finir en régime mixte. Sa forme moyennée est critiquée au niveau de la compatibilité des facteurs de forme entre les zones mixtes et film mince. Au vu de ce résultat et de sa moindre influence, le facteur de forme en cisaillement n'est pas retenu dans nos développement futurs. Une étude sur le micro hydrodynamisme permet d'élargir les phénomènes envisageables dans l'emprise même si, à ce jour, aucune preuve directe ne permet d'affirmer sa présence en laminage à froid. Ces analyses permettront assurément d'éclaircir les analyses du chapitre consacré aux applications. Les domaines non traités dans cette section sont, entre autres, les fluides non newtoniens et l'étude de la chimie de surface des huiles.

Chapitre 2

Problème considéré

2.1 INTRODUCTION

Ce chapitre présente les données et les résultats attendus du problème considéré dans le cadre de ce travail. Il décrit et justifie précisément les choix de modélisation. Le schéma 2.1 reprend les trois éléments de base du problème. Chacun de ces éléments est détaillé par la suite de manière structurée selon les trois objets principaux de la modélisation que sont le produit (ou bande), l'outil (ou cylindre de travail) et l'interface entre ces deux éléments.

2.2 MODÈLE GLOBAL

Le modèle développé - illustré à la figure 2.2 - est un modèle bidimensionnel résolvant le problème d'une cage de laminoir à froid le long du plan moyen selon la largeur de la bande. Le problème est considéré comme symétrique par rapport à la ligne moyenne de la bande. L'opération est contrôlée par des valeurs imposées pour la réduction d'épaisseur du produit, une vitesse de cylindre de travail et un couple traction/contre-traction. La force et le couple de laminage sont donc des résultats du calcul.

L'outil est uniquement représenté par un cylindre de travail pour lequel l'écartement théorique entre les cylindres de travail s'adapte à leur déformation pour assurer la réduction souhaitée. Aux déformations rencontrées, le métal qui le compose —généralement de l'acier— se comporte élastiquement selon la loi de Hooke. Il est considéré comme lisse car sa rugosité est reportée sur la surface de la bande. Sa température n'est pas forcément uniforme mais sa distribution surfacique est connue. Son aplatissement est soit inexistant, soit régi par une loi de déformation prenant uniquement en compte les contraintes normales. Dans notre étude, l'influence des forces de friction sur la forme du cylindre est donc négligée. La prédiction de la formation de larges

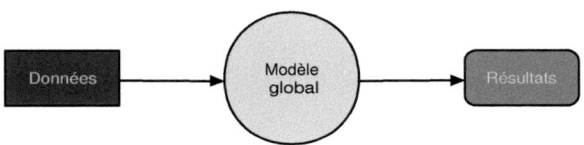

FIGURE 2.1 – Schéma général «boîte noire».

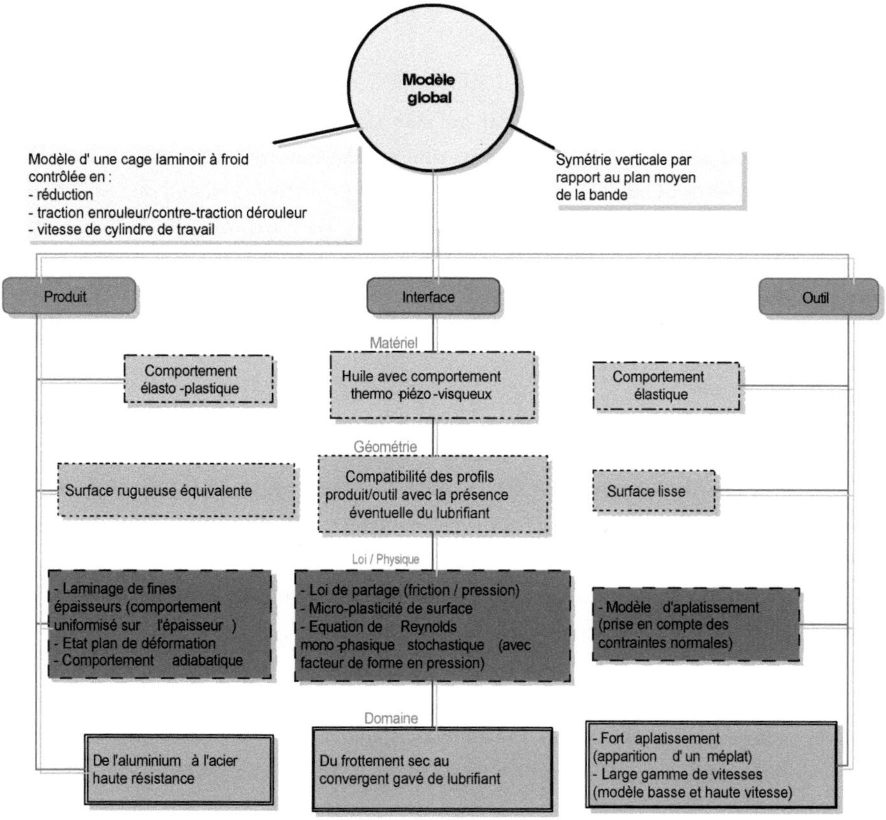

FIGURE 2.2 – Schéma général du modèle global.

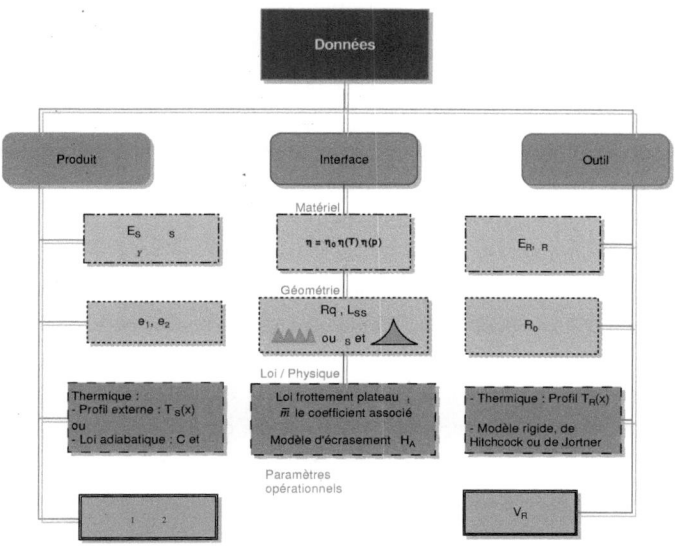

FIGURE 2.3 – Schéma général des données du modèle global.

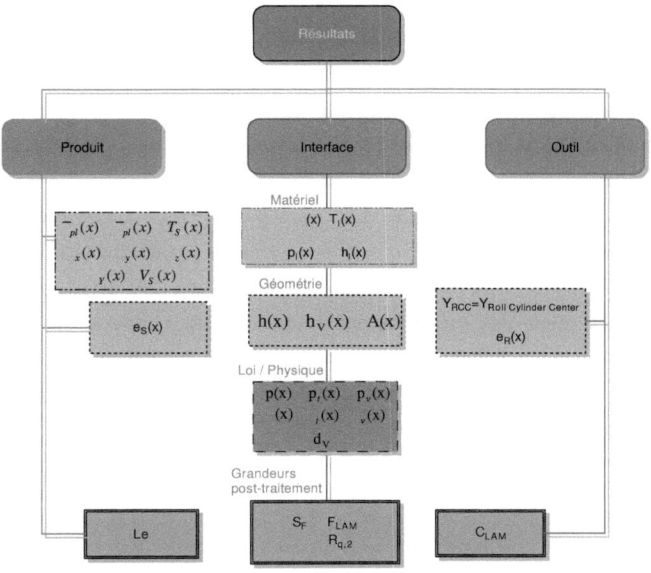

FIGURE 2.4 – Schéma général des résultats du modèle global.

Chapitre 2. Problème considéré

111

méplats est un objectif. Des solutions techniques sont donc développées afin de permettre une convergence correcte pour ces cas de figure extrêmes. Une large gamme de vitesses doit pouvoir être testée. Cela signifie concrètement des vitesses périphériques minimales et maximales respectivement de l'ordre de $0.01 \ km/h$ à $100 \ km/h$. La limite supérieure est toujours délimitée par le passage au régime hydrodynamique pur. En effet, le cœur de notre modèle est basé sur la relation entre l'aire de contact et l'épaisseur de film qui n'existe plus dans ce régime.

Le produit métallique –de l'aluminium à l'acier haute résistance– a un comportement général élasto-plastique ce qui permet d'étudier le retour élastique en sortie d'emprise. Sa loi d'écrouissage peut même être visco-thermo-plastique. Au niveau de la thermique, un comportement adiabatique peut être pris en compte mais une répartition de températures explicite peut également être fournie. Mécaniquement, un état plan de déformation est supposé. Seule l'étude de fines épaisseurs est envisagée, c.-à-d. dans le domaine où la méthode des tranches est d'application. Toutes les grandeurs –contraintes, déformations et température– sont considérées comme uniformes sur l'épaisseur de la bande. La rugosité de la surface du produit simule la rugosité des deux surfaces.

Finalement, l'interface doit être capable de simuler toutes les situations depuis un frottement sec jusqu'à une emprise gavée d'huile mais aussi tous les comportements intermédiaires. Les dépendances thermiques et en pression de la viscosité de l'huile doivent être prises en compte. Le lubrifiant est considéré comme incompressible. On considère que l'écoulement du lubrifiant est régi par l'équation de Reynolds moyenne intégrant uniquement le facteur de forme de pression. Le terme en cisaillement a moins d'influence et n'est, au vu du chapitre précédent, pas totalement bien défini ! La loi de partage est supposée valide. La micro-plasticité de surface avec étêtage des aspérités écrasées est considérée. En sortie d'emprise, on souhaite une compatibilité parfaite entre les géométries de l'outil, du produit et de l'interface en tout point de l'emprise. L'écrasement des aspérités étant stabilisé, la bande subit le relâchement des contraintes, ce qui induit une augmentation de son épaisseur. Les phénomènes de micro-hydrodynamisme ne sont pas modélisés explicitement mais servent de base de discussions pour les applications.

2.3 DONNÉES DU MODÈLE

La figure 2.3 fournit un schéma représentant l'ensemble des données.

Lors de l'utilisation d'un lubrifiant, le paramètre primordial qui lui est associé est sa viscosité de référence. Les dépendances en pression et en température sont considérées comme indépendantes l'une de l'autre. Dans le cadre où l'on considère une entrée gavée de lubrifiant, aucune autre information n'est nécessaire. Dans le cas contraire, la hauteur de film déposée sur la bande est demandée. Hors emprise, le cylindre est alors supposé sec. Le modèle développé est décrit en détail à la section 2.5.2.

Pour l'interface, il reste trois aspects à décrire : la topologie, les modèles de frottement et le modèle d'écrasement. Pour la topologie de l'interface, deux types de surface sont prévus. Le profil en dents de scie orientées longitudinalement nécessite la valeur de la rugosité composite RMS et la demi-distance entre les aspérités. Pour le profil avec la distribution de Christensen, la valeur du nombre de Peklenik γ_S précise l'orientation des rugosités. Pour rappel, les rugosités du cylindre et de la bande sont reportées vers une rugosité moyenne spécifique à l'interface. Les modèles de frottement de Tresca et de Coulomb ne nécessite qu'un seul paramètre $\bar{m}$ - appelé le coefficient de frottement. Une troisième loi (1.2.30) modifiée par un paramètre supplémentaire précise le niveau de limitation du modèle de Coulomb par celui de Tresca. Pour le modèle d'écrasement, le choix doit être réalisé entre celui de Wilson et Sheu [151] et celui de Sutcliffe [127].

Pour la bande, il y a des informations de type géométrique, thermique mais aussi matériel. Géométriquement, les épaisseurs d'entrée et de sortie fixent la réduction souhaitée. Au niveau matériel, les paramètres élastiques (module de Young E_S et coefficient de Poisson ν_S) sont associés à une loi d'écrouissage σ_Y nécessitant éventuellement certains autres paramètres spécifiques. La contrainte équivalente $\bar{\sigma}^{VM}$ est celle proposée par Von Mises. Dans le cas où l'on modélise une cage qui n'est pas en première position du train-tandem, une déformation équivalente initiale $\bar{\varepsilon}_{pl,0}$ peut être imposée. Au point de vue de la thermique, soit le profil de température $T_S(x)$ est fourni, soit le couple masse volumique ρ et capacité calorifique C alimente le modèle adiabatique.

Pour le cylindre, le modèle de déformation peut être le modèle rigide, le modèle de Hitchcock (équation (1.1.10)) ou alors le modèle de Jortner et al. [64]. Certains paramètres pour l'adaptation du facteur de relaxation sont nécessaires afin de limiter le nombre de boucles itératives lors du calcul de la déformée du cylindre. Cette technique sera décrite au chapitre suivant. Géométriquement, la position verticale initiale du cylindre est déterminée automatiquement, alors que son rayon initial R_0 doit être fourni. A nouveau, le comportement élastique du métal est caractérisé par le module de Young E_R et le coefficient de Poisson ν_R. Au point de vue de la thermique, le profil de température $T_R(x)$ peut être fourni. Dans le cas contraire, sa température est constante.

Des paramètres opérationnels doivent également être fournis au modèle. Il s'agit de la vitesse de rotation du cylindre - souvent fournie selon sa vitesse périphérique V_R. Cela peut être gênant pour des cas possédant une déformation radiale non négligeable des cylindres puisqu'alors celle-ci n'est plus exactement constante le long du contact. On ne tiendra cependant pas compte de cet aspect. Les autres paramètres opérationnels sont la contre-traction σ_1 et la traction σ_2.

En dehors des paramètres d'affichage et de visualisation, toutes les autres données du modèle sont des paramètres numériques. Il s'agit soit de précisions relatives ou absolues d'intégration, soit de précisions souhaitées sur certaines valeurs, soit encore du nombre maximal de boucles admises sur telle ou telle partie de l'algorithme.

2.4 RÉSULTATS DU MODÈLE

Vu le modèle employé, les nombreux résultats, obtenus sans post-traitement, sont soit des profils avec comme abscisse la position dans l'emprise x le long de la fibre moyenne selon la largeur de la tôle soit des grandeurs scalaires. Ils sont repris ci-dessous et repris à la figure 2.4. Les techniques de calcul utilisées pour obtenir les autres grandeurs de post-traitement sont décrites dans les sous-sections qui suivent.

Pour le lubrifiant, le profil de température $T_l(x)$ et celui de pression $p_l(x)$ sont déterminés ainsi que la viscosité dynamique $\eta(x)$ relative à ces valeurs. L'épaisseur de film de lubrifiant $h_l(x)$ est également obtenue. Le débit volumique d_v est aussi un résultat du modèle.

Pour l'interface, les profils de l'aire de contact $A(x)$, la distance inter-surface non réactualisée $h(x)$ et la distance inter-surface réactualisée $h_v(x)$ sont les résultats géométriques principaux. La pression d'interface $p(x)$ et le frottement $\tau(x)$ mais aussi ses deux composantes sur les plateaux $\tau_t(x)$ et dans les vallées $\tau_v(x)$ sont également déterminées.

Pour le cylindre, les résultats sont uniquement d'ordre géométrique. Il s'agit de la position verticale du centre du cylindre Y_{RCC} ainsi que de son profil, éventuellement déformé, $e_R(x)$.

En ce qui concerne le produit, le champ des contraintes selon les trois directions - $\sigma_x(x)$, $\sigma_y(x)$ et $\sigma_z(x)$ - est déterminé. L'évolution de la limite de l'écoulement plastique $\sigma_Y(x)$ ainsi que celle de la déformation plastique équivalente $\bar{\varepsilon}_{pl}(x)$ et de sa dérivée temporelle $\dot{\bar{\varepsilon}}_{pl}(x)$ fournissent l'histoire mécanique de la bande. L'épaisseur de la bande $e_S(x)$ est aussi un résultat du modèle. La connaissance de la vitesse de la bande $V_S(x)$ permet de déterminer très facilement le glissement avant S_F. Dans le cadre de l'étude thermique adiabatique, le champ de température $T_S(x)$ est également calculé.

2.4.1 La longueur d'emprise : Le

Alors que cette grandeur peut paraître évidente, plusieurs définitions sont envisageables en fonction de la manière dont on définit précisément l'emprise.

La définition choisie est la zone pour laquelle il existe un contact «plateau», c.-à-d. la zone de régime mixte. Sa formule est donc :

$$Le = x_2 - x_{im} = x|_{\max(x)\ \text{tel que } p>0} - x|_{\min(x)\ \text{tel que } A\neq0} \qquad (2.4.1)$$

Il aurait pu être envisagé de désigner cette zone en fonction de la valeur de la pression de l'interface. Le rapport entre cette grandeur et la contrainte limite de l'écoulement plastique, 1% par exemple, pourrait devenir un indicateur plus pertinent pour les cas où la mise en pression du lubrifiant en régime film mince n'est pas négligeable.

2.4.2 Le coefficient de frottement équivalent : μ

Il s'agit d'un coefficient de frottement équivalent de Coulomb qui correspond à la valeur moyenne de la valeur de ce coefficient obtenu par simple inversion. Il est calculé uniquement sur l'emprise. La formule utilisée est donc :

$$\mu = \frac{1}{Le} \int_{x_{im}}^{x_2} \frac{\tau}{p} dx \qquad (2.4.2)$$

Lorsque le frottement sur les plateaux est également de type Coulomb, aucun problème particulier ne se pose, à l'exception du dernier point de calcul pour lequel la pression est théoriquement nulle mais en pratique très légèrement négative puisqu'il s'agit du critère de sortie. Vu la petite taille des pas spatiaux en sortie, il est tout simplement exclu du calcul. Lorsque le frottement sur les plateaux est du type de Tresca, la situation se complique : le frottement est indépendant de la pression et, pour les zones où la pression est très faible, le rapport des deux devient gigantesque et non physique. La formule est alors artificiellement modifiée en

$$\mu = \frac{1}{Le} \int_{x_{im}}^{x_2} min\left(\frac{\tau}{p}, \frac{\tau}{k}\right) dx \qquad (2.4.3)$$

Lorsque l'on veut déterminer ce coefficient de frottement équivalent, il est tout simplement plus judicieux de ne pas se servir de la loi de Tresca ou alors de la loi de Coulomb limitée en Tresca pour laquelle le problème rencontré ne pose pas.

2.4.3 La force de laminage : F_{LAM}

Il s'agit de la force verticale totale d'interaction du cylindre et de la bande. Il s'agit donc de l'intégrale de la composante verticale de la contrainte subie par la bande

$$
\begin{aligned}
F_{\text{LAM}} &= \frac{1}{Le} \int_{x_{im}}^{x_2} |\sigma_y|\, dx \\
&= \frac{1}{Le} \int_{x_{im}}^{x_2} \left| -p + \frac{1}{2}\tau \frac{de_S}{dx} \right| dx
\end{aligned}
\qquad (2.4.4)
$$

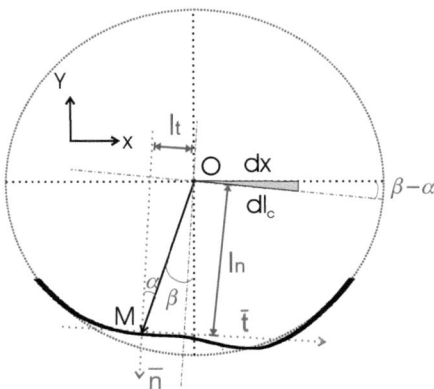

FIGURE 2.5 – Présentation des grandeurs liées au calcul du couple.

Vu que la pente est, en général, faible et que le frottement ne dépasse pas la pression, la formule simplifiée est couramment utilisée :

$$F_{\mathbf{LAM}} \simeq \frac{1}{Le} \int_{x_{im}}^{x_2} p\,dx \qquad (2.4.5)$$

2.4.4 Le couple de laminage : C_{LAM}

Dans le cadre d'un profil circulaire, le calcul du couple de laminage est relativement évident mais lorsque celui-ci se déforme cela devient tout de suite plus complexe. La formule générale du couple s'écrit

$$\vec{C} = \int \overrightarrow{OM} \otimes \overrightarrow{dF} \qquad (2.4.6)$$

avec O le centre du cercle décrivant le profil du cylindre de travail et M tout point appartenant à ce cercle (voir figure 2.5). $\overrightarrow{dF}$ décrit la force appliquée au cylindre en ce point M. Elle peut être décomposée en une composante normale et tangentielle locale au profil du cylindre selon

$$\overrightarrow{dF} = \overrightarrow{dF}_n + \overrightarrow{dF}_t = \left\|\overrightarrow{dF}_n\right\|\vec{n} + \left\|\overrightarrow{dF}_t\right\|\vec{t}$$

Ces deux composantes représentent respectivement la pression (contrainte normale) ainsi que le frottement (contrainte tangentielle) intégrée sur une partie du profil soit

$$\overrightarrow{dF} = -pdl_c\vec{n} + \tau dl_c\vec{t}$$

où dl_c est la composante tangentielle locale du repère curviligne suivant le profil. De même, la position de chaque point du profil peut être redéfinie en leurs composantes normale et tangentielle selon

$$\overrightarrow{OM} = \overrightarrow{OM}_n + \overrightarrow{OM}_t = l_n\vec{n} + l_t\vec{t}$$

où la première composante est communément appelée le bras de levier et la seconde représente la distance entre la normale locale du point M au centre du profil. En posant que $\left\| \overrightarrow{OM} \right\| = R_d$ et vu les relations trigonométriques d'un triangle rectangle, on obtient rapidement que :

$$\begin{cases} l_n &=& R_d \cos \alpha \\ l_t &=& R_d \sin \alpha \end{cases} \tag{2.4.7}$$

avec α l'angle formé par $\vec{n}$ et $\overrightarrow{OM}$, noté $(\vec{n}, \overrightarrow{OM})$. Sur le dessin 2.5, cet angle serait donc négatif, ce qui implique forcément une valeur négative de l_t. β est l'angle formé par $-\vec{y}$ et $\overrightarrow{OM}$, noté $(-\vec{y}, \overrightarrow{OM})$. Vu les définitions des angles, on obtient rapidement que

$$\cos(\beta - \alpha) = \frac{dx}{dl_c}$$

En combinant les quatre dernières équations, on obtient le système :

$$\begin{cases} \overrightarrow{dF} &=& \frac{dx}{\cos(\beta - \alpha)} \left(p\vec{n} + \tau \vec{t} \right) \\ \overrightarrow{OM} &=& R_d \left[(\cos \alpha) \, \vec{n} + (\sin \alpha) \, \vec{t} \right] \end{cases} \tag{2.4.8}$$

Finalement, en remplaçant dans la relation (2.4.6) les expressions obtenues en (2.4.8), on aboutit à

$$\vec{C}_{LAM} = \vec{z} \int_{x_{im}}^{x_2} R_d \left(\frac{\tau \cos \alpha - p \sin \alpha}{\cos(\beta - \alpha)} \right) dx \tag{2.4.9}$$

Dans le cas d'une déformée circulaire, on retrouve bien la formule simplifiée

$$\vec{C}_{LAM} = R_d \vec{z} \int_{x_{im}}^{x_2} \frac{\tau}{\cos \beta} dx \tag{2.4.10}$$

puisque dans ce cas, $\alpha = 0$ et $R_d = cste$ pour tout point **M**.

2.4.5 La rugosité composite du produit laminé : $R_{q,2}$

L'intérêt de déterminer la rugosité en sortie d'emprise est évident lorsque l'on étudie plusieurs cages successives d'un train tandem.

Lors de l'écrasement de la tôle rugueuse contre un cylindre lisse, la distribution spatiale et l'orientation de la rugosité sont inchangées. Au contraire, sa rugosité RMS diminue. Suivant le même raisonnement qu'à la section 1.2.3 pour l'établissement de l'équation (1.2.22) et par définition de la rugosité RMS (1.2.5), on écrit que

$$\begin{aligned} R_q(t_1) &=& \left(\int_{y_{min}(t_1)}^{y^{max}(t_1)} y(t_1)^2 f(y, t_1) \, dy \right)^{\frac{1}{2}} \\ &=& \left(\int_{y_{min}(t_1)}^{y^*(t_1)} y(t_1)^2 f(y, t_1) \, dy \right)^{\frac{1}{2}} \end{aligned} \tag{2.4.11}$$

avec pour rappel $y = y^*$ qui correspond à l'arrachement de la tête des aspérités. Si on veut exprimer cette valeur par rapport à la ligne moyenne initiale mais en un temps ultérieur, la formule devient :

$$
\begin{aligned}
R_q^2\left(t_1+\Delta t\right) &= \int_{y_{min}(t_1+\Delta t)}^{y^*(t_1+\Delta t)} y^2\left(t_1+\Delta t\right) f\left(y, t_1+\Delta t\right) \, dy \\
&= \int_{y_{min}(t_1)+\bar{V}_{y,v}\Delta t}^{y^*(t_1)-V_{y,t}\Delta t} \left[y\left(t_1\right)+\bar{V}_{y,v}\Delta t\right]^2 f\left(y+\bar{V}_{y,v}\Delta t, t_1\right) \, dy \\
&= \int_{y_{min}(t_1)}^{y^*(t_1)-(V_{y,t}+\bar{V}_{y,v})\Delta t} y^2\left(t_1\right) f\left(y, t_1\right) \, dy \\
&= \int_{y_{min}(t_1)}^{h(t_1+\Delta t)} y^2\left(t_1\right) f\left(y, t_1\right) \, dy
\end{aligned}
\tag{2.4.12}
$$

Dans le cas d'un profil type dents de scie, géré par l'équation (1.2.9), la rugosité final due cet écrasement vaut

$$
\begin{aligned}
R_q^E\left(h\right) &= \sqrt{\int_{-\sqrt{3}R_q}^{h} y^2 \frac{1}{2\sqrt{3}R_q} \, dy} \\
&= \sqrt{\frac{1}{2\sqrt{3}R_q} \frac{y^3}{3}\Big|_{-\sqrt{3}R_q}^{h}} \\
&= \frac{R_q}{\sqrt{2}}\sqrt{1+H^3}
\end{aligned}
\tag{2.4.13}
$$

avec $H = \frac{h}{\sqrt{3}R_q} = \frac{h}{R_p}$. R_q seul dénote sa valeur initiale avant écrasement soit $R_q = R_q|_{h=R_p}$. Pour la distribution de Christensen, gérée par équation (1.2.10), la rugosité final due cet écrasement s'exprime après quelques manipulations algébriques selon

$$
\begin{aligned}
R_q^E\left(h\right) &= \sqrt{\int_{-3R_q}^{h} y^2 \frac{35}{96R_q}\left[1-\left(\frac{y}{3R_q}\right)^2\right]^3 \, dy} \\
&= \frac{R_q}{\sqrt{2}}\sqrt{1+H^3\frac{(105-189H^2+135H^4-35H^6)}{16}}
\end{aligned}
\tag{2.4.14}
$$

avec $H = \frac{h}{3R_q} = \frac{h}{R_p}$.

La figure 2.6 illustre les relations (2.4.13) et (2.4.14). Les deux courbes passent, avec une pente nulle, par un point commun en $h = 0$ et correspondant à une diminution de la rugosité RMS d'un facteur $\frac{1}{\sqrt{2}}$. Pour une réduction de la rugosité de 50%, il faut que $h \simeq -0.8 * \sqrt{3}R_q$ pour la surface en dents de scie alors qu'il faut seulement que $h \simeq -0.5 * 3R_q$ pour observer la même diminution dans la configuration quasi-gaussienne.

En réalité, les résultats obtenus ci-dessus ne sont utiles que si le cylindre était parfaitement lisse et rigide. Pour une indentation d'un cylindre rugueux rigide dans une bande lisse qui se conforme parfaitement autour de l'indentation, on aurait à présent

$$
R_q\left(t_1\right) = \left(\int_{y^*(t_1)}^{y_{max}(t_1)} y\left(t_1\right)^2 f\left(y, t_1\right) \, dy\right)^{\frac{1}{2}}
\tag{2.4.15}
$$

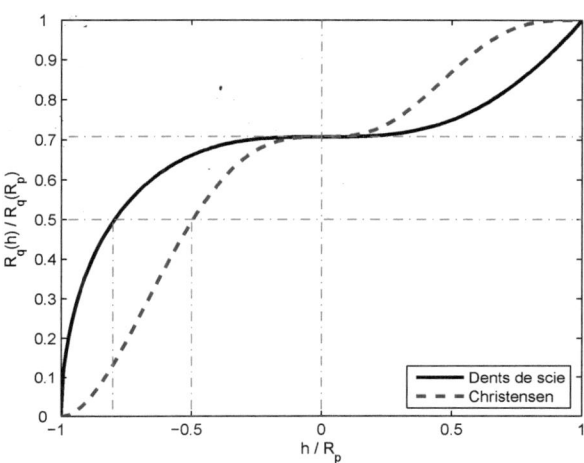

FIGURE 2.6 – Évolutions de la rugosité au cours de l'écrasement d'une interface lisse/rugueuse avec étêtage des sommets d'aspérités.

Le même développement que précédemment donne

$$
\begin{aligned}
R_q^2 \left(t_1 + \Delta t\right) &= \int_{y^*(t_1+\Delta t)}^{y_{max}(t_1+\Delta t)} y^2 \left(t_1 + \Delta t\right) f \left(y, t_1 + \Delta t\right) \, dy \\
&= \int_{y^*(t_1)-V_{y,t}\Delta t}^{y_{max}(t_1)+\bar{V}_{y,v}\Delta t} \left[y \left(t_1\right) + \bar{V}_{y,v}\Delta t\right]^2 f \left(y + \bar{V}_{y,v}\Delta t, t_1\right) \, dy \\
&= \int_{y^*(t_1)-(V_{y,t}+\bar{V}_{y,v})\Delta t}^{y_{max}(t_1)} y^2 \left(t_1\right) f \left(y, t_1\right) \, dy \\
&= \int_{h(t_1+\Delta t)}^{y_{max}(t_1)} y^2 \left(t_1\right) f \left(y, t_1\right) \, dy
\end{aligned}
\tag{2.4.16}
$$

ce qui conduirait à des relations du type de (2.4.13) **et de** (2.4.14) **mais en remplaçant** H **par** $-H$ **soit**

$$
R_q^I \left(h\right) = \frac{R_q}{\sqrt{2}} \sqrt{1 - H^3}
\tag{2.4.17}
$$

$$
R_q^I \left(h\right) = \frac{R_q}{\sqrt{2}} \sqrt{1 - H^3 \frac{\left(105 - 189H^2 + 135H^4 - 35H^6\right)}{16}}
\tag{2.4.18}
$$

avec $H = \frac{h}{R_p}$. **Cette transformation simple est due à la symétrie des deux fonctions de distributions de hauteur de pics utilisées.**

Dans la réalité, les deux surfaces sont rugueuses et les phénomènes d'indentation et d'écrasement de la bande par le cylindre se côtoient. Si ces derniers sont considérés comme indépendant, ce qui est loin d'être trivial, alors, par simple addition, on aurait pour la rugosité de la bande

$$
R_q \left(H, R_{q,S}, R_{q,R}\right) = R_q^E \left(H, R_{q,S}\right) + R_q^I \left(H, R_{q,R}\right)
\tag{2.4.19}
$$

avec E pour l'écrasement appliquée à la rugosité de la bande $R_{q,S}$ et I pour indentation appliquée par la rugosité du cylindre $R_{q,R}$. On peut vérifier à l'aide de certains cas particuliers la cohérence de cette relation. En effet, d'une part, lorsque
$H = 1$ on a $R_q\,(H, R_{q,S}, R_{q,R}) = R_q^E\,(H, R_{q,S}) = R_{q,S}$, c.-à-d. la rugosité de la bande
n'est pas modifiée s'il n'y a pas de contact. D'autre part, lorsque $H = -1$, on a
$R_q\,(H, R_{q,S}, R_{q,R}) = R_q^I\,(H, R_{q,R}) = R_{q,R}$, c.-à-d. la rugosité de la bande se conforme parfaitement à celle du cylindre.

La relation (2.4.19) est mise sous forme graphique pour deux cas particuliers sur
la figure 2.7. Les rugosités initiales des deux surfaces sont, dans chaque cas, choisies
afin de conserver la rugosité équivalente composite par rapport au cas avec une surface
lisse. Les maxima valent d'ailleurs cette valeur ce qui signifie que, selon nos hypothèses,
la rugosités de la bande ne peut jamais dépasser la valeur de la rugosité composite. Le
premier cas avec la distribution de Christensen est symétrique car nous avons choisi
une rugosité initiale égale sur la bande et sur le cylindre. On voit que la rugosité atteint
un plateau, qui est le maximum, sur une bonne partie de l'interaction. Le second cas
avec le profil en dent de scie est fortement asymétrique : le cylindre est beaucoup plus
rugueux que la bande. Le maximum est atteint beaucoup plus proche de l'impression
totale de la rugosité du cylindre ce qui paraît logique. Dans les deux cas, la rugosité
de la bande atteint environ 80% de la rugosité composite pour une distance entre les
lignes moyennes non réactualisée valant 80% de R_p.

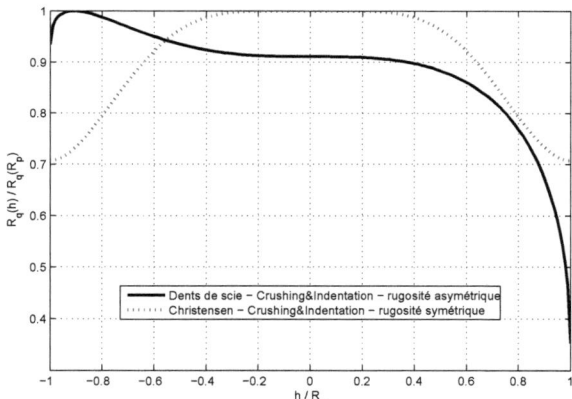

FIGURE 2.7 – Évolutions de la rugosité au cours de l'écrasement d'une interface rugueuse/rugueuse. Cas de
Christensen avec $R_{q,S} = R_{q,R} = \frac{R_q}{\sqrt{2}}$. Cas avec dents de scie avec $R_{q,S} = \frac{R_q}{2\sqrt{2}}$ et $R_{q,R} = \frac{\sqrt{7}R_q}{2\sqrt{2}}$.

2.5 ORIGINALITÉS DU MODÈLE PHYSIQUE

Le premier point original est la prise en compte simultanée de l'effet vitesse et l'effet thermique au niveau de la rhéologie du métal écroui. Cette dernière est donc du type élasto-visco-thermo-plastique. Vu les vitesses atteintes en laminage, l'effet vitesse est souvent loin d'être négligeable. L'introduction d'une loi de ce type nous permet d'éviter un paramètre de calage dans une loi non visqueuse.

Le second point original est l'extension du modèle de lubrification maximale, dit aussi avec l'entrée d'emprise gavée de lubrifiant, à un modèle de sous-alimentation de l'emprise. Ce modèle permet de prendre en compte toutes les situations intermédiaires ainsi que les cas extrêmes entre la lubrification maximale et un contact non lubrifié. Dans ce dernier cas, l'interface peut être rugueuse avec présence de micro-plasticité de surface ou lisse, ce qui dégénère en réalité le modèle au modèle classique d'emprise.

2.5.1 Loi d'écrouissage

Le critère de plasticité associé est le critère de von Mises. Pour rappel, la définition de la déformation plastique équivalente $\bar{\varepsilon}_{pl}$ est :

$$\bar{\varepsilon}_{pl} \equiv \int \dot{\bar{\varepsilon}}_{pl} dt \equiv \int \sqrt{\frac{2}{3}\left(\dot{\varepsilon}_{x,pl}^2 + \dot{\varepsilon}_{y,pl}^2 + \dot{\varepsilon}_{z,pl}^2\right)} dt \qquad (2.5.1)$$

où $\dot{\varepsilon}_{z,pl} = 0$ vu l'hypothèse d'état plan de déformation. Les lois qui sont implémentées, grâce aux différents algorithmes mis en place au chapitre suivant, sont reprises ci-dessous.

Premièrement, la loi dite de Krupkowski, présentée dans [86], est une loi simple élasto-plastique selon

$$\sigma_Y\left(\bar{\varepsilon}_{pl}\right) = \sigma_{Y,0}\left(1 + K\bar{\varepsilon}_{pl}^n\right) \qquad (2.5.2)$$

avec K et n deux paramètres sans dimension.

Deuxièmement, une loi qui est souvent utilisée par Arcelor est la loi dite SMATCH :

$$\sigma_Y\left(\bar{\varepsilon}_{pl}\right) = \left(A + B\bar{\varepsilon}_{pl}\right)\left(1 - Ce^{-D\bar{\varepsilon}_{pl}}\right) + E \qquad (2.5.3)$$

Les paramètres A, B et E ont forcément la dimension d'une contrainte, alors que C et D sont sans dimension. Une extension de cette loi élasto-plastique simple à une loi élasto-visco-thermo-plastique existe et prend la forme suivante :

$$\sigma_Y\left(\bar{\varepsilon}_{pl}, \dot{\bar{\varepsilon}}_{pl}, T\right) = \left(A + B\bar{\varepsilon}_{pl}\right)\left(1 - Ce^{-D\bar{\varepsilon}_{pl}}\right)e^{\left(\frac{\beta}{T} - \frac{\beta}{T_0}\right)}\left[1 + \frac{T}{F}arcsh\left(\frac{\dot{\bar{\varepsilon}}_{pl}}{\dot{\bar{\varepsilon}}_{pl,0}}e^{\frac{Q}{RT}}\right)\right] \qquad (2.5.4)$$

dans laquelle on reconnaît aisément les deux premiers termes. L'exponentielle «thermique» fait intervenir deux nouveaux paramètres β et T_0 ayant tous les deux la dimension d'une température. Cette formule est établie en Kelvin. Le terme entre crochets introduit la dépendance en vitesse qui est couplée à un effet thermique (nouveau paramètre F). Le paramètre R est à nouveau la constante des gaz parfaits, alors que Q est l'énergie d'activation de dislocation du réseau atomique du métal (typiquement entre 100 et 300 $kJ/mole$).

2.5.2 Modèle de sous-lubrification

La simulation de la sous-alimentation doit permettre de comprendre plus finement les causes de certains incidents de laminage. Ceux-ci peuvent être très destructeurs pour le produit laminé mais également pour l'outil. En effet, les lamineurs se demandent si certains de ces accidents, tels que les griffes de chaleur par exemple, ne sont pas dus à une sous-alimentation.

D'autre part, la simulation de la sous-alimentation permettrait de quantifier le gain d'efficacité du procédé entre une configuration lubrifiée au maximum et une autre. En outre, connaître cette limite sur/sous lubrification, c.-à-d. le débit optimal, permettrait d'estimer les gains réalisables au niveau quantité d'huile à utiliser. Seule une alimentation en lubrifiant uniforme (une seule phase) est considérée. En effet, jusqu'à ce jour, les industriels déterminent la frontière de sous/sur-lubrification grâce aux deux équations très simples (2.5.5) et (2.5.6).

Pour le cas isothermique, Wilson et Walowit [152] présentent une formule de ce que l'emprise peut avaler :

$$h_l^{WW} = \frac{3\eta_0 \left(V_S + V_R\right)\gamma_l R_0}{\left[1 - e^{\left(-\gamma_l \sigma_{Y,0}\right)}\right] Le} \qquad (2.5.5)$$

avec R_0 le rayon du cylindre avant déformation et γ_l le paramètre exponentiel de la dépendance en pression de la viscosité. Cette formule est aussi valable pour le cas isovisqueux ($\gamma_l \rightarrow 0$) : la limite du terme $\frac{\gamma_l}{1-e^{\left(-\gamma_l \sigma_{Y,0}\right)}}$ vaut dans ce cas $\frac{1}{\sigma_{Y,0}}$.

La seconde équation provient d'un simple calcul de débit de ce qui est apporté par les buses au système :

$$h_l^{Buse} = \frac{d_v}{V_{S,1}} C \qquad (2.5.6)$$

avec C la concentration ($C < 1$ pour une émulsion ou une dispersion). Le débit volumique d_v est plus souvent écrit sous la forme

$$d_v = C_d \, \mathcal{P} \, d_b$$

où d_b est le débit au niveau des buses d'aspersions C_d est la concentration dynamique et $\mathcal{P}$ est le *plate-out*, i.e. le rapport de la quantité d'huile effectivement déposée sur la bande sur la quantité d'huile projetée au travers des buses.

La figure 2.8 illustre les courbes que l'on peut obtenir en pratique grâce à ces deux formules. On voit que, pour un certain type d'émulsion A et au-dessus d'environ 200

m/min, on fournit moins d'huile selon l'équation (2.5.6) que ce que l'emprise peut normalement accepter selon l'équation (2.5.5). En effet, la courbe débit fourni passe en dessous du débit théorique obtenu. Selon ce modèle simple, ces points de fonctionnement réels sont donc en sous-lubrification! Pour les deux autres courbes par contre, le niveau minimal d'huile projetée n'est pas atteint : il ne s'agit donc pas, normalement, de cas de sous-alimentation.

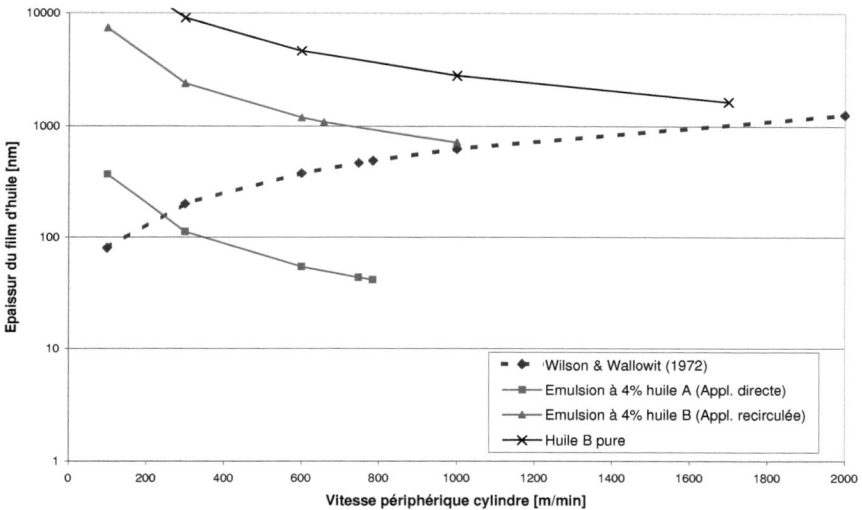

FIGURE 2.8 – Application d'un modèle simple de sous/sur-lubrification à des données relatives à 3 configurations industrielles différentes.

Afin de mieux cerner ce problème, un modèle de sous-lubrification a été développé dans cette thèse. Les deux cas extrêmes - cas sec et cas avec un convergent en début d'emprise gavé de lubrifiant - sont les limites inférieure et supérieure du modèle. Ces deux cas vont être décrits afin de mieux appréhender le modèle développé.

Modèle avec convergent gavé de lubrifiant

Il s'agit de l'hypothèse utilisée dans les modèles actuels tels que dans Lin et al. [79], Qiu et al. [108], ... La figure 2.9 illustre le principe du modèle utilisé. Essayons de le décomposer afin de clarifier les hypothèses effectuées. La surface de la bande a été dessinée lisse afin de simplifier le schéma. Dans la situation réelle (a), un réservoir de lubrifiant avec présence de recirculation est formé par l'apport des couches de lubrifiant accrochées aux surfaces de l'outil et de la bande. Les écoulements sont simplifiés en ne considérant qu'un écoulement laminaire (b) formant un réservoir lorsque les

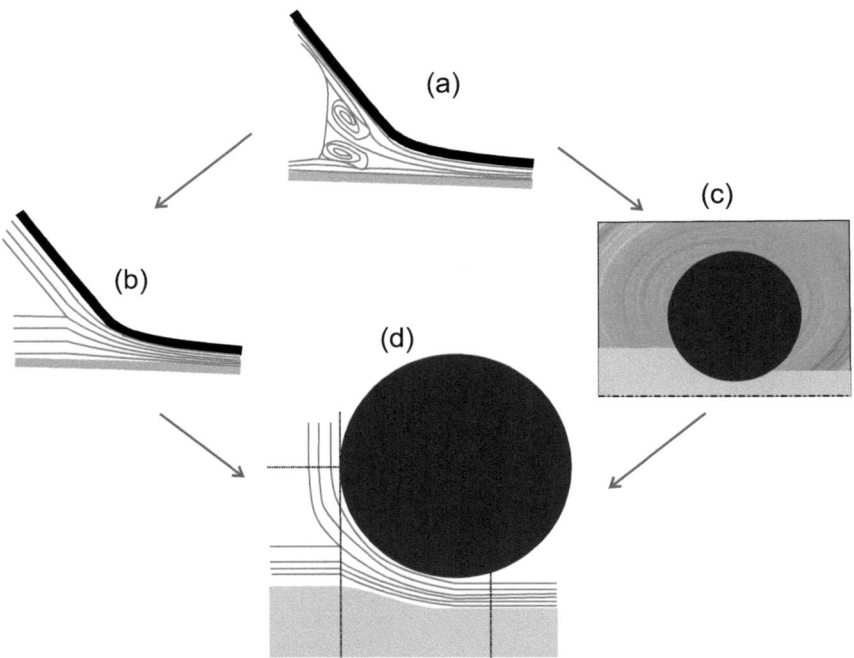

FIGURE 2.9 – Principe de la lubrification du convergent : (a) situation réelle, (b) réservoir idéal laminaire, (c) modèle du bain de lubrifiant et (d) réservoir idéal laminaire maximal.

deux couches de lubrifiant se rejoignent. Les couches se déplacent d'abord à la même vitesse que leur surface respective et sont régies ensuite par l'équation de Reynolds adéquate. Ne connaissant pas la grandeur de ce réservoir (position du ménisque), un cas théorique (c) envisage un procédé littéralement plongé dans un bain de lubrifiant (c). Un réservoir de lubrifiant s'étend alors jusqu'au maximum possible en avant de l'emprise. Le commencement du calcul se situe donc en une abscisse égale à la première abscisse du cylindre (d). Pour un cylindre à profil parfaitement circulaire centré sur l'axe OY, l'abscisse la plus petite est donc égale à moins une fois le rayon du cercle. Théoriquement, une mise en pression du lubrifiant apparaît dès ce point, c.-à-d. très loin de l'emprise par rapport à la longueur de celle-ci! Cette stratégie a pour but de s'assurer que la position réelle du ménisque de lubrifiant (ou bourrelet) est à l'intérieur de la zone de calcul. Théoriquement, à partir de ce point, l'épaisseur de la bande peut aussi varier puisqu'elle est mise sous pression. La pression dans le fluide retombe à la pression ambiante en un certain point à la sortie d'emprise. Le calcul est alors terminé.

Modèle sans lubrifiant

Dans cette hypothèse, aucun lubrifiant n'est présent. Les vallées formées par le contact entre la bande rugueuse et l'outil lisse sont donc vides. Aucune contre-pression n'est donc exercée sur les flancs des aspérités écrasées lors du laminage. Toutefois, cela ne signifie nullement que l'aire de contact finale doit être unitaire en sortie d'emprise. Théoriquement plus simple, ce modèle demande cependant, en pratique, de dégénérer les algorithmes qui seront présentés au chapitre suivant.

Modèle avec lubrification par dépôt d'une couche de lubrifiant

Un modèle de sous-alimentation par dépôt d'un film de lubrifiant sur la bande et sur le cylindre est développé. Le principe est simple : tant que les deux couches ne rentrent pas en contact, tout se passe comme dans le cas sans lubrifiant. En effet, il s'agit simplement de couches de lubrifiant se déplaçant à la même vitesse que leur surface d'accroche et n'apportant aucune lubrification entre les deux surfaces solides. Quand les couche de lubrifiant entrent en contact, on suppose que l'écoulement respecte instantanément l'équation de Reynolds moyenne d'un contact lubrifié. Ce modèle de sous-alimentation est donc bien une «combinaison» entre les modèles sec et de lubrification maximale.

Au niveau modélisation, la notion de distance inter-surface actualisée h_v doit être séparée de la notion d'épaisseur de film de lubrifiant h_l. En effet, ce n'est que lorsque l'entre-fer est rempli de lubrifiant que ces deux valeurs sont égales.

Théoriquement, selon la valeur de l'épaisseur du film de lubrifiant h_l^{Buse}, de nombreuses situations peuvent se rencontrer : soit une mise en pression avant le premier contact solide-solide (cas A), soit après celui-ci (cas B), soit jamais (cas C) ! Elles sont illustrées à la figure 2.10 sur laquelle la somme des deux épaisseurs des couches de lubrifiant est reportée sur la bande afin de clarifier le schéma. Durant le calcul, avant que cette distance h_v ne devienne inférieure à l'épaisseur de film d'huile h_l, tout se passe comme dans le cas sec.

Pour le cas C pour lequel $h_l^{Buse} = h_l^c$ partout, tout se passe comme si l'on traitait simplement un cas sec. En effet, il n'y a aucune mise en pression du lubrifiant et donc aucune modification de l'écrasement des aspérités et surtout pas de composante fluide à la force de frottement.

Pour le cas B, la plastification de la bande réalisé au travers de l'écrasement d'aspérités apparaît généralement après que les couches de lubrifiant se soient rejointes ($h_l^{Buse} = h_l^{b2}$). Mais, en cas de forte sous-alimentation, le cas contraire doit être pris en compte ($h_l^{Buse} = h_l^{b1}$)

Le cas A se rapproche fortement du cas avec convergent gavé. Si $h_l^{Buse} = h_l^a = R - \frac{e_s}{2}$, alors on retombe parfaitement sur cet configuration.

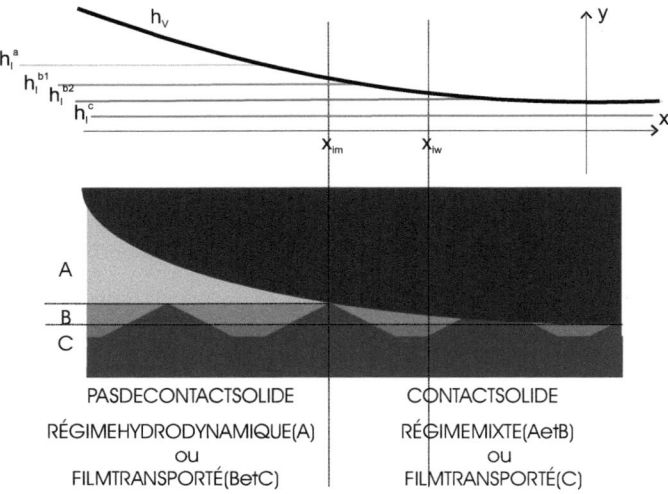

FIGURE 2.10 – Principe de la sous-lubrification par dépôt d'une de film.

2.6 COMMENTAIRES FINAUX

Quatres schémas 2.1 , 2.2, 2.3 et 2.4 synthétisent de manière structurée les hypo-thèses, les données et les résultats du problème considéré dans le cadre de ce travail.

Au niveau des résultats, on définit tout d'abord précisément ce qu'est l'emprise et sa longueur. Ensuite, le calcul de la force et le couple de laminage ainsi qu'un coefficient de frottement équivalent sont détaillés. Ce dernier sert à des fins de comparaison de résultats lors de l'utilisation des différentes lois de frottement étudiée. Finalement, des formules sont établies afin d'évaluer la rugosité de la bande en sortie en fonction de la rugosité en entrée de la bande et du cylindre pour l'étude de plusieurs cages successives.

Les deux originalités du modèle physique sont présentées dans la dernière section. La première est l'exploitation de lois aussi complexes que (2.5.4) qui est de type élasto-visco-thermo-plastique dans un modèle de régime mixte. La seconde est le développe-ment d'un modèle de sous-alimentation qui permet d'étendre le domaine d'application du modèle du cas avec convergent gavé de lubrifiant au cas sec en passant par toutes les configurations intermédiaires. La mise sous forme algorithmique de ces deux points est présentée au chapitre suivant alors que leur bénéfice est montré au travers des applications du chapitre 4.

Chapitre 3

Innovations algorithmiques

INTRODUCTION

Dans le chapitre précédent, le modèle de Wilson [146] d'un contact lubrifié ainsi que ses améliorations présentées dans la littérature ont été passés en revue. De nombreux modèles numériques dérivent de ce modèle physique et deux parmi ceux-ci ont retenu notre attention. Ils ont des concepts algorithmiques complètement différents. Premièrement, le modèle de Marsault [86] présente un modèle extrêmement complet pour les aspects physiques pris en compte. Il est ainsi capable de simuler l'écrasement de différents types d'aspérités et plusieurs comportements rhéologiques pour le fluide. De plus, Marsault modélise un matériau élasto-plastique pour la bande. Malheureusement, l'approche algorithmique suivie souffre de problèmes de robustesse analysés dans ce chapitre. À l'opposé, Qiu et al. [108] présentent un modèle plus simple au niveau de la physique. Celui-ci se base sur une résolution itérative et étagée des problèmes fluide et solide. Cela signifie que l'algorithme résout les calculs de ces corps séparément. Cette technique semble stabiliser la résolution pour les cas critiques «haute vitesse».

En premier lieu, la conception d'un algorithme combinant les deux pré-cités a pour objectif de conserver leurs avantages respectifs. Ce nouveau modèle utilise le découplage des différents problèmes. Il est nommé Couplage Itératif et Étagé Fluide-Solide soit CIEFS. L'intérêt majeur de ce modèle est de ne pas nécessiter de simplification de la loi de Reynolds ce qui permet de conserver toute la physique du problème. Pour tenter une simplification de la structure de l'algorithme utilisé, la technique du retour radial est introduite afin de gérer la bande de manière identique qu'elle plastifie ou non.

En second lieu, suite à certaines difficultés d'extension et de facilités rencontrées dans CIEFS, l'algorithme présenté par Marsault est repris et amélioré à différents points de vue. Il est appelé METALUB. Afin de tenir compte de la déformation non circulaire des cylindres sans avoir recours à un couplage externe avec un programme éléments finis, la formulation de Jortner et al. [64] est implémentée. Une régularisation en vitesse de la force de frottement mais aussi une stratégie d'adaptation innovatrice du paramètre de relaxation permettent de simuler un important aplatissement des cylindres de travail. Pour clôturer ces développements, les algorithmes associés au cas sous-lubrifié et non lubrifié sont présentés.

3.1 ALGORITHME AVEC DOUBLE TIR SELON Marsault (1998)

3.1.1 Introduction

Les aspects physiques pris en compte par le modèle présenté par Marsault [86] sont fort nombreux. L'algorithme résout toutes les équations de tous les sous-modèles sous la forme d'un système d'équations différentielles ordinaires (ODE) intimement liées. Il comprend donc :

- les relations géométriques de l'interface $A = A(h)$ et $h_v = h_v(h)$ pour le classique profil en dents de scie et pour la distribution gaussienne tronquée,
- le phénomène d'écrasement d'aspérités (Sutcliffe [127] ou Wilson et Sheu [151]),
- la mise en pression du fluide : équation de Reynolds moyenne avec facteurs d'écoulements en pression et en cisaillement de Patir et Cheng [99] associés à ceux de Wilson et Marsault [150],
- la compression de la bande selon une loi élasto-plastique associée à un critère de plasticité de von Mises via la méthode des tranches (*Slab Method*) .

Tout d'abord, la formulation élasto-plastique et son couplage avec la méthode des tranches sont expliqués. Ensuite, le principe de l'algorithme est détaillé en mettant en évidence les points faibles de ce modèle.

3.1.2 Formulation élasto-plastique

L'annexe C précise la théorie générale du comportement élasto-plastique utilisée lors ce travail. Détaillées à l'annexe B, les équations finales de la méthode des tranches (B.3.3, B.3.4, B.4.1, B.4.2) forment le système :

$$
\left\{
\begin{array}{rcl}
\frac{d(\sigma_x e_S)}{dx} & = & -p\frac{de_S}{dx} - 2\tau \\[4pt]
\sigma_y & = & -p + \frac{1}{2}\tau\frac{de_S}{dx} \\[4pt]
\dot{\varepsilon}_x \equiv V_S\frac{d\varepsilon_x}{dx} & = & \frac{dV_S}{dx} \\[4pt]
\dot{\varepsilon}_y \equiv V_S\frac{d\varepsilon_y}{dx} & = & \frac{V_S}{e_S(x)}\frac{de_S(x)}{dx}
\end{array}
\right.
\tag{3.1.1}
$$

avec, pour rappel, e_S l'épaisseur de la bande.

Dans le domaine élastique, Marsault utilise la loi de Hooke linéaire isotrope ce qui se traduit, dans le cadre d'un état plan de déformation, par le jeu d'équations :

$$
\left\{
\begin{array}{rcl}
\begin{bmatrix} \sigma_x \\ \sigma_y \\ \sigma_{xy} \end{bmatrix} & = & \frac{E_S}{(1+v_S)(1-2v_S)}\begin{bmatrix} (1-v_S) & v_S & 0 \\ v_S & (1-v_S) & 0 \\ 0 & 0 & (1-2v_S) \end{bmatrix}\begin{bmatrix} \varepsilon_x \\ \varepsilon_y \\ \varepsilon_{xy} \end{bmatrix} \\[12pt]
\sigma_z & = & v_S(\sigma_x + \sigma_y)
\end{array}
\right.
\tag{3.1.2}
$$

Les directions principales étant supposées celles du procédé, on peut éliminer les termes en xy vu l'absence de cisaillement.

Lorsque la bande est en état plastique, le matériau retenu par Marsault suit la loi d'écrouissage de Krupkowski (loi 2.5.2) avec $\bar{\varepsilon}_{pl}$ qui peut se calculer en laminage selon $\bar{\varepsilon}_{pl} = \int \frac{\dot{\bar{\varepsilon}}_{pl}}{V_S} dx$. Comme rappelé à l'annexe C, l'hypothèse d'additivité des vitesses de déformation est retenue i.e. $\dot{\varepsilon} = \dot{\varepsilon}_{el} + \dot{\varepsilon}_{pl}$ et le critère de plasticité utilisé est celui de Von Mises (C.5.15). Quand la bande plastifie, Marsault [86] obtient donc, par linéarisation de la loi d'écrouissage, pour les équations de Prandtl-Reuss le système suivant :

$$\left\{ \begin{array}{rcl} \dot{p}_{hydro} & = & -\chi_S \, trace(\dot{\varepsilon}) \\[2mm] \begin{bmatrix} \dot{s}_x \\ \dot{s}_y \\ \dot{s}_z \end{bmatrix} & = & 2G_S \left(1 - \frac{s \otimes s}{\frac{2}{3}\sigma_Y^2 \cdot (1 + \frac{H_S}{3G_S})} \right) : \begin{bmatrix} \dot{e}_x \\ \dot{e}_y \\ \dot{e}_z \end{bmatrix} \qquad \text{avec} \quad \dot{e}_i = \dot{\varepsilon}_i - \frac{1}{3} \, trace(\dot{\varepsilon}) \end{array} \right. \qquad (3.1.3)$$

où

$$H_S = {d\sigma_Y}/{d\bar{\varepsilon}_{pl}} \qquad \chi = \frac{3\lambda + 2G}{3} \qquad \lambda = \frac{Ev}{(1+v)(1-2v)} \qquad G = \frac{E}{2(1+v)} \qquad (3.1.4)$$

H_S est le coefficient d'écrouissage isotrope du matériau de la bande.

3.1.3 Principe de l'algorithme

La méthode retenue est une résolution couplée des modules bande, lubrifiant et interface. Le système d'équations différentielles du premier ordre est intégré numériquement par un schéma explicite de Runge-Kutta d'ordre 4. L'indépendance du résultat du calcul à la technique d'intégration a par ailleurs été vérifiée par Marsault.

Organigramme de l'algorithme

Les deux conditions à atteindre en sortie d'emprise sont
- une pression dans les vallées p_v nulle,
- une contrainte selon la direction de laminage en sortie σ_2 égale à la contrainte de traction de consigne σ_{2c}.

Comme illustré à la figure 3.1, deux tirs sont imbriqués et liés par de simples dichotomie. Tout d'abord, le débit de lubrifiant d_v permet d'ajuster la pression dans le fluide à la sortie $p_{l,2}$. Ensuite, la vitesse d'entrée de la bande V_1 permet de respecter la traction de consigne σ_{2c}. Marsault utilise le modèle d'emprise gavée de lubrifiant et donc $p_v = p_l$ partout.

En réalité, Marsault ne calcule pas chaque tir sur le débit jusqu'en fin d'emprise. En effet, dès qu'il arrive à une situation inacceptable, le calcul du modèle *Rollgap* est stoppé et relancé en ajustant le débit de lubrifiant par simple dichotomie. Si la pression tend à devenir nulle, le débit est diminué. Au contraire, si la pression fluide tend à dépasser la pression d'interface alors il faut augmenter d_v.

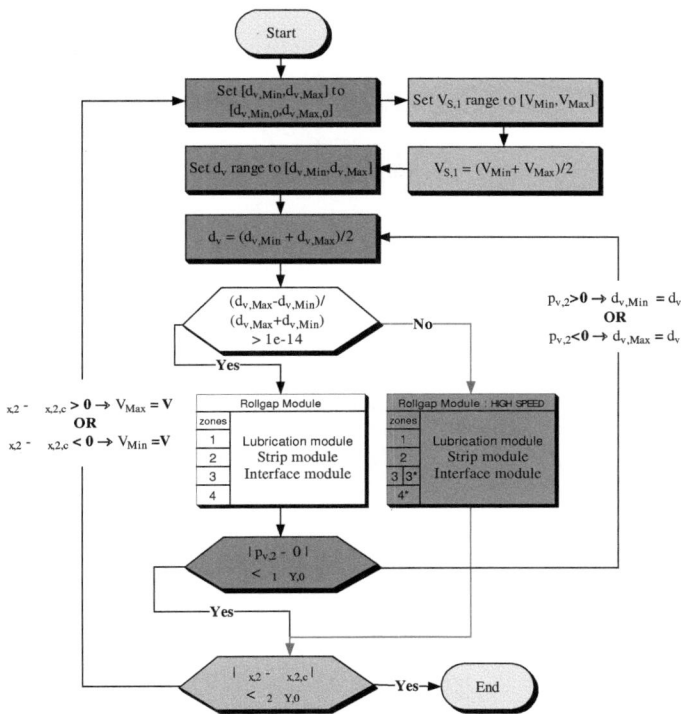

FIGURE 3.1 – Algorithme présenté par Marsault [86] : double tir et système d'équations «haute vitesse».

Suivant les valeurs initiales proposées pour le débit, trois situations peuvent se rencontrer. Le même raisonnement peut être tenu pour l'autre tir. En effet, les bornes inférieure et supérieure fournissent des solutions en sortie de trois types : soit elles sont toutes deux trop hautes, soit toutes deux trop basses, soit elles entourent l'objectif. Les deux situations pour lesquelles ce domaine est invalide sont représentées aux figures 3.2 et 3.3. Lorsque les bornes entourent la solution, comme à la figure 3.4, le débit est ensuite ajusté jusqu'à obtenir une solution au problème. Lorsque l'intervalle admis devient trop réduit par la dichotomie et que la condition de sortie sur p_v n'est pas atteinte, le calcul admet la simplification de l'équation de Reynolds en utilisant la borne minimale du domaine encore admissible sur le débit. Le choix de cette borne assure que le dernier tir atteindra un état de pression fluide supérieure à la pression d'interface. À partir de ce point, la simplification «haute vitesse» intervient pour le restant de l'emprise. Ce dernier point est détaillé dans la section 3.1.3.

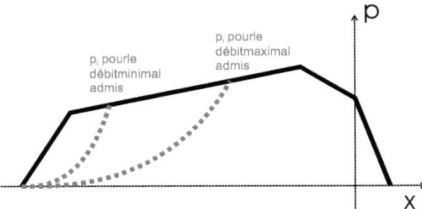

FIGURE 3.2 – Gestion des tirs sur le débit de lubrifiant : débit maximal admis trop petit.

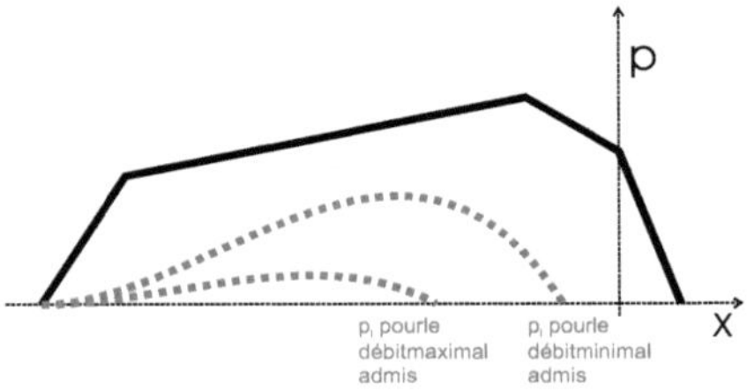

FIGURE 3.3 – Gestion des tirs sur le débit de lubrifiant : débit minimal admis trop grand.

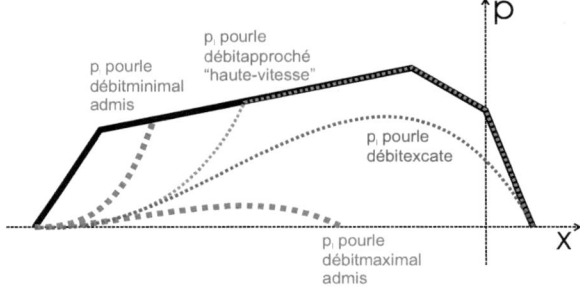

FIGURE 3.4 – Gestion des tirs sur le débits de lubrifiant : bornes compatibles. Solution exacte et solution approchée «haute vitesse».

Organisation en zones

Dans ce modèle, le système principal d'équations différentielles à résoudre est différent dans chacune des zones mécaniques existantes au point de vue régime de lubrification (2 zones) et de la plasticité de la bande (3 zones). Les zones se résolvent alors de manière séquentielle dans le sens de l'écoulement du fluide. Marsault[86] fait toujours l'hypothèse que le régime de lubrification mixte commence avant la macro-plasticité de la bande. Sans distinction du régime hydrodynamique à film épais et celui à film mince, cela fournit donc 4 zones à traiter dans l'ordre de leur numéro de référence :

$\langle 1 \rangle$ régime hydrodynamique - zone d'entrée

$\langle 2 \rangle$ régime mixte - zone d'entrée

$\langle 3 \rangle$ régime mixte - zone de travail

$\langle 4 \rangle$ régime mixte - zone de sortie

Il s'agit du modèle *Rollgap* de la figure 3.1.

Pour la zone $\langle 1 \rangle$, la méthode des tranches en élastique est couplée à l'équation de Reynolds moyenne. Pour la zone $\langle 2 \rangle$, il faut ajouter l'équation et les modèles d'écrasement d'aspérités dans le cas où $E_p = 0$. Lorsque la bande passe en état plastique, zone $\langle 3 \rangle$, le système formé de (3.1.3) et (3.1.4) devient actif. Le système d'équations de la zone $\langle 4 \rangle$ est semblable à celui de la zone $\langle 1 \rangle$ excepté que A et h_v sont maintenus constants.

Les 4 systèmes d'équations, une par zone de calcul, sont présentés aux tables A.1, A.2, A.3 et A.4 aux pages 263 et 264. Chaque table contient une accolade supplémentaire - celle de droite - établissant les conditions de terminaison normale de la zone. Pour la première table, les conditions initiales de la première zone sont également présentées. Chaque système d'équations est divisé en deux. L'accolade du dessus contient les variables que Marsault considère comme les inconnues pour lesquelles l'algorithme d'intégration de Runge Kutta (Ordre 4) calcule les dérivées et contrôle la précision. L'accolade du dessous contient certaines relations additionnelles.

Limite supérieure de stabilité en vitesse

Premièrement, une complication provient directement du système à résoudre lorsque le terme de Poiseuille est négligeable devant le terme de Couette c.-à-d. lorsque

$$\underbrace{\left\lfloor \Phi^P \frac{h_l^3}{12\eta} \frac{\partial p_l}{\partial x} \right\rfloor}_{\text{terme de Poiseuille}} \ll \underbrace{\left\lfloor \bar{U} h_l \right\rfloor}_{\text{terme de Couette}}$$

Le passage «haute vitesse» est donc utilisé lorsque l'influence sur le débit du gradient de pression par rapport à celle des vitesses aux parois devient négligeable. Il ne doit être activé que lorsque la pression du fluide et sa dérivée sont proches de leurs pendants à l'interface. En final, cela fournit la condition :

$$p_l \approx p \quad , \quad {dp_l}/{dx} \approx {dp}/{dx} \quad , \quad \Phi^P \frac{h_l^3}{12\eta} \frac{\partial p_l}{\partial x} \ll \bar{U} h_l \tag{3.1.5}$$

Deuxièmement, la condition de passage sous le seuil de percolation revient également à un passage en régime «haute vitesse». En effet, le régime devenant hydrostatique, le gradient de la pression dans le fluide n'a plus d'influence sur le débit. Pour une rugosité quasi-gaussienne, lorsque l'épaisseur de film h_l devient inférieure au seuil de percolation h^{sp} c.-à-d. $h_l <= h^{sp}$, Liu et al. [80] ont montré que

$$p_t \approx p_l \approx p \tag{3.1.6}$$

En résumé, les deux conditions théoriques de passage «basse vitesse»-«haute vitesse» utilisées par Marsault forment le système :

$$\begin{cases} p_l \approx p \quad , \quad {dp_l}/{dx} \approx {dp}/{dx} \quad , \quad \Phi^P \frac{h_l^3}{12\eta} \frac{\partial p_l}{\partial x} \ll \bar{U} h_l \\ \text{ou} \\ p_l \approx p \end{cases} \tag{3.1.7}$$

La première condition (qui est triple) mène à un algorithme peu robuste. Marsault [86] utilise en pratique uniquement la seconde condition de passage.

Après cette transition «basse vitesse»-«haute vitesse», la pression du fluide p_l n'est donc plus calculée. Marsault crée alors des zones de calcul supplémentaires — numérotées $\langle 3* \rangle$ et $\langle 4* \rangle$– basées sur cette simplification. Comme illustré à la figure 3.1, le modèle *Rollgap* «haute vitesse» comprend donc 5 zones selon :

$\langle 1 \rangle$	régime hydrodynamique	-	zone d'entrée
$\langle 2 \rangle$	régime mixte	-	zone d'entrée
$\langle 3 \rangle$	régime mixte	-	zone de travail
$\langle 3* \rangle$	régime mixte «haute vitesse»	-	zone de travail
$\langle 4* \rangle$	régime mixte «haute vitesse»	-	zone de sortie

Ces nouvelles zones sont régies par les mêmes systèmes que leur homologue mais sans l'équation de Reynolds. En effet, comme expliqué ci-dessus, p_l est modélisé par Marsault comme étant égale à p. Ce second schéma de résolution par zones n'est activé que lorsque la boucle sur le débit de lubrifiant n'a pas convergé avec le schéma classique. Il est alors impossible de trouver une pression nulle en sortie d'emprise par le tir interne sur d_v. La condition d'arrêt des tirs «basse vitesse» est :

$$\Delta d_v = \frac{d_{v,max} - d_{v,min}}{d_{v,max} + d_{v,min}} < 10^{-14} \tag{3.1.8}$$

En qualifiant une zone de calcul, le terme «haute vitesse» signifie que l'équation de Reynolds moyenne résout le problème où le terme de Poiseuille est négligé et avec $p = p_l$. Dans cette approche, les zones $\langle 1 \rangle$, $\langle 2 \rangle$ et $\langle 3 \rangle$ sont donc régies par les mêmes équations que précédemment. Seule la condition en fin de zone $\langle 3 \rangle$ est modifiée et devient

$$p_l (x_{lshs}) \geq p (x_{lshs})$$

avec l'indice *lshs* signifiant passage «basse vitesse»-«haute vitesse». Le système d'équations à résoudre en zone de sortie $\langle 4* \rangle$ est également modifié (d'où l'étoile). En effet, la pression dans le fluide ne peut plus être calculée d'où l'impossibilité pour le modèle de prédire une chute de pression fluide en sortie différente de la pression moyenne. Les 2 systèmes d'équations correspondant aux 2 zones de calcul «haute vitesse» sont présentés aux tables A.5 et A.6.

3.2 ALGORITHME ITÉRATIF ET ÉTAGÉ DE Qiu et al. (1998)

3.2.1 Introduction

À l'opposé de l'approche précédente, Qiu, Yuen et Tieu [108] ne mettent pas les équations à résoudre sous forme d'un système unique d'équations différentielles ordinaires ou ODE (*Ordinary Differential Equation*) mais résolvent de manière étagée chacune des équations du système sur toute la longueur d'emprise. L'objectif est la résolution sur toute l'emprise de l'équation de Reynolds moyenne sans simplification. Celle-ci est exprimée sous sa forme en dérivée seconde. La technique numérique de résolution de cette équation est la technique des différences finies centrées ce qui permet de tenir compte directement des conditions de pressions nulles en entrée mais également en sortie d'emprise. Cela semble stabiliser l'intégration même pour des cas où l'algorithme de la section précédente devait passer en mode «haute vitesse».

3.2.2 Présentation de l'algorithme

Organigramme

La figure 3.5 montre clairement que les équations sont résolues de manière étagée. Dans cette approche, une boucle itérative sur le glissement avant remplace la boucle sur la vitesse d'entrée de la bande de de l'algorithme de Marsault. Le glissement avant S_F se stabilise au cours des itérations ou, ce qui revient au même, on obtient la position du point neutre x_N. Toutefois, chaque étage de calcul est à présent résolu séparément et l'intégration est réalisée sur toute l'emprise. Seule la résolution de l'équation de Reynolds moyenne est originale et est reprise en détail à la section suivante.

D'après nos expériences numériques, les temps de calcul sont sensiblement du même ordre de grandeur que pour Marsault [86]. D'après les auteurs, il semble que le calcul converge après environ une trentaine d'itérations pour une discrétisation de l'emprise d'environ quelques dizaines d'éléments.

Résolution de l'équation de Reynolds moyenne par différences finies

Qiu et al. [108] résolvent le système d'équations formé de (1.3.14, 1.3.24, 1.3.27 et 1.3.37), soit

$$
\begin{cases}
\frac{d}{dx}\left(\Phi^P \frac{h_l^3}{12\eta}\frac{dp_l}{dx}\right) = \left(\frac{V_R+V_S}{2}\frac{dh_l}{dx} + \frac{h_l}{2}\frac{dV_S}{dx}\right) \\
\eta = \eta_0 e^{\gamma_l p_l} \\
\begin{bmatrix}
\text{pour } H_l < 1 : & \Phi^P = 1 + \left(\frac{1}{h_l/\sqrt{3}}\right)^2 \\
\text{pour } H_l \geq 1 : & \Phi^P = \frac{2}{h_l/\sqrt{3}}
\end{bmatrix}
\end{cases}
\tag{3.2.1}
$$

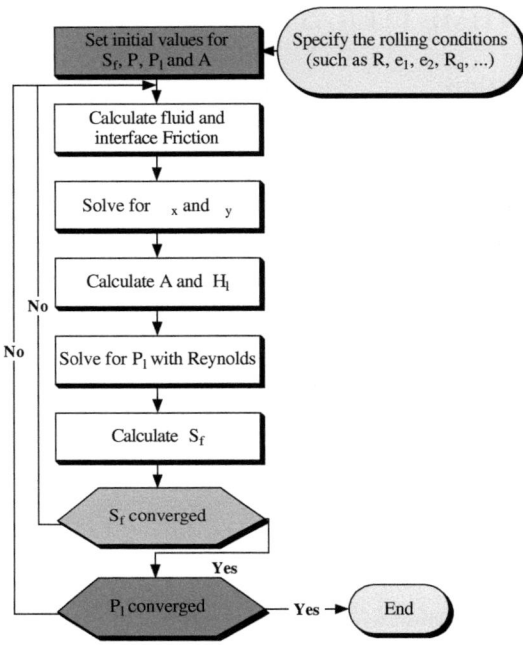

FIGURE 3.5 – Algorithme présenté par Qiu et al. [108].

En réalité, dans l'équation de Reynolds ci-dessus, Qiu et al. [108] utilisent toutes les grandeurs en valeurs relatives.

Les conditions limites sont des pressions nulles aux deux extrémités. Le facteur de cisaillement est nul car seule une rugosité purement longitudinale est envisagée. De plus, vu cette orientation spécifique, le seuil de percolation est nul.

La méthode itérative de Jacobi utilise à l'itération k uniquement des valeurs calculées à l'itération précédente $k-1$. Au contraire, la méthode de Gauss-Seidel utilise les toutes valeurs déjà calculées. Attention, la direction de balayage devient donc importante ! Selon la description de leur approche numérique, Qiu et al. [108] utilisent un calcul de type Jacobi.

Qiu et al. proposent l'utilisation d'un changement de variable tel que : $\hat{x} = 1 - e^{-\gamma_l x}$. Utilisant cette relation pour la pression, on obtient

$$\frac{d}{dx}\left[\Phi^P \frac{h_l^3}{12\gamma_l\eta_0}\frac{d\hat{p}_l}{dx}\right] = \frac{V_R}{2}\left[\left(1 + \frac{V_S}{V_R}\right)\frac{dh_l}{dx} + \frac{h_l}{V_R}\frac{dV_S}{dx}\right] \qquad (3.2.2)$$

La pression dans le fluide est toujours limitée au minimum par une pression nulle et au maximum par la pression d'interface :

$$0 \leq p_l \leq p \Leftrightarrow 0 \leq \hat{p}_l \leq \hat{p} \tag{3.2.3}$$

Le système est discrétisé (N-1 éléments) et résolu par un schéma de différences centrées :

$$\hat{p}_{l,i}^{next(k)} = \frac{\chi_i^+ \hat{p}_{l,i+1}^{k-1} + \chi_i^- \hat{p}_{l,i-1}^{k-1} - 4U\Delta x^2 \chi_i}{\chi_i^+ + \chi_i^-} \qquad i \in [0, N-1] \tag{3.2.4}$$

avec

$$\begin{cases} \chi_i^\pm &= \left(\Phi_{i\pm1}^P + \Phi_i^P\right)\left(H_{l,i\pm1}^3 + H_{l,i}^3\right) \\ \chi_i &= (1 + \frac{V_S}{V_R})\frac{H_{li+1}-H_{li-1}}{2\Delta x} + \frac{H_l}{V_R}\frac{V_{Si+1}-V_{Si-1}}{2\Delta x} \\ U &= \frac{6\eta_0 \gamma_l V_R}{R_q^2} \end{cases} \tag{3.2.5}$$

avec $H_l = {}^{h_l}/_{R_q}$.

Un facteur de sur-relaxation W_{Plin}, donc supérieur à l'unité, est également introduit par le processus itératif suivant :

$$\hat{p}_{li}^{(k)} = (1 - W_{Plin})\hat{p}_{l,i}^{(k-1)} + W_{Plin}\,\hat{p}_{l,i}^{next(k)} \tag{3.2.6}$$

La convergence du processus par le calcul du résidu est vérifiée par :

$$Res^{(k)} = \frac{\sum_{i=2}^{N-1}\left|\hat{p}_{l,i}^{(k)} - \hat{p}_{l,i}^{next(k+1)}\right|}{\sum_{i=2}^{N-1}|\hat{p}(k)_{l,i}|} < \epsilon \tag{3.2.7}$$

Lorsque le profil de pression est suffisamment stabilisé, on considère que l'équation de Reynolds moyenne est résolue. Cela est correct car, vu que Qiu et al. [108] utilisent exclusivement des aspérités en dents de scie orientées longitudinalement, le seuil de percolation est toujours nul. La pression du fluide ne doit donc jamais atteindre théoriquement la pression d'interface. En théorie, on résout alors parfaitement l'équation de Reynolds moyenne et le débit est conservé durant le passage dans l'emprise.

3.3 DÉVELOPPEMENT D'UN ALGORITHME HYBRIDE

3.3.1 Introduction

Qiu et al. [108] présentent un algorithme (section 3.2) qui semble complémentaire à celui de Marsault [86] (section 3.1). Inspiré par ceux-ci, nous avons développé un algorithme hybride qui est capable de fournir une solution théorique sans simplification dans les conditions «haute vitesse». Il doit donc permettre de vérifier comment les hypothèses de travail de ce mode - simplification de l'équation de Reynolds moyenne et mise à égalité de la pression du fluide et de la pression d'interface - influencent les grandeurs macros significatives.

Au-delà du point précédant, l'objectif est de construire un algorithme original de résolution du problème étudié en conservant les points forts des deux modèles précédemment cités. D'une part, le modèle de Marsault [86] apporte un modèle complet du point de vue de la physique : élasto-plasticité pour la bande, différents types de rugosités et de lois d'écrasement d'aspérités, ... D'autre part, Qiu et al. [108] résolvent un problème plus simple du point de vue des ingrédients de la physique par une approche algorithmique étagée.

3.3.2 Principe de l'algorithme

Organigramme

Le principe général de l'algorithme hybride est repris à la figure 3.6. De manière semblable à Marsault [86], une boucle sur la vitesse d'entrée de la bande (V_1) permet d'ajuster la traction σ_2 à celle de consigne σ_{2c}. Par contre, à l'instar de Qiu et al. [108], les différentes équations sont résolues séparément (autrement dit par étages) et l'équation de Reynolds est résolue en pression par différences finies. En conséquence, ce nouvel algorithme est appelé : Couplage Itératif et Étagé Fluide Solide soit CIEFS. Les différents modules sont introduits ci-dessous mais sont également développés dans les sections qui suivent.

Pour le problème «bande», la position du cylindre (en fait son profil e_R), la vitesse d'entrée de la bande V_1 ainsi qu'un profil décrivant la force de frottement τ sont supposés connus. Connaître e_R revient, en réalité, à connaître le profil de la bande e_S car l'épaisseur du fluide peut être négligée pour l'évaluation des contraintes dans la bande. Avec ces données, la méthode des tranches permet d'obtenir, tout le long de l'emprise, la vitesse de bande V_S, ses contraintes internes σ_x, σ_y et σ_z ainsi que sa limite de plasticité σ_Y.

Le problème «fluide» consiste à résoudre par la méthode des différences finies l'équation de Reynolds moyenne du second ordre (3.3.1) en terme de pression. Comme expliqué au chapitre 2, le terme Φ^S n'est pas pris en compte.

$$\frac{d}{dx}\left(\Phi^P \frac{h_l^3}{12\eta}\frac{dp_l}{dx}\right) = \left(\frac{V_R + V_S}{2}\frac{dh_l}{dx} + \frac{h_l}{2}\frac{dV_S}{dx}\right) \qquad (3.3.1)$$

Un procédé itératif local est mis en place. Celui-ci réalise un certain nombre d'opérations fixé avant la vérification de la convergence selon l'équation (3.2.7).

Le couplage, ou «calcul d'interface», est réalisé en deux étapes. La première est l'évaluation du couple aire de contact A et distance inter-surface non réactualisée h. En effet, les évolutions de ces grandeurs sont, de manière générale, liées. Cela permet ensuite de déterminer l'évolution de l'épaisseur du film d'huile suivant une relation géométrique dépendant du type de topologie de surface choisi. La seconde est l'évaluation des forces de frottement τ_t, τ_l et τ en se servant des dernières valeurs calculées de A et h_l.

Dans l'algorithme de Qiu et al. [108], la boucle externe se contentait d'un contrôle de la convergence du profil de p_l. Vu certains cas envisagés à présent –régime hydrostatique important ou fort glissement négatif–, la convergence de la boucle externe est contrôlée par deux conditions.

Premièrement, l'évaluation de A à la sortie de l'emprise doit être stabilisée au cours des itérations. Le critère d'arrêt sur A est basé sur la convergence de la valeur à la sortie d'emprise A_{out} au travers des boucles itératives. Entre les boucles $k-1$ et k, on a :

$$RAC \equiv \left|A_{out}^k - A_{out}^{k-1}\right| <= RAC_{obj} \qquad (3.3.2)$$

RAC signifie **Relative Area Criterion**. De même, on considère que le calcul a convergé lorsque RAC est inférieur à une valeur RAC_{obj} fixée par l'utilisateur. Une valeur de 10^{-2} s'est généralement révélée pertinente.

Deuxièmement, le débit d_v, évalué en chaque point (nœud) de l'emprise, ne doit pas présenter de valeurs trop dispersées. Le critère d'arrêt de la boucle générale concernant le débit de fluide d_v est donc formulé selon le principe suivant :

– évaluation en chaque point de l'emprise d'un débit local selon (3.3.3),

$$d_v(i) = \frac{V_S(i) + V_R}{2}h_l(i) - \frac{\Phi^P(i) * h_l^3(i)}{12\eta(i)}\frac{dp_l}{dx}(i) \qquad i \in [1, N] \qquad (3.3.3)$$

– évaluation du débit moyen $\overline{d_v}$,

– évaluation de l'écart moyen du premier ordre au débit moyen le long de l'emprise

$$d_v^*(i) = \frac{|d_v(i) - \overline{d_v}|}{\overline{d_v}} \qquad i \in [1, N] \qquad (3.3.4)$$

– évaluation du critère de précision LFC (pour **Lubricant Flow Criterion**) selon

$$LFC \equiv \frac{\sum_{i=1}^{N} d_v^*(i)}{N} <= LFC_{obj} \qquad (3.3.5)$$

On considère que le calcul a convergé lorsque LFC est inférieur à sa valeur de consigne LFC_{obj} fixée par l'utilisateur. A nouveau, une valeur de 10^{-2} s'est généralement révélée pertinente.

La convergence de l'équation de Reynolds moyenne est vérifiée par la condition (3.3.5). Il s'agit là du vrai contrôle de la résolution de cette équation limitée en pression maximale. Il est réalisé à la fin de la boucle générale interne du programme.

Résolution de la bande par la méthode des tranches

Il s'agit du problème «solide». Les équations finales de la méthode des tranches (B.3.3) et (B.3.4) s'expriment selon

$$\begin{cases} \frac{d(\sigma_x e_S)}{dx} & = -p\frac{de_S}{dx} - 2\tau \\ \sigma_y & = -p + \frac{1}{2}\tau\frac{de_S}{dx} \end{cases} \tag{3.3.6}$$

avec τ le frottement de surface. En couplant ces équations par élimination de p, on obtient

$$\frac{d\sigma_x}{dx} = (\sigma_y - \sigma_x)\frac{1}{e_S}\frac{de_S}{dx} - \tau\left[\frac{2}{e_S} + \frac{e_S}{2}\left(\frac{1}{e_S}\frac{de_S}{dx}\right)^2\right] \tag{3.3.7}$$

Dans cette approche découplée, e_S et τ sont purement des données connues sur toute l'emprise.

Le calcul est divisée en trois zones. Dans les zones d'entrée et de sortie, un système d'équations unique est résolu. En effet, pour ces deux zones, la bande est dans le domaine élastique. La loi de Hooke linéaire isotrope est supposée valide ce qui se traduit par le jeu d'équation pour l'état plan de déformation avec des contraintes principales dans les axes du procédé :

$$\begin{cases} \sigma_x & = \frac{E}{(1+v)(1-2v)}\left[(1-v)\varepsilon_x + v\varepsilon_y\right] \\ \sigma_y & = \frac{E}{(1+v)(1-2v)}\left[v\varepsilon_x + (1-v)\varepsilon_y\right] \\ \sigma_z & = v\left(\sigma_x + \sigma_y\right) \end{cases} \tag{3.3.8}$$

En inversant les deux premières, on obtient :

$$\begin{cases} \varepsilon_x & = \frac{1+v}{E}\left[(1-v)\sigma_x - v\sigma_y\right] \\ \varepsilon_y & = \frac{1+v}{E}\left[-v\sigma_x + (1-v)\sigma_y\right] \\ \sigma_z & = v\left(\sigma_x + \sigma_y\right) \end{cases} \tag{3.3.9}$$

Or, par définition, les déformations ε_x et ε_y pour une bande homogène peuvent s'exprimer selon

$$\begin{cases} \dot{\varepsilon}_x & = \frac{dV_S(x)}{dx} \\ \dot{\varepsilon}_y & = \frac{V_S(x)}{e_S}\frac{de_S}{dx} \end{cases} \tag{3.3.10}$$

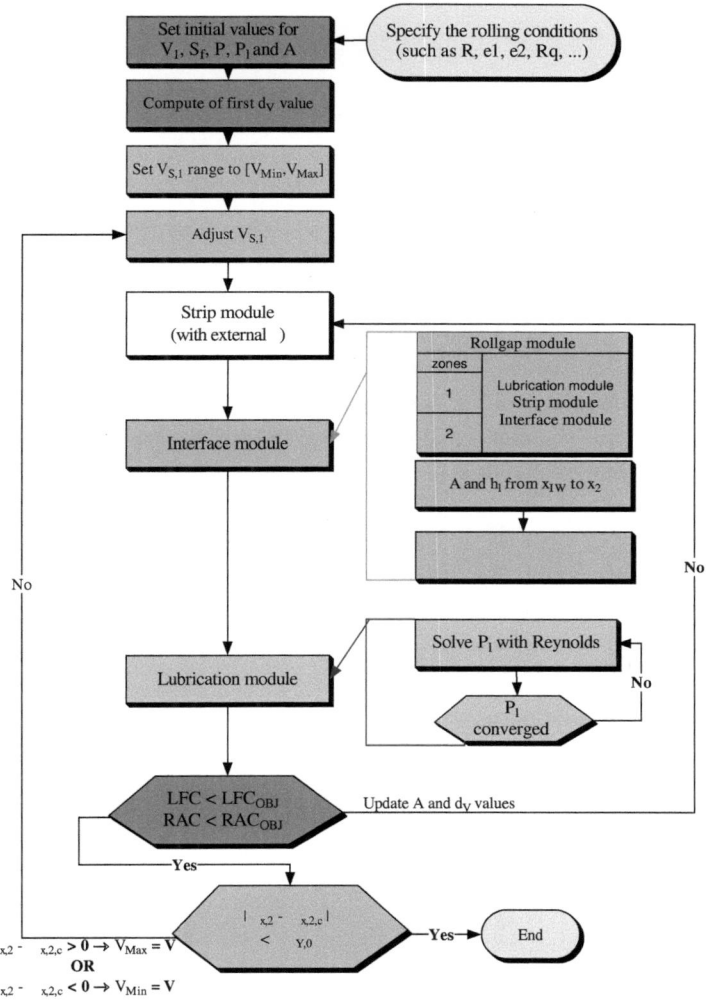

FIGURE 3.6 – Algorithme hybride dit Couplage Itératif et Étagé Fluide-Solide (CIEFS). Boucle externe sur la déformée du cylindre non représentée.

En combinant les deux premières équations des deux derniers systèmes, on obtient :

$$\dot{\varepsilon}_x = \frac{dV_S(x)}{dx} = \frac{(1 + v_S)\,V_S(x)}{E_S}\left[(1 - v_S)\,\frac{d\sigma_x}{dx} - v_S\frac{d\sigma_y}{dx}\right] \tag{3.3.11}$$

Chapitre 3. Innovations algorithmiques   141 et avec les deux suivantes de chaque système, on tire que :

$$\frac{d\sigma_y}{dx} = \frac{1}{\left(1 - v_S^2\right)} \left[E_S \frac{1}{e_S} \frac{de_S}{dx} + v_S \left(1 + v_S\right) \frac{d\sigma_x}{dx} \right] \tag{3.3.12}$$

puisque $\frac{d\circledast}{dt} = V_S \frac{d\circledast}{dx}$.

Dans l'équation (3.3.7), τ correspond à la valeur signée du frottement. Le signe de ce frottement est dû à un terme en $\frac{\overrightarrow{\Delta V}}{\|\overrightarrow{\Delta V}\|}$ dans l'équation (1.2.29) par exemple. Ce terme vaut tout simplement le signe de ΔV soit de $V_S - V_R$. Afin qu'au travers du processus itératif, le signe du frottement utilisé soit toujours cohérent avec la vitesse calculée en (3.3.11), seule la valeur absolue du profil de frottement τ est prise en compte. En réalité, la différence de position entre les deux changements de signe (de τ et de ΔV) n'est importante que lorsque l'on vient d'activer une des deux boucles externes sur la déformée ou la position du cylindre. Les itérations sur d_v et A permettent d'obtenir rapidement un frottement établi. Finalement, le système d'équations pour la bande dans le domaine élastique s'établit comme suit :

$$\begin{cases} \frac{d\sigma_x}{dx} = (\sigma_y - \sigma_x)\frac{1}{e_S}\frac{de_S}{dx} - |\tau| \, sign\,(V_S - V_R)\left[\frac{2}{e_S} + \frac{e_S}{2}\left(\frac{1}{e_S}\frac{de_S}{dx}\right)^2\right] \\ \frac{d\sigma_y}{dx} = \frac{1}{(1-v_S^2)}\left[E_S\frac{1}{e_S}\frac{de_S}{dx} + v_S\left(1+v_S\right)\frac{d\sigma_x}{dx}\right] \\ \frac{d\sigma_z}{dx} = v_S\left[\frac{d\sigma_x}{dx} + \frac{d\sigma_y}{dx}\right] \\ \frac{dV_S}{dx} = \frac{V_S}{E_S}\left[(1 - v_S^2)\frac{d\sigma_x}{dx} - v_S(1+v_S)\frac{d\sigma_y}{dx}\right] \end{cases} \tag{3.3.13}$$

Il peut être ré-écrit en utilisant les relations (3.3.10) suivant

CAS ÉLASTIQUE
$$\begin{cases} \frac{d\varepsilon_y}{dx} = \frac{1}{e_S}\frac{de_S}{dx} \\ \frac{d\sigma_x}{dx} = (\sigma_y - \sigma_x)\frac{d\varepsilon_y(x)}{dx} - |\tau| \, sign\,(V_S - V_R)\left[\frac{2}{e_S} + \frac{e_S}{2}\left(\frac{d\varepsilon_y(x)}{dx}\right)^2\right] \\ \frac{d\sigma_y}{dx} = \frac{1}{(1-v_S^2)}\left[E_S\frac{d\varepsilon_y}{dx} + v_S\left(1+v_S\right)\frac{d\sigma_x}{dx}\right] \\ \frac{d\sigma_z}{dx} = v_S\left[\frac{d\sigma_x}{dx} + \frac{d\sigma_y}{dx}\right] \\ \frac{d\varepsilon_x}{dx} = \frac{1}{E_S}\left[(1 - v_S^2)\frac{d\sigma_x}{dx} - v_S(1+v_S)\frac{d\sigma_y}{dx}\right] \\ \frac{dV_S}{dx} = V_S\frac{d\varepsilon_x}{dx} \end{cases} \tag{3.3.14}$$

L'épaisseur de la bande e_S n'intervient plus explicitement que dans le terme contenant le frottement de surface τ.

De manière similaire à l'algorithme de Marsault [86], les équations (3.1.3, 3.1.4) sont résolues dans la zone de travail. Les équations concernant l'écrasement d'aspérités et l'équation de Reynolds ne sont pas prises en compte puisque celles-ci sont découplées dans cette approche. Cela donne :

$$
\textbf{CAS}\ \textbf{PLASTIQUE}\quad
\begin{cases}
\dot{\varepsilon}_y = \dfrac{V_S}{e_S}\dfrac{de_S}{dx} \\[2mm]
\dot{\varepsilon}_x = \dfrac{dV_S}{dx} = \dfrac{[2G(1+3as_x s_y)-3\chi]\dot{\varepsilon}_y + 3bV_S}{2G(2-3as_x^2)+3\chi} \\[2mm]
\dfrac{ds_x}{dx} = \dfrac{2G}{3V_S}\left[\left(2-3as_x^2\right)\dot{\varepsilon}_x - \left(1+3as_x s_y\right)\dot{\varepsilon}_y\right] \\[2mm]
\dfrac{ds_y}{dx} = \dfrac{2G}{3V_S}\left[-\left(1+3as_x s_y\right)\dot{\varepsilon}_x + \left(2-3as_y^2\right)\dot{\varepsilon}_y\right] \\[2mm]
\dfrac{dp_{hydro}}{dx} = -\dfrac{\chi}{V_S}\left(\dot{\varepsilon}_x + \dot{\varepsilon}_y\right)
\end{cases}
\tag{3.3.15}
$$

avec

$$
\begin{cases}
a = \dfrac{1}{\frac{2}{3}\sigma_Y^2\left(1+\frac{Hs}{3G}\right)} \\[3mm]
b = \dfrac{1}{e_S}\left[(s_y - s_x)\dfrac{de_S}{dx} - 2\,|\tau|\,sign\left(V_S - V_R\right)\right]
\end{cases}
\tag{3.3.16}
$$

Il faut noter la différence fondamentale entre le système établi pour le domaine élastique et celui valide pour le domaine plastique. En effet, pour un comportement élastique, en partant des connaissances géométriques sur l'épaisseur de la bande, on en déduit les contraintes pour ensuite déterminer la déformation de la bande dans la DL. Pour la comportement plastique, cette déformation est d'abord évaluée pour ensuite déterminer l'évolution des contraintes.

Résolution de l'équation de Reynolds moyenne par différences finies

Le même principe que celui qui a abouti au système (3.2.1) peut s'écrire dans le cas général :

$$
\begin{cases}
\dfrac{d}{dx}\left(\Phi^P\dfrac{h_l^3}{12\eta}\dfrac{dp_l}{dx}\right) = \left(\dfrac{V_R+V_S}{2}\dfrac{dh_l}{dx} + \dfrac{h_l}{2}\dfrac{dV_S}{dx}\right) \\[3mm]
\eta = \eta_0\eta_{p_l} \\[2mm]
\Phi^P = fct(H_l, \gamma_S, f(h))
\end{cases}
\tag{3.3.17}
$$

Φ^P s'exprime différemment suivant la topologie des rugosités. La méthode de Gauss-Seidel selon x, avec des indices de maillage i croissants avec x, est utilisée ce qui permet d'accélérer la convergence. L'utilisation d'une sous-relaxation i.e. $W_{Plin} < 1$ est préférée à la sur-relaxation proposée initialement ce qui sécurise la convergence du processus itératif du module lubrification.

La prise en compte du seuil de percolation rend plus complexe la relation (3.2.4) qui devient :

$$
\hat{p}_{l,i}^{next(k)} =
\begin{cases}
\dfrac{\chi_i^+\hat{p}_{l,i+1}^{k-1} + \chi_i^-\hat{p}_{l,i-1}^{k} - 4U\Delta x^2\chi_i}{\chi_i^+ + \chi_i^-} & \text{si } h_l > h^{sp} \\[3mm]
\hat{p}_i & \text{si } h_l <= h^{sp}
\end{cases}
\qquad i \in [0, N-1]
\tag{3.3.18}
$$

avec les paramètres définis par l'équation (3.2.5).

Marsault [86] permettait dans son approche d'utiliser deux lois de piezo-viscosité (Barus et Roelands voir section 1.3.5). Qiu et al. [108] proposent uniquement la loi de Barus. L'idée développée ici est donc de conserver le principe de résolution exposé dans le rappel sur l'algorithme de Qiu, Yuen et Tieu mais en l'étendant à d'autres lois rhéologiques que celle de Barus.

La théorie décrite ci-dessous suppose que la loi de piezo-viscosité peut être décrite selon une équation du type

$$\eta\left(p_l, T_l\right) = \eta_0\left(T_l\right)\eta_{p_l}\left(p_l\right) \tag{3.3.19}$$

Autrement dit, un éventuel effet de couplage pression-température est négligé. Par les règles classiques de dérivation, la dérivée spatiale du terme de gauche de la première équation du système (3.3.17) fournit

$$\begin{aligned}
\frac{d}{dx}\left(\Phi^P \frac{h_l^3}{12\eta}\frac{dp_l}{dx}\right) &= \frac{1}{12\eta_0\eta_{p_l}}\frac{d}{dx}\left(\Phi^P h_l^3 \frac{dp_l}{dx}\right) \\
&+ \Phi^P h_l^3 \frac{1}{\eta_{p_l}^2}\frac{d\eta_{p_l}}{dp_l}\left(\frac{dp_l}{dx}\right)^2
\end{aligned} \tag{3.3.20}$$

En utilisant la méthode itérative de Gauss-Seidel dans le sens de l'écoulement, une approche par différences finies centrées peut s'écrire avec $P = \frac{p}{\sigma_{Y,0}}$ selon

$$\begin{aligned}
P_{l,i}^{(next)k+1} &= \frac{\chi_i^+ P_{l,i+1}^{k+1} + \chi_i^- P_{l,i-1}^k - 4U^*\eta_{p_l,i}\Delta x^2\chi_i}{\chi_i^+ + \chi_i^-} \\
&- \frac{\sigma_{Y,0}}{\eta_{p_l}}\frac{d\eta_{p_l}}{dp_l}\frac{(P_{l,i+1} - P_{l,i+1})^2}{8}
\end{aligned} \tag{3.3.21}$$

avec $\chi_i^\pm$ et χ_i inchangés par rapport à (3.2.5) et

$$U^* = \frac{6\eta_0 V_R}{R_q^2 \sigma_{Y,0}} \tag{3.3.22}$$

Le système formé des équations (3.3.21) et (3.3.22) se résout de manière similaire à ce qui a été présenté à la section précédente. Il reste donc juste à exprimer le terme $\frac{1}{\eta_{p_l}}\frac{d\eta_{p_l}}{dp_l}$ selon la loi de piezo-viscosité sélectionnée, équations (1.3.14) pour Barus et (1.3.17) pour Roelands) avec $S_0 = 0$:

$$\begin{cases}
\eta_{p_l}^B = e^{\gamma_l p_l} & \Rightarrow \quad \frac{1}{\eta_{p_l}^B}\frac{d\eta_{p_l}^B}{dp_l} = \gamma_l \\
\eta_{p_l}^R = e^{[\ln \eta_0 + 9.67]\left(\left[1 + \frac{p_l}{p_r}\right]^{z_{p_l}} - 1\right)} & \Rightarrow \quad \frac{1}{\eta_{p_l}^R}\frac{d\eta_{p_l}^R}{dp_l} = \frac{[\ln \eta_0 + 9.67]z_{p_l}}{p_r}\left(1 + \frac{p_l}{p_r}\right)^{(z_{p_l} - 1)}
\end{cases} \tag{3.3.23}$$

avec, pour rappel, $p_r = 196.2\ MPa$ et z_{p_l} l'index de pression de la viscosité.

Le changement classique de variable aboutissant au système (3.3.18) associé à (3.2.5) est comparé à ce nouveau changement général qui vient d'être établi. Les résultats sont présentés à la figure 3.7. Seule une légère différence sur la solution finale en terme de pressions peut être observée après un agrandissement important. Toutefois, il faut bien se rendre compte que le chemin de calcul, lui, n'est pas le même et que la convergence est approximativement deux fois plus lente pour le nouveau changement de variable. Ce résultat paraît assez logique vu que l'inter-dépendance entre la pression et la viscosité est moins bien prise en compte au profit d'une généralisation de l'approche.

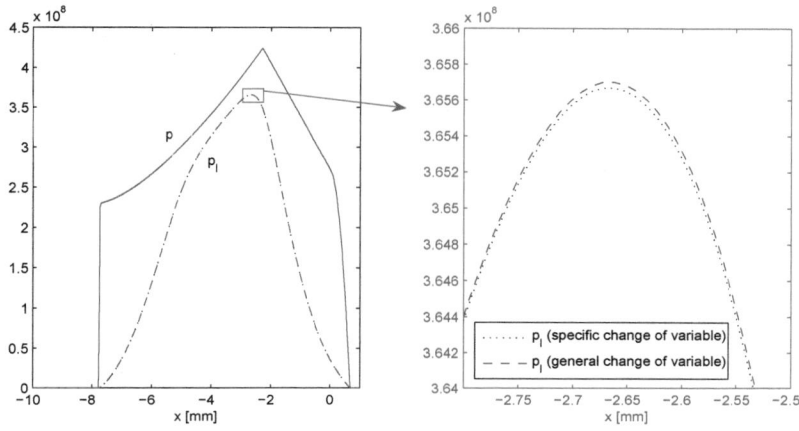

FIGURE 3.7 – Comparaison de la pression relative du fluide et d'interface selon le changement de variable proposé par Qiu et al. [108] et le cas général développé. Cas p.153 de Marsault [86] avec $V_R = 10 \ ^m/_s$ et $R_q = 5 \ \mu m$.

Le calcul de l'interface

CALCUL DU FROTTEMENT

Avec les formules classiques (1.2.29, 1.3.38, 1.3.29 et 1.2.29), on forme le système :

$$
\left\{
\begin{array}{l}
\tau = A\tau_t + (1-A)\,\tau_v \\[2mm]
\tau_t = \left\{
\begin{array}{ll}
\bar{m}_t^C p_t & \text{si loi de Coulomb} \\[1mm]
\bar{m}_t^C k & \text{si loi de Tresca}
\end{array}
\right. \\[4mm]
\tau_v = -\frac{h_l}{2(1-A)}\frac{\partial p_l}{\partial x} + \eta \frac{(1-A)(V_R - V_S)}{h_l}
\end{array}
\right.
\tag{3.3.24}
$$

avec A, p_t, k et η connus sur toute l'emprise.

ÉVALUATION DE L'ÉPAISSEUR DE FILM ET DE L'AIRE DE CONTACT

Solutions pour l'épaisseur initiale de film $h_{l,iw}$ Qiu et al. [108] utilisent une solution empirique pour calculer les conditions de contact en entrée de zone plastique. Cette relation déterminée par Saxena et al. [114] donne l'écart non réactualisé entre les surfaces moyennes h en début de zone de travail :

$$
h_{iw} \approx \frac{3\eta_0 \gamma_l \left(V_{S,iw} + V_R\right) R_0}{|\vec{ox}_{iw}|}
\tag{3.3.25}
$$

avec $|\vec{ox}_{iw}|$ valant approximativement la longueur d'emprise Le. Cette formule ne tient pas compte de la limite élastique du matériau et n'est pas valide pour un fluide théorique non visqueux. Par conséquent, l'équation de Wilson et Walowit (2.5.5) appliquée au point x_{iw} est préférée.

$$h_{iw} = \frac{3\eta_0 \gamma_l \left(V_{S,iw} + V_R\right) R_0}{\left(1 - e^{-\gamma_l \sigma_{Y,0}}\right) |\overrightarrow{ox}_{iw}|} \tag{3.3.26}$$

Malgré cette amélioration, cette méthode alternative ne tient toujours pas en compte de la présence de rugosités. En conséquence, une seconde méthode basée directement sur l'algorithme proposé par Marsault [86] est mise en oeuvre. La solution numérique envisagée reprend simplement la théorie telle que décrite par Marsault pour le calcul de la zone d'entrée c.-à-d. pour les zones $\langle 1 \rangle$ et $\langle 2 \rangle$. Pour effectuer ce calcul, la vitesse de la bande en entrée V_1 et le débit de lubrifiant d_v sont nécessaires. Un tir sur la vitesse de la bande étant effectué, sa valeur est connue. De plus, le débit moyen est évalué, voir équation (3.3.5), pour tester la convergence de la boucle et celui-ci est donc aussi déjà déterminé. Il faut tout de même l'évaluer une fois lors de l'initialisation. Ce calcul fournit automatiquement A_{iw} et h_{iw}. Aucun problème de stabilité, inhérent au modèle complètement couplé de l'algorithme présenté par [86], n'apparaît puisque ce calcul se termine avant la zone de travail.

Calcul du reste de l'emprise : pour $x \in]x_{iw}, x_2]$ À ce stade, on connaît h_{iw}, $h_{l,iw}$ et A_{iw}. Pour le cas général, un calcul couplé de A et h est nécessaire. En effet, $\frac{dh}{dx}$ dépend de E_p qui lui-même dépend de A. Lorsque le seuil de percolation est franchi, les formules classiques d'écrasement d'aspérités ne sont plus valables. $\frac{dh}{dx}$ est obtenu par conservation du débit pour ce cas où le terme de Poiseuille est négligeable. Cela donne le système :

$$\begin{cases} \frac{dh}{dx} = \begin{cases} -\frac{\frac{de_R}{dx}}{1 + \frac{E_p \frac{de_S}{dx}}{2l}} & \text{si } h_l > h^{sp} \\ -\frac{h_l}{V_S + V_R} \frac{dh}{dh_l} \frac{dV_S}{dx} & \text{si } h_l <= h^{sp} \end{cases} \\ \frac{dA}{dx} = -f(R_q, h) \frac{dh}{dx} \\ E_p = \begin{cases} \left(\frac{2}{H_a} - \frac{1}{2.571 - A - A\ln(1-A)}\right) \Big/ (0.515 + 0.345A - 0.86A^2) & : \text{modèle de Wilson et Sheu} \\ \frac{4}{H_a^2 A^2 (3.81 - 4.38A)} \text{ valable si } 0 < A < 0.87 & : \text{modèle de Sutcliffe} \end{cases} \end{cases} \tag{3.3.27}$$

$\frac{dh}{dh_l}$ dépend uniquement du type de rugosité. Sa formule s'obtient par dérivation d'une relation du type (1.2.13) et (1.2.14).

Pour le cas des rugosités longitudinales en dents de scie, la fonction de distribution de hauteur de pics $f(R_q, h)$ est une constante et le seuil de percolation est nul.

Les deux premières équations du système précédent se résument à :

$$\frac{dA}{dx} = \frac{1}{2R_p} \frac{\frac{de_R}{dx}}{1 + \frac{E_p \frac{de_S}{dx}}{2l}} \tag{3.3.28}$$

avec comme seul calcul a posteriori

$$h_l = R_q \sqrt{3}(1 - A)^2 \tag{3.3.29}$$

Dans ce cas précis, le calcul de h sur le domaine $]x_{iw}, x_2]$ n'est pas absolument nécessaire. En effet, cette grandeur non physique n'est qu'un moyen de relier h_l et A dans le cas général.

3.3.3 Détails sur l'implémentation numérique

La figure 3.8 illustre concrètement l'organisation des différents calculs détaillés dans les sections précédentes. Concrètement, au niveau du maillage du problème, il faut distinguer la grille de référence constituée de N nœuds et les nœuds de calcul utilisés par l'intégration des équations différentielles ordinaires. Les zones hachurées représentent des calculs effectués sur la grille de référence à pas fixes alors que les autres représentent des calculs utilisant une intégration à pas variables. Le frottement tout le long de l'emprise et la pression dans le lubrifiant à partir de i_{iw} sont déterminés directement sur la grille à pas fixes. Le scalaire débit de lubrifiant est déterminé à partir des valeurs projetées sur cette grille. Au contraire, la méthode des tranches ainsi que l'évaluation des conditions de l'entrée du contact $h_{l,iw}$ et A_{iw} et l'évolution de l'aire de contact utilisent la méthode de Runge-Kutta d'ordre 4 avec contrôle de précision et donc utilisent un pas variable.

Les résultats de ces calculs effectués à pas variables sont, ensuite, projetés sur la grille de référence. Pour ces calculs non effectués directement sur la grille de référence, aucune relation directe entre le nombre de nœuds et la précision atteinte n'existe puisque cette dernière est contrôlée par l'«intégrateur» à pas variables. Cependant, des imprécisions sont présentes dans les interpolations linéaires dues aux projections sur cette grille. De plus, les choix de nœuds particuliers au cours du calcul, par exemple la position du nœud fixant le point neutre, sont aussi des sources d'imprécisions.

3.3.4 Comparaison de CIEFS et Marsault (1998)

Lors d'un DEA Stephany [123], nous avons présenté une comparaison exhaustive du modèle CIEFS avec les résultats présentés dans Marsault [86]. Un très bon accord est trouvé lors des différentes études paramétriques. De plus, une étude systématique de sensibilité des paramètres numériques a permis de valider le modèle et de connaître leurs valeurs adéquates de précisions d'intégrations et de terminaisons de boucles.

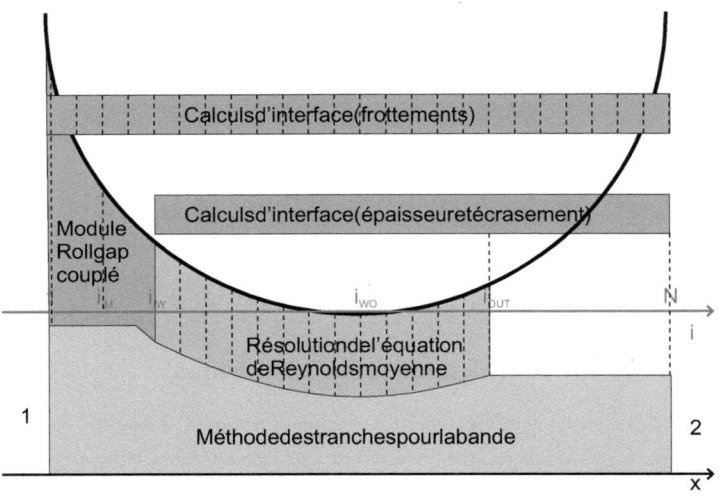

FIGURE 3.8 – Localisation du domaine d'application des sous-modèles de CIEFS.

L'objectif de cette section est de mieux cerner ce que peut apporter le modèle hybride développé (CIEFS) quant aux valeurs macroscopiques significatives. Ces grandeurs les plus influencées par l'utilisation de l'astuce mode «haute vitesse» de Marsault sont a priori le glissement avant et le débit de lubrifiant. En utilisant les données d'une passe industrielle, une étude en vitesse de laminage permet de balayer un ensemble de solutions pour lesquelles l'algorithme avec double tir passe d'une résolution complète à une résolution simplifiée dite «haute vitesse».

Premièrement, la figure 3.9 fournit l'évolution du glissement avant avec la vitesse de laminage. Le glissement chute avec la vitesse de manière relativement lisse à l'exception d'une cassure aux alentours de $V_R = 3.5 \ m/s$. Les 4 images de profils de pression supplémentaires montrent clairement s'il y a eu passage au mode «haute vitesse» ou non. Vu l'apparition de la re-descente en pression dans le fluide entre la deuxième et la troisième image, il est évident que cette transition s'effectue justement aux alentours de la valeur de V_R sus-mentionnée. En effet, à $3.5 \ m/s$, l'algorithme à double tir complètement lubrifié– résout le calcul complet alors qu'à $4 \ m/s$ la simplification «haute vitesse» est utilisée. Pour des vitesses inférieures, les valeurs de glissement sont proches. Après la cassure, un écart est visible jusqu'à $V_R = 5 \ m/s$. La différence des valeurs pour des vitesses appartenant à $[V_R = 3.5 - 5 \ m/s]$ s'explique par une prise en compte plus complète de la mise en pression du lubrifiant en entrée dans le modèle double tir. L'écart dans la zone critique ne dépasse guère 5% en relatif de la valeur du

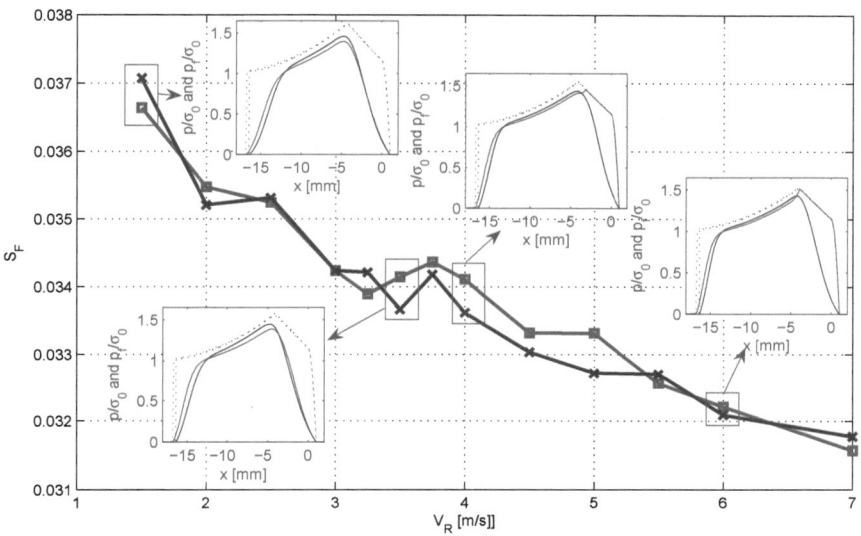

FIGURE 3.9 – Comparaison de l'algorithme hybride ou CIEFS (x - bleu) et celui avec un double tir de type [Marsault, 1998] ($\square$ - rouge) : glissement avant S_F.

glissement ce qui est donc tout à fait acceptable pour cette grandeur très sensible.

Deuxièmement, la figure 3.10 fournit l'évolution du débit de lubrifiant avec la vitesse de laminage. L'échelle des ordonnées est de type logarithmique. L'écart entre les deux solutions reste semblable au travers de la plage de vitesse et vaut environ 20 % en relatif. Aucune influence due au changement de mode n'est visible sur la courbe obtenue par l'algorithme de double tir. En effet, celle-ci est lisse et suit la tendance de CIEFS. Les solutions obtenues par ce dernier algorithme fournissent une courbe beaucoup plus lisse. Cela exprime la plus forte dépendance pour le modèle CIEFS de la solution face aux précisions des nombreux critères d'arrêt existants.

3.3.5 Utilisation du retour radial

Objectifs

Dans sa formulation classique, la méthode des tranches divise l'emprise en trois zones de calcul distinctes suivant l'état élastique/plastique en cœur de la bande. Le but principal de ce paragraphe est de permettre l'élimination de cette division en

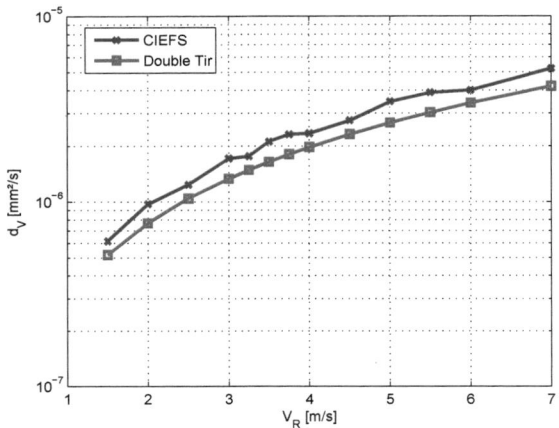

FIGURE 3.10 – Comparaison de l'algorithme hybride (CIEFS) et celui avec un double tir (type [Marsault, 1998]) : débit volumique d_V.

zones et d'éviter ainsi de devoir déterminer les quantités x_{iw} et x_{out}. En effet, lorsque le profil du cylindre est parfaitement circulaire, il est très facile de s'imaginer qu'il n'existe en effet que trois zones distinctes d'état élastique/plastique. Pour des configurations plus déformées du cylindre présentant par exemple un important méplat, il est intéressant d'utiliser une technique permettant de déterminer automatiquement ces changements d'état. Une technique classiquement utilisé en Éléments Finis est celle du retour radial. En plus de l'avantage déjà décrit, elle permet d'utiliser n'importe quelle loi élasto-plastique, voire viscoplastique, sans que le coefficient d'écrouissage ne doive être déterminé. Pour ce cas, la résolution de l'état plastique de la matière est donc réalisée de manière implicite impliquant une boucle et un test de convergence.

Principe de la technique du retour radial

Pour une approche cinématiquement admissible, Ponthot [106] décrit la méthodologie dite du retour radial qui permet la mise à jour de l'état de contrainte d'une pièce lors d'une mise en charge élasto-plastique. En réalité, la technique utilisée est constituée de deux phases : le prédicteur élastique $\underline{\sigma}_{pr}$ et le correcteur plastique $d\underline{\sigma}_{cp}$. En fait, le retour radial permet l'évaluation de la correction plastique à apporter au prédicteur élastique. Évidemment, cette correction n'a lieu que si la fonction de seuil de plasticité (von Mises par exemple fourni à l'équation (C.5.17) de l'annexe C) est dépassée par le prédicteur élastique. En tout point réel, les deux fonction de plasticité

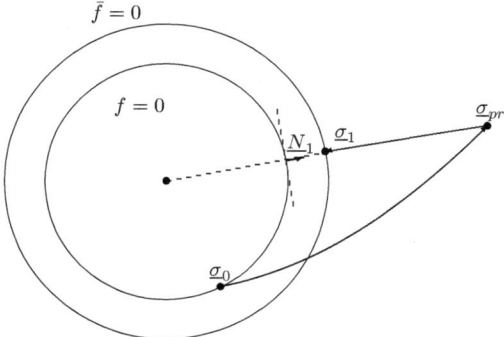

FIGURE 3.11 – Principe du retour radial avec $\underline{\sigma}_{pr}$ l'état de contrainte du prédicteur élastique

défini dans l'espace des contraintes décrites par $f = 0$ et $\bar{f} = 0$ sont confondues alors qu'en cours de calcul elle peuvent être distinctes.

Mise en équation

Cette partie décrit le passage d'un pas entre l'abscisse x et $x + dx$. Le prédicteur élastique n'est rien d'autre que le système d'équations (3.3.14). Il fournit l'état *pr*. La phase de correction plastique va se baser sur un fait important : l'évolution des contraintes selon la direction de laminage (seconde équation du système cité ci-dessus) a été obtenue uniquement en se basant sur les équations d'équilibre d'une tranche et est donc indépendante de l'état de plasticité de la bande ! Cette équation reste donc valable en régime plastique. Vu que le taux de déformation de ε_y est parfaitement connu, le système d'équations peut être ré-écrit selon

$$\left\{ \begin{array}{ll} \frac{d\varepsilon_y}{dx} & = \frac{1}{e_S}\frac{de_S}{dx} \\ \frac{d\sigma_x^{pr}}{dx} & = (\sigma_y - \sigma_x)\frac{d\varepsilon_y}{dx} - \tau\left[\frac{2}{e_S} + \frac{e_S}{2}\left(\frac{d\varepsilon_y}{dx}\right)^2\right] \\ \frac{d\sigma_y^{pr}}{dx} & = \frac{E}{1-v^2}\frac{d\varepsilon_y}{dx} + \frac{v}{1-v}\frac{d\sigma_x^{pr}}{dx} \\ \frac{d\sigma_z^{pr}}{dx} & = \frac{vE}{1-v^2}\frac{d\varepsilon_y}{dx} + \frac{v}{1-v}\frac{d\sigma_x^{pr}}{dx} \\ \frac{d\varepsilon_x^{pr}}{dx} & = -\frac{v}{1-v}\frac{d\varepsilon_y}{dx} + \frac{(1+v)(1-2v)}{E(1-v)}\frac{d\sigma_x^{pr}}{dx} \end{array} \right. \tag{3.3.30}$$

Contrairement à l'approche éléments finis, le taux de déformation de ε_x n'est pas parfaitement connu a priori.

En se servant de ce résultat et de (C.5.22), nous obtenons, après quelques manipulations, le système (3.3.32) qui permet d'évaluer les contraintes et (3.3.33) qui permet de calculer la déformation selon la direction du laminage. En effet,

$$\dot{\underline{\sigma}} = \underline{HD} - 3G\dot{\bar{\varepsilon}}_{pl}\frac{\underline{s}}{\bar{\sigma}} \tag{3.3.31}$$

devient selon nos hypothèses sur les axes principaux

$$
\frac{d}{dx}\begin{bmatrix}\sigma_x\\\sigma_y\\\sigma_z\end{bmatrix}=\frac{E}{(1+\nu)(1-2\nu)}\begin{bmatrix}1-\nu&\nu&\nu\\\nu&1-\nu&\nu\\\nu&\nu&1-\nu\end{bmatrix}\begin{bmatrix}\frac{d\varepsilon_x}{dx}\\\frac{d\varepsilon_y}{dx}\\0\end{bmatrix}-\frac{E}{(1+\nu)}\frac{3}{2\sigma_0^{pr}}\frac{d\bar{\varepsilon}_p}{dx}\begin{bmatrix}s_x^{pr}\\s_y^{pr}\\s_z^{pr}\end{bmatrix}
$$

,avec s_i les composantes du tenseur déviatorique, ce qui peut se reformuler selon

$$
\frac{d}{dx}\begin{bmatrix}\sigma_y\\\sigma_z\end{bmatrix}=M\left(\begin{bmatrix}\frac{d\varepsilon_y}{dx}\\0\end{bmatrix}-\frac{3}{2\sigma_0^{pr}}\frac{d\bar{\varepsilon}_p}{dx}\begin{bmatrix}s_y^{pr}\\s_z^{pr}\end{bmatrix}\right)+\frac{\nu\frac{d\sigma_x}{dx}}{1-\nu}\begin{bmatrix}1\\1\end{bmatrix}\tag{3.3.32}
$$

avec $M=\frac{E}{(1-\nu^2)}\begin{bmatrix}1&\nu\\\nu&1\end{bmatrix}$ et selon

$$
\frac{d\varepsilon_x}{dx}=-\frac{\upsilon}{1-\upsilon}\frac{d\varepsilon_y}{dx}+\frac{(1+\upsilon)(1-2\upsilon)}{E(1-\upsilon)}\frac{d\sigma_x^{pr}}{dx}+\frac{1-2\upsilon}{1-\upsilon}\frac{s_x^{pr}}{\sigma_0^{pr}}\frac{3}{2}\frac{d\bar{\varepsilon}_{pl}}{dx}\tag{3.3.33}
$$

En développant le système (3.3.32), cela donne

$$
\begin{cases}\frac{d\sigma_x}{dx}=\frac{d\sigma_x^{pr}}{dx}\\[2mm]\frac{d\sigma_y}{dx}=\frac{E}{1-\upsilon^2}\left[\frac{d\varepsilon_y}{dx}-\frac{(s_y^{pr}+\upsilon s_z^{pr})}{\sigma_0^{pr}}\frac{3}{2}\frac{d\bar{\varepsilon}_{pl}}{dx}\right]+\frac{\upsilon}{1-\upsilon}\frac{d\sigma_x^{pr}}{dx}\\[2mm]\frac{d\sigma_z}{dx}=\frac{E}{1-\upsilon^2}\left[\upsilon\frac{d\varepsilon_y}{dx}-\frac{(s_z^{pr}+\upsilon s_y^{pr})}{\sigma_0^{pr}}\frac{3}{2}\frac{d\bar{\varepsilon}_{pl}}{dx}\right]+\frac{\upsilon}{1-\upsilon}\frac{d\sigma_x^{pr}}{dx}\end{cases}\tag{3.3.34}
$$

et au final si on pose que $\frac{d\bullet}{dx}=\frac{d\bullet^{pr}}{dx}+\frac{d\bullet^{cp}}{dx}$, lorsque la bande est plastifiée, la correction plastique s'écrit

$$
\begin{cases}\frac{d\sigma_x^{cp}}{dx}=0\\[2mm]\frac{d\sigma_y^{cp}}{dx}=-\frac{E}{1-\upsilon^2}\frac{(s_y^{pr}+\upsilon s_x^{pr})}{\sigma_0^{pr}}\frac{3}{2}\frac{d\bar{\varepsilon}_{pl}}{dx}\\[2mm]\frac{d\sigma_z^{cp}}{dx}=-\frac{E}{1-\upsilon^2}\frac{(s_z^{pr}+\upsilon s_y^{pr})}{\sigma_0^{pr}}\frac{3}{2}\frac{d\bar{\varepsilon}_{pl}}{dx}\\[2mm]\frac{d\varepsilon_x^{cp}}{dx}=\frac{1-2\upsilon}{1-\upsilon}\frac{s_x^{pr}}{\sigma_0^{pr}}\frac{3}{2}\frac{d\bar{\varepsilon}_{pl}}{dx}\\[2mm]\frac{d\varepsilon_y^{cp}}{dx}=0\end{cases}\tag{3.3.35}
$$

Un processus itératif (dichotomie) sert à l'évaluation de l'incrément de plasticité $\frac{d\bar{\varepsilon}_{pl}}{dx}$ afin d'obtenir un nouvel état se situant sur la surface de plasticité de von Mises, soit $f=\bar{f}=0$. Pour ce faire, à la place de partir de 2 déformations totales connues et d'adapter les 3 contraintes inconnues, on résout un système avec 1 contrainte finale et une déformation totale connues en adaptant 2 valeurs de contraintes et 1 déformation totale.

Illustrations

Le premier cas étudié est un cas issu de la littérature, Marsault [86] p.153. Pour ce cas, le matériau est supposé élastique parfaitement plastique. Autrement dit, il n'y a pas d'écrouissage. La figure 3.12 montre l'évolution de la contrainte limite de plasticité ainsi que la contrainte équivalente selon von Mises. Ce cas est extrêmement simple puisque le cylindre est considéré comme rigide. Le résultat du calcul montre que l'algorithme de retour radial trouve bien les mêmes zones élastique-plastique que dans l'algorithme classique. Les zooms de droite servent à montrer que les solutions ne sont évidemment pas parfaitement identiques. Leurs précisions dépendent toujours de la précision numérique demandée. Cependant, on remarque que la méthode du retour radial permet de conserver intacte la valeur de la contrainte de plasticité alors que celle-ci passe légèrement au-dessus de sa valeur réelle dans l'approche standard.

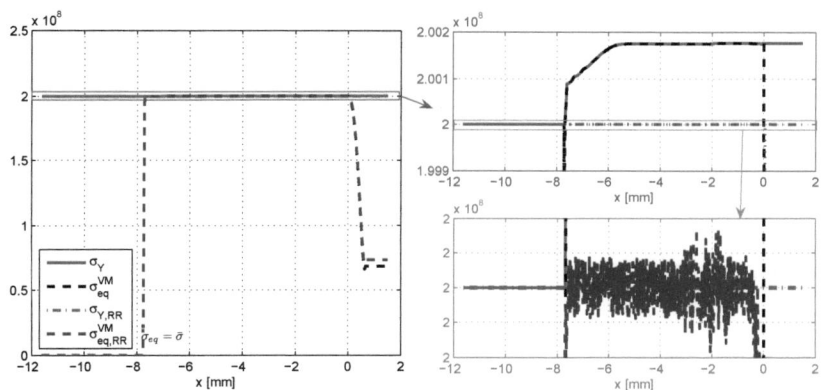

FIGURE 3.12 – Comparaison de l'évolution des contraintes σ_Y et $\bar{\sigma}^{VM}$ pour le cas Marsault [86] p153.

Le second cas étudié est un cas issu d'une passe réelle combiné avec un profil de cylindre choisi arbitrairement. La figure 3.13 montre ce profil sur le graphique de gauche. À droite, l'évolution des contraintes de plasticité et équivalente selon von Mises sont à nouveau illustrées. La déformation plastique équivalente $\bar{\varepsilon}_{pl}$ est également présentée sur le même graphique grâce à une mise à échelle.

La méthode semble fonctionner correctement puisqu'une zone élastique est automatiquement trouvée au niveau du méplat. Cela est visible par le décrochage de la contrainte équivalente par rapport à la contrainte limite de plasticité et à la stabilisation temporaire de la valeur de la déformation plastique équivalente.

3.3.6 Avancées et limitations de CIEFS

Cette partie synthétise l'ensemble des limitations et avancées réalisées au travers de la nouvelle conception algorithmique CIEFS.

En prenant pour base les deux algorithmes de référence tirés de Marsault [86] et

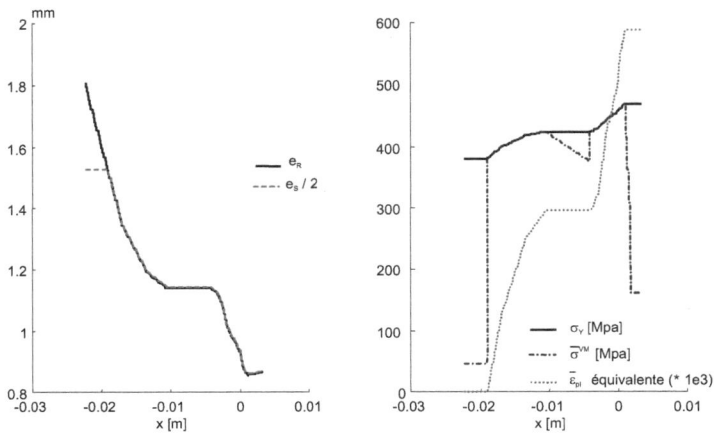

FIGURE 3.13 – Comparaison de l'évolution des contraintes σ_Y et $\bar{\sigma}^{VM}$ pour le cas Marsault [86] p153.

de Qiu et al. [108], certaines observations sont reprises au tableau 3.1.

Comparaison des modèles théoriques	Marsault [86]	Qiu et al. [108]	CIEFS
Influence de p_l hors emprise sur e_S	oui	non	non
Influence de h_l sur e_S	oui	non	non
Formulation Élasto-plastique	oui	non	oui
Aspérités selon une distribution dite de "Christensen"	oui	non	oui
Evaluation numérique de A_{iw} et h_{iw}	oui	non	oui
Simplification «haute vitesse»	oui	**non**	**non**

TABLE 3.1 – Comparaison qualitative des trois modèles.

CIEFS ne tient pas parfaitement compte de la zone d'entrée puisque la méthode des tranches calcule l'état de la bande sans tenir compte de la pression dans le fluide. Marsault a une approche complètement couplée qui élimine ce problème. Pour s'affranchir de cet inconvénient, il suffirait de démarrer le calcul pour la bande à partir de x_{iw} ce qui semble possible. On peut cependant nuancer ce propos par le fait que l'hypothèse de bain d'huile du modèle théorique ne correspond pas parfaitement à la réalité physique puisqu'on ne possède pas une réserve infinie de lubrifiant. Donc, la mise en pression réelle est moins importante que prédit par le modèle de Marsault et la réalité est donc entre les deux. De plus, l'épaisseur du film d'huile h_l pourrait être introduite dans le calcul de la méthode des tranches comme un supplément rigide au cylindre de travail de profil e_R. En effet, pour chaque itération, il n'existe pas de couplage direct dans le calcul méthode des tranches entre l'épaisseur du film et l'évolution des contraintes. L'utilisation de :

$$e_R \rightarrow e_R^\triangle = e_R - h_l$$

est donc directe. Cet élément de complexité n'a pas été introduit mais cette hypothèse de travail est largement justifiée, à part peut-être pour certains cas de bandes très fines comme dans le cas du papier aluminium, au vue des épaisseurs mis en jeu.

Selon cette table, les avantages de la méthode CIEFS sont flagrants par rapport au modèle de Qiu et al. Par contre, par rapport à celui de Marsault, des nuances doivent être apportées. Que ce soit en «basse vitesse» ou en «haute vitesse», CIEFS possède une solution dont la qualité de dépend que des précisions demandées sur la convergence des boucles, du nombre de nœud et de la précisions demandée à l'intégrateur. Dans un cas «basse vitesse» sans dépassement du seuil de percolation, Marsault possède une solution dont la qualité ne dépend que des précisions demandées sur les tirs et de la précisions demandée à l'intégrateur. Lorsque les deux algorithmes convergent et si les précisions souhaitées dans les deux modèles sont compatibles, les solutions obtenues sont semblables pour autant que le nombre de point sur la grille soit suffisant. Dans un cas où le calcul passe en mode «haute vitesse» dans Marsault, sans dépassement du seuil de percolation, CIEFS a normalement une solution qualitativement meilleure. En effet, il permet de tenir compte de la re-descente en pression du fluide en sortie alors que Marsault simplifie la résolution de l'équation de Reynolds moyenne. Selon l'auteur qui avait développé également une solution sans cette simplification, mais fort instable numériquement, l'impact de cette simplification sur les grandeurs macros est négligeable. Cette thèse confirme parfaitement ce point. En effet, l'utilisation de CIEFS pour un balayage de vitesse d'un cas industriel a permis d'accréditer cette insensibilité.

Finalement comme discuté dans la dernière section, la méthode du retour radial est adaptée à la méthode des tranches afin de permettre un traitement uniforme tout le long de l'emprise des équations de la mécanique du produit laminé. Le caractère étagé de l'algorithme envisagé rend possible cette approche.

3.4 AMÉLIORATIONS DE L'ALGORITHME PAR TIR

Premièrement, la comparaison entre CIEFS et l'algorithme par tir a montré que le nombre important de critères d'arrêts et de précisions d'intégrations ne permet pas d'obtenir facilement des solutions continues lors de l'étude de sensibilité d'un paramètre. Cependant, cela a tout de même permis de conclure que la simplification majeure de l'algorithme double tir ne diminue pas significativement la précision des résultats.

Deuxièmement, l'introduction de la sous-alimentation à l'algorithme CIEFS s'est révélée tellement ardue qu'elle fut abandonnée. Cette tentative d'amélioration a montré les limites de cet algorithme trop complexe pour des évolutions importantes.

Ces deux éléments expliquent que cette section est consacrée à l'amélioration de l'algorithme proposé par Marsault [86] pour finir par l'introduction de la sous-alimentation.

3.4.1 Proposition de modification des équations

Quatre points clés sont présentés dans cette section. Premièrement, une correction du système originale proposé par Marsault dont l'ensemble des équations est présentée à l'annexe A est fournie. Deuxièmement, un changement de stratégie concernant la description du profil du cylindre. Troisièmement, une évolution majeure de la structuration des équations au sein des zones de calcul est appliquée. Quatrièmement, la gestion de la plasticité est améliorée et généralisée.

Correction du système original

Le système proposé par Marsault pour la zone d'entrée (élastique) en régime mixte n'est pas tout à fait correct. En effet, la seconde équation exprimant la dérivée le long de la direction de laminage de la contrainte σ_x

$$\frac{d\sigma_x}{dx} = \frac{\left(1 - v_S^2\right)\left(p + \sigma_x\right)\frac{dp}{dx}e_S - 2\tau E_S}{e_S\left[E_S - v_S\left(1 + v_S\right)\left(p_l + \sigma_x\right)\right]}$$

est devenue après vérification du développement mathématique

$$\frac{d\sigma_x}{dx} = \frac{\left(1 - v_S^2\right)\left(p + \sigma_x\right)\frac{dp}{dx}e_S - 2\tau E_S}{e_S\left[E_S - v_S\left(1 + v_S\right)\left(p + \sigma_x\right)\right]}$$

Concrètement, aucun impact significatif n'a pu être détecté sur les résultats de simulation car le terme $v_S\left(1 + v_S\right)\left(p + \sigma_x\right)$ est généralement négligeable par rapport à E_S. En effet, $v_S\left(1 + v_S\right) < 1$ et $\left(p + \sigma_x\right) \ll E_S$.

Description du profil du cylindre

L'utilisation par Marsault d'un second système de coordonnées pour décrire le profil du cylindre - dont l'origine est centrée sur le centre du cercle - est abandonnée. Seul le profil e_R correspondant à l'abscisse du cylindre selon le système de coordonnée $OXYZ$ classique est utilisé. La figure 3.14 illustre les deux possibilités.

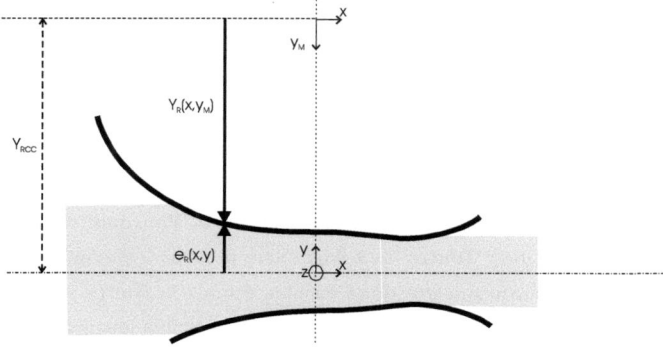

FIGURE 3.14 – Systèmes de coordonnée pour décrire le cylindre.

Au travers des différents systèmes d'équations, les différentes équations impactées sont

$$h = Y_{RCC} - \frac{e_S}{2} - y_R$$
$$\frac{dh}{dx} = -\frac{1}{2}\frac{de_S}{dx} - \frac{dy_R}{dx}$$
$$e_S = 2\left(Y_{RCC} - h - y_R\right)$$
$$\frac{de_S}{dx} = -2\left(\frac{dh}{dx} + \frac{dy_R}{dx}\right)$$
$$e_S = 2\left(Y_{RCC} - h_{om} - y_R\right)$$

et deviennent respectivement

$$h = e_R - \frac{e_S}{2}$$
$$\frac{dh}{dx} = \frac{de_R}{dx} - \frac{1}{2}\frac{de_S}{dx}$$
$$e_S = 2\left(e_R - h\right)$$
$$\frac{de_S}{dx} = 2\left(\frac{de_R}{dx} - \frac{dh}{dx}\right)$$
$$e_S = 2\left(e_R - h_{om}\right)$$

Outre la meilleure lisibilité des routines, cette évolution a pour principal intérêt l'utilisation, sans pré-traitement, de profil déformé obtenu par d'autres logiciels spécifiques.

Chapitre 3. Innovations algorithmiques

Évolution des systèmes d'équation

Après les deux évolutions mineures reprises ci-dessus, une évolution majeure des zones de calcul est proposée afin de simplifier grandement la structure des classes numériques dans notre programmation orientée objet. Cela traduit en fait une nouvelle formulation des équations qui limite leur couplage intime au niveau de l'écriture. Sur le fond, les équations ne change pas et les résultats devraient donc, à précision d'intégration constante, être inchangés.

Dans un premier temps, une analyse approfondie des équations de l'annexe A montre que, entre les différents systèmes, les «inconnues» changent! Cela complique fortement la compréhension de la résolution. De plus, pour le cas de la zone de travail, l'évaluation de dérivées complémentaires est nécessaire. Pourquoi ne pas les rentrer dans le système d'équation? Toutes les zones ont à présent les mêmes variables d'intégration. La programmation gagne donc en clarté mais la contre-partie est un certain nombre d'opérations numériques supplémentaires parfois inutiles. Cependant, ces opérations n'entraînent quasi aucune augmentation du temps CPU. Les neuf variables sont

- la distance cylindre-bande non actualisée h,
- la pression d'interface p,
- la pression dans le lubrifiant p_l

ainsi que, au niveau de la bande,

- la vitesse V_S,
- l'épaisseur e_S,
- les contraintes dans les trois directions σ_x σ_y σ_z, et finalement
- la déformation plastique équivalente $\bar{\varepsilon}_{pl}$.

Cette nouvelle formulation est appelée formulation étendue. La compatibilité des solutions mais aussi l'amélioration de la qualité de la solution seront vérifiées ultérieurement sur un cas test spécifique.

Grâce à la restructuration mise en place, l'évaluation des dérivées spatiales des 9 variables devient alors systématique au sein de toutes les zones. Aucun post-traitement n'est nécessaire alors qu'ils étaient nombreux dans la formulation précédente. Les différentes étapes sont :

---

1. mise à jour des valeurs dépendant uniquement de x,

    (a) lecture de T_R, e_R, V_R et éventuellement T_S,

    (b) calcul de $\frac{de_R}{dx}$.

2. lecture des valeurs des 9 variables d'intégration,

3. pré-traitement, mise à jour

    (a) de la vitesse moyenne $\bar{V}$ et de la différence des vitesses ΔV,

    (b) des grandeurs liées à la plasticité ($\bar{\sigma}^{VM}$, σ_Y, k_0, H_S, p_{hydro}, s_x et s_y),

    (c) des grandeurs liées à h (h_v, h_l et A),

    (d) de la pression p_t et des nombres sans dimension H_a et E_p,

    (e) de la température T_l et ensuite la viscosité $\eta(p_l, T_l)$,

    (f) de la force de frottement τ via ses composantes τ_t et τ_v.

4. calcul des dérivées.

Le point 4 consiste donc à effectuer le calcul des dérivées à proprement parler. Pour le système de la zone d'entrée mixte, on remarque que l'ordre d'évaluation des dérivées importe puisque celles-ci sont inter-dépendantes : $\frac{d\sigma_x}{dx} = fct\left(\frac{de_S}{dx}\right)$ car $\frac{d\sigma_x}{dx} = fct\left(\frac{dp}{dx}\right)$, $\frac{dp}{dx} = fct\left(\frac{dh}{dx}\right)$ et $\frac{dh}{dx} = fct\left(\frac{de_S}{dx}\right)$. L'ordre dépend de la position de la zone suivant :

entrée élastique : $p_l \rightarrow e_S \rightarrow \sigma_x \rightarrow h \rightarrow p \rightarrow \sigma_y \rightarrow \sigma_z \rightarrow V_S \rightarrow \bar{\varepsilon}_{pl}$

travail plastique : $h \rightarrow e_S \rightarrow \sigma_x \rightarrow V_S \rightarrow \sigma_y \rightarrow \sigma_z \rightarrow p \rightarrow p_l \rightarrow \bar{\varepsilon}_{pl}$

sortie élastique : $h \rightarrow e_S \rightarrow \sigma_x \rightarrow \sigma_y \rightarrow \sigma_z \rightarrow V_S \rightarrow p \rightarrow p_l \rightarrow \bar{\varepsilon}_{pl}$

Dans un second temps, les équations effectivement utilisées pour le calcul des dérives est remanié. En effet, plusieurs modifications permettent de simplifier les systèmes proposées par Marsault.

Premièrement, une seule et même équation (3.3.7) est utilisée dans toutes les zones pour calculer $\frac{d\sigma_x}{dx}$:

$$\frac{d\sigma_x}{dx} = (\sigma_y - \sigma_x)\frac{1}{e_S}\frac{de_S}{dx} - \tau\left[\frac{2}{e_S} + \frac{e_S}{2}\left(\frac{1}{e_S}\frac{de_S}{dx}\right)^2\right]$$

En effet, comme discuté au préalable, cette relation est valide indépendamment de l'état de plasticité de la bande. Cette dérivée dépend uniquement de celle de e_S et est donc toujours calculée après cette dernière.

Deuxièmement, une seule équation - ou plutôt système d'équations - permet de résoudre l'évolution de la pression dans le lubrifiant :

$$
\begin{cases}
\text{si } h_v > h_l : & \frac{dp_l}{dx} = 0 \text{ (zone sèche en sous-alimentation)} \\[2mm]
\text{sinon :} & \begin{cases} \text{si } p_l < p \text{ ou } A = 0 : & \frac{dp_l}{dx} = \frac{12\eta}{\Phi^P h_i^3}\left[\left(\frac{V_S+V_R}{2}\right)h_l + \frac{V_S-V_R}{2}R_q\Phi^S - d_v\right] \\[2mm] \text{sinon :} & \frac{dp_l}{dx} = -\frac{d\sigma_y}{dx} \text{ (haute-vitesse ou} \\[1mm] & \qquad\qquad\qquad \text{régime hydrostatique)} \end{cases}
\end{cases}
$$

$$(3.4.1)$$

En entrée, on évalue ce module d'équations alors que $\frac{d\sigma_y}{dx}$ est inconnu (voir séquence définie ci-dessus) alors qu'il est connu pour la zone de travail et de sortie. Cependant, au départ, le régime hydrodynamique pur implique $A = 0$ et, ensuite, le cas du régime mixte en entrée aura toujours $p_l < p$.

Troisièmement, la même équation est utilisée en entrée et en sortie pour la vitesse de bande, il s'agit de

$$
\frac{dV_S}{dx} = \dot{\varepsilon}_x = \frac{V_S}{E_S}\left[\left(1 - v_S^2\right)\frac{d\sigma_x}{dx} - v_S\left(1 + v_S\right)\frac{d\sigma_y}{dx}\right]
\tag{3.4.2}
$$

à comparer avec les équations 4 de la table A.1 et 5 de la table A.4 qui compliquent inutilement l'écriture de la physique.

Gestion de la plasticité

La gestion du seuil de plasticité telle que proposée n'est pas idéale. En effet, précédemment, aucun calcul des composantes élastique et plastique de la déformation n'était effectué. Autrement dit, dans la zone de travail plastique, la part élastique de la déformation était négligée dans le calcul de la déformation équivalente. Cette dernière n'était d'ailleurs pas explicitement calculée. En effet, l'écrouissage n'était évalué que via le calcul de l'écrouissage isotrope spécifique à la loi choisie – ici Krupkowski (2.5.2)– selon :

$$
\begin{cases}
H_S \equiv \frac{d\sigma_Y}{d\bar{\varepsilon}_{pl}} &= \frac{d\left(\sigma_{Y,0}\left(1+K\bar{\varepsilon}_{pl}\right)^n\right)}{d\bar{\varepsilon}_{pl}} = n\sigma_{Y,0}K\left(\frac{\sigma_Y}{\sigma_{Y,0}}\right)^{\frac{n-1}{n}} & \text{si } n \neq 0 \\[2mm]
&= 0 & \text{si } n = 0
\end{cases}
\tag{3.4.3}
$$

À présent, $\bar{\varepsilon}_{pl}$ est explicitement intégré. Le coefficient d'écrouissage est donc directement évalué à partir de la formule exprimée en fonction $\bar{\varepsilon}_{pl}$, c.-à-d pour cette loi $H_S = nK\sigma_{Y,0}\left(1 + K\bar{\varepsilon}_{pl}\right)^{n-1}$. Cette approche est bien plus générale et permet d'intégrer plus facilement d'autres lois rhéologiques des matériaux. De plus, le calcul de la déformation équivalente est ré-écrit de manière à tenir compte de la composante élastique suivant le raisonnement ci-dessous.

En inversant la loi de Hooke linéaire isotrope, le jeu d'équation pour l'état plan de déformation avec des contraintes principales dans les axes du procédé s'écrit :

$$
\begin{cases}
\dot{\varepsilon}_{x,el} &= V_S\frac{1+v_S}{E_S}\left[\left(1 - v_S\right)\frac{d\sigma_x}{dx} - v_S\frac{d\sigma_y}{dx}\right] \\[2mm]
\dot{\varepsilon}_{y,el} &= V_S\frac{1+v_S}{E_S}\left[-v_S\frac{d\sigma_x}{dx} + \left(1 - v_S\right)\frac{d\sigma_y}{dx}\right]
\end{cases}
\tag{3.4.4}
$$

Ayant au préalable déterminé les déformations $\dot{\varepsilon}_x$ et $\dot{\varepsilon}_y$ pour une bande homogène, le principe d'additivité fournit :

$$\left\{ \begin{array}{rcl} \dot{\varepsilon}_{x,p} & = & \dot{\varepsilon}_x - \dot{\varepsilon}_{x,el} \\ \dot{\varepsilon}_{y,p} & = & \dot{\varepsilon}_y - \dot{\varepsilon}_{y,el} \end{array} \right. \tag{3.4.5}$$

et, en final, on écrit au vu de l'équation (2.5.1)

$$\frac{d\bar{\varepsilon}_{pl}}{dx} \equiv \frac{\dot{\bar{\varepsilon}}_{pl}}{V_S} = \frac{1}{V_S} \sqrt{\frac{2}{3} \left(\dot{\varepsilon}_{x,p}^2 + \dot{\varepsilon}_{y,p}^2 \right)} \tag{3.4.6}$$

Ce développement est réalisé afin de travailler idéalement selon la théorie. Toutefois, il est clair que la prise en compte de la partie élastique dans la zone de déformation plastique est la plupart du temps largement négligeable. Même lorsque la réduction plastique est de l'ordre du pour cent, des essais numériques ont montré que l'influence sur les grandeurs macro du laminage restent négligeables.

Application théorique

Les paramètres de ce cas présenté à la page 153 de Marsault [86] sont repris à la table 3.2. La loi rhéologique du lubrifiant choisie est celle de Barus. Le frottement au sommet des aspérités est modélisé par la loi de frottement de Tresca. L'écrasement des aspérités utilise la loi d'écrasement développée par Wilson et Sheu. Des aspérités en forme de dent de scie sont choisies, ce qui implique un seuil de percolation nul. La

e_1	=	$1.0\ mm$	η_0	=	$0.01\ Pa.s$	R_q	=	$5\ \mu m$	$\sigma_1 = \sigma_2$	=	$0\ MPa$
e_2	=	$0.7\ mm$	γ_l	=	$1.e^{-8}\ Pa^{-1}$	$\bar{l}$	=	$30\ \mu m$	$\sigma_{Y,0}$	=	$200\ MPa$
R_0	=	$200\ mm$	E_S	=	$70\ GPa$	γ_s	=	∞	K	=	0
V_R	=	$0.04\ ^m/_s$	v_S	=	0.3	$\bar{m}_t^T$	=	0.25	n	=	1

TABLE 3.2 – Cas aluminium issu de Marsault [86] : données de la page 153.

partie de gauche de la figure 3.15 montre que les pressions dans le fluide et à l'interface suivent un profil fort proche. Cependant, le zoom de l'entrée (partie droite de la figure) permet de visualiser des différences intéressantes. On y remarque un nombre plus important de pas d'intégration pour la formule étendue (i.e. METALUB) avant l'élévation brutale de pression i.e. entre $-7.9\ mm$ et $-7.8\ mm$. On peut raisonnablement penser que cela est dû à l'intégration de toutes les grandeurs importantes dans le mécanisme de contrôle de précision de l'intégration. Cette réécriture des équations n'apporte pas de modification importante des résultats mais permet tout du moins de contrôler efficacement la précision sur l'ensemble des grandeurs intégrées.

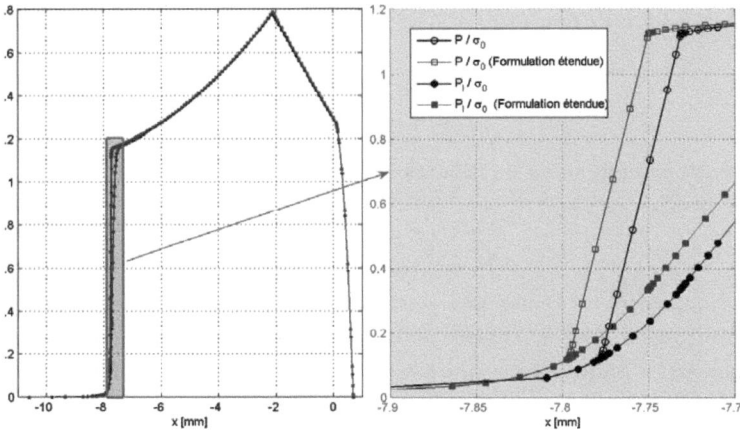

FIGURE 3.15 – Comparaison de la méthode de double tirs entre la résolution standard avec la résolution étendue.

Conclusion

Une structuration de l'étape de pré-traitement commune à toutes les zones de calcul est proposée. Un nombre constant d'inconnues est utilisé pour un soucis de clarté et de facilité. Le post-traitement des variables - principalement pour la gestion de la plasticité - est éliminé. La gestion de la plasticité est plus générale et précise puisque l'on ne néglige pas la parte élastique des déformations dans la zone de travail. Cette amélioration n'a pratiquement aucune influence sur les grandeurs macroscopiques significatives. Elle a par contre pour principal attrait l'implémentation aisée d'autres lois rhéologiques pour le matériau à laminer.

3.4.2 Automatisation et optimisation de l'algorithme de tirs

Un problème concret d'utilisation du modèle par l'utilisateur peu averti est la détermination des plages valables pour la vitesse d'entrée $[V_{1,min}, V_{1,max}]$ et le débit de lubrifiant $[d_{v,min}, d_{v,max}]$. En effet, sans une analyse précise des données du cas test, on peut, soit se trouver dans une des deux situations des figures 3.2 ou 3.3, soit utiliser une plage initiale beaucoup plus grande que nécessaire. Dans le premier cas, l'algorithme ne donne tout simplement pas de réponse alors que, dans le second cas, une perte de temps de calcul est inévitable. De plus, si le débit maximal est trop important, il faut pouvoir gérer un éventuel état de plasto-hydrodynamique, la bande plastifie avant qu'un contact mixte ne soit atteint, dû à la méthode numérique employée. Outre

162

le problème de la détermination des plages initiales, une analyse d'efficacité de la technique de réduction du domaine de validité par dichotomie est réalisée afin d'évaluer le gain en terme de nombre de tirs du module RollGap.

Méthodes itératives

En algorithmique, un processus itératif ou récursif de recherche est souvent utilisé afin de résoudre un problème non linéaire. Le principe général de l'algorithme itératif lié à une telle méthode est présenté à la figure 3.16.

Cette section décrit plusieurs méthodes : la bissection, la méthode de la corde et la méthode de la sécante. La comparaison des résultats au travers de ces deux techniques quantifie l'intérêt de l'amélioration de la technique de réduction du domaine.

LE PROBLÈME

Étant donné une fonction réelle continue d'une variable réelle

$$f : \mathcal{D} =]a, b[\subseteq \mathbb{R} \to \mathbb{R}$$

l'objectif est de trouver sa racine réelle α tel que $f(\alpha) = 0$.

De manière générale, plusieurs situations peuvent se produire : pas de solution, une racine ou plusieurs racines. Dans le cas qui nous préoccupe, les bornes choisies pour le domaine sont telles qu'il existe toujours une et une seule solution au problème recherché, situation représentée à la figure 3.17.

Pour une fonction non linéaire quelconque, la solution analytique est rarement disponible. Les méthodes numériques pour approcher une racine sont en général itératives. Si la méthode est itérative, le problème consiste à construire une suite $\left\{x^{(k)}\right\}$ tendant vers la solution selon

$$\lim_{k \to \infty} x^{(k)} = \alpha$$

LA CONVERGENCE D'UNE MÉTHODE

Une suite $\left\{x^{(k)}\right\}$ converge vers α avec un ordre $p \geq 1$ si

$$\exists C > 0 : \lim_{k \to \infty} \frac{\left|x^{(k+1)} - \alpha\right|}{\left|x^{(k)} - \alpha\right|^p} = C$$

où la constante C est appelée le facteur de convergence.

MÉTHODE ITÉRATIVE PAR RÉDUCTION DU DOMAINE

Le principe d'une méthode itérative par réduction du domaine de validité est repris sur l'algorithme de la figure 3.18. À chaque étape, l'espace de recherche est restreint à

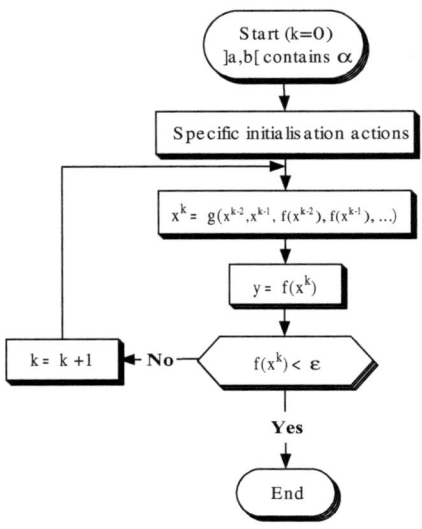

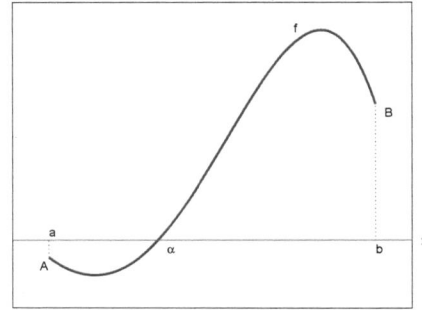

FIGURE 3.16 – Méthodes itératives : principe d'une méthode itérative.

FIGURE 3.17 – Méthodes itératives : fonction continue et intervalle.

l'une de deux parties grâce à un test permettant de déterminer la partie dans laquelle se trouve une solution.

En général, ces méthodes nécessitent d'évaluer la fonction en ses bornes (reprises sous *Specific initialisation actions*). De plus, un contrôle de la taille minimal du domaine paraît sensé afin d'apporter une limite de précision admissible. À chaque début de calcul, l'évaluation du prochain $x^{(k)} = g(...)^{(k-1,k-2,...)}$ dépend d'un certain nombre d'éléments suivant la méthode utilisée. Il est souhaitable que $x^{(k)}$ soit une valeur intermédiaire aux bornes admissibles $a^{(k)}$ et $b^{(k)}$. En effet, dans le cas contraire (méthode non globalement convergente), la méthode peut diverger. Cette méthode se base sur le théorème de Cauchy relatif aux valeurs intermédiaires :

soit f une fonction continue $f : [a, b] \to \mathbb{R}$ avec $f(a)f(b) < 0$, alors $\exists \alpha \in]a, b[$ tel que $f(\alpha) = 0$.

Voici les méthodes pour évaluer $x^{(k)} = g(...)^{(k-1,k-2,...)}$ retenue dans ce travail.

La bissection

La méthode de réduction du domaine par bissection, appelée souvent abusivement dichotomie (du grec « couper en deux »), consiste à diviser le domaine en 2 parts égales à chaque étape. Il s'agit d'une méthode sûre et simple mais peu efficace. En effet, elle ne se sert que de l'information «je suis en dessous/au-dessus de la valeur cible» mais nullement de la valeur de l'écart par rapport à la valeur cible.

164

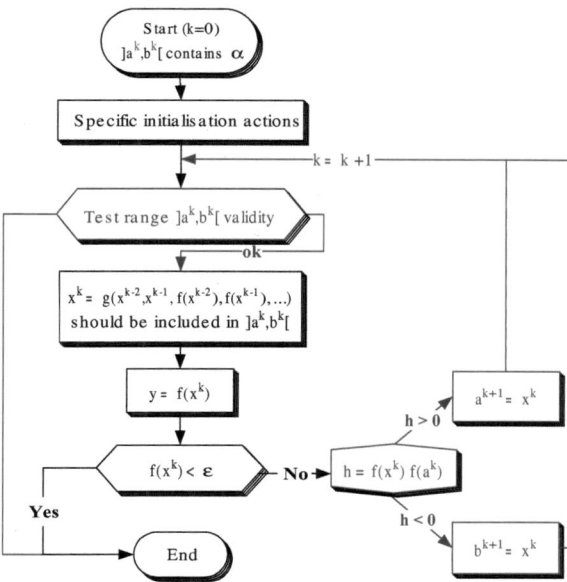

FIGURE 3.18 – Méthodes itératives : principe d'une méthode itérative par réduction du domaine.

Si la fonction est continue, la dichotomie est donc toujours convergente au sein du domaine validé au départ. Cependant, la réduction monotone de l'erreur n'est pas garantie. Son algorithme est décrit ci-après et son algorithme est présenté à la figure 3.19.

$$a^{(0)} = a, \, b^{(0)} = b \text{ et } k = 0$$

Pour $k \geq 0$ **et tant que** $\left| b^{(k)} - a^{(k)} \right| > \epsilon$

$x^{(k)} = \frac{a^{(k)} + b^{(k)}}{2}$

si $f\left(x^{(k)}\right) = 0$ **alors** $x^{(k)} = \alpha$

si $f\left(x^{(k)}\right) f\left(a^{(k)}\right) < 0$ **alors** $a^{(k+1)} = a^{(k)}$ **et** $b^{(k+1)} = x^{(k)}$

si $f\left(x^{(k)}\right) f\left(b^{(k)}\right) < 0$ **alors** $a^{(k+1)} = x^{(k)}$ **et** $b^{(k+1)} = b^{(k)}$

$k++$

ϵ est ici la taille absolue minimale admise.

Une analyse de cette méthode permet d'évaluer le nombre d'itérations nécessaire pour passer du domaine initial au domaine le plus restreint. Dans le cadre du tir sur le débit, la formule (3.1.8) conditionne le plus petit domaine et on arrive donc rapidement à la formule

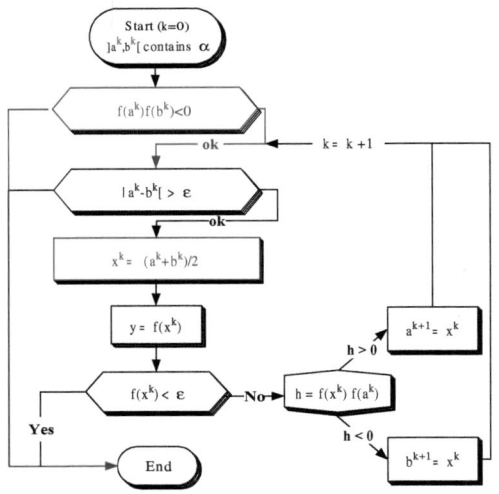

FIGURE 3.19 – Méthodes itératives : principe de la méthode de la bissection.

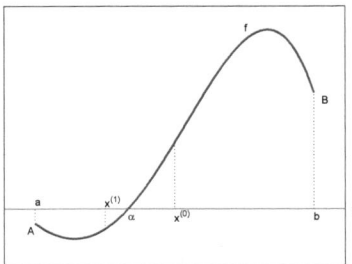

FIGURE 3.20 – Méthodes itératives : illustration de la bissection.

$$\frac{d_{v,max} - d_{v,min}}{d_{v,max} + d_{v,min}}\bigg|_i = \frac{\frac{d_{v,max}}{d_{v,min}}\big|_0 - 1}{\frac{d_{v,max}}{d_{v,min}}\big|_0 + 1 + 2^{i+1}}$$

pour le cas le plus défavorable c.-à-d. lorsque la solution est proche de la borne minimale. Pour un domaine initial respectant $\frac{d_{v,max}}{d_{v,min}} = 1000$, un nombre maximal d'itérations égal à 56 est nécessaire pour atteindre un domaine dont la taille relative est réduite à 1E-14.

La méthode de la fausse position

La théorie de la méthode de la corde et de la sécante est relativement simple. Comme avantage par rapport à la dichotomie, elles tirent profit de la valeur de la différence entre les solutions aux bornes du domaine et la cible. Elles sont à la base de la méthode de la fausse position qui seule assure la réduction de domaine.

Cette méthode utilise la linéarisation car le principe d'obtention de la racine est l'approximation de la fonction non linéaire par une droite. Elle détermine $x^{(k+1)}$ comme l'intersection entre l'axe des x et la droite de pente $q^{(k)}$ passant par $\left(x^{(k)}, f\left(x^{(k)}\right)\right)$ selon

$$x^{(k+1)} = x^{(k)} - \left(q^{(k)}\right)^{-1} f\left(x^{(k)}\right) \ \forall k \geq 0$$

La méthode de la corde, voir figure 3.21, "tend" une droite entre les solutions aux

166

bornes du domaine et donc

$$q^{(k)} = \frac{f(b) - f(a)}{b - a} \ \forall k \geq 0$$

sans mise à jour du domaine de la solution. L'ordre de convergence est de 1. La méthode de la sécante met à jour ces bornes au fils des itérations et la formule devient alors

$$q^{(k)} = \frac{f\left(x^{(k)}\right) - f\left(x^{(k-1)}\right)}{x^{(k)} - x^{(k-1)}} \ \forall k \geq 0$$

Pour initialiser cette méthode, $\left(x^{(-1)}, f\left(x^{(-1)}\right)\right)$ et $\left(x^{(0)}, f\left(x^{(0)}\right)\right)$ doivent être fournis par une autre méthode. En théorie, la convergence locale n'est assurée que si f est C^2, si a et b sont proches de α et si $f'(\alpha) \neq 0$. Sous ces conditions, l'ordre de convergence est alors de $\frac{1+\sqrt{5}}{2} \simeq 1.63$. La figure 3.22 est un cas particulier pour lequel on utilise les bornes du domaine pour initialiser la séquence.

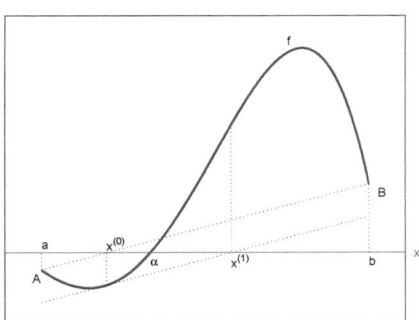

FIGURE 3.21 – Méthodes itératives : principe de la méthode de la corde.

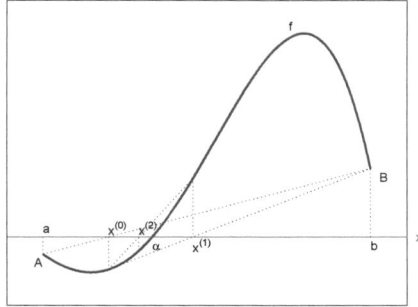

FIGURE 3.22 – Méthodes itératives : principe de la méthode de la sécante avec utilisation des bornes du domaine admissible pour l'initialisation.

Le problème des deux méthodes présentées est qu'elles ne garantissent pas la réduction de la taille du domaine or il est indispensable de ne pas tester des valeurs qui pourraient se révéler problématique pour la convergence du calcul. On pourrait alors imaginer, après détection d'une nouvelle valeur de la suite $x^{(k)}$ hors domaine, de repasser sur une dichotomie. Une autre solution existe : la méthode de la fausse position. Il s'agit d'une variante de la méthode de la sécante dans laquelle le point $\left(x^{(k-1)}, f\left(x^{(k-1)}\right)\right)$ est remplacé par le point $\left(x^{(k')}, f\left(x^{(k')}\right)\right)$, k' étant le plus grand indice inférieur à k tel que $f\left(x^{(k')}\right) f\left(x^{(k)}\right) < 0$. Cette méthode garantit donc de toujours utiliser deux points situés de part et d'autre de la solution et donc la réduction de domaine. Le désavantage est qu'elle ne garantit plus qu'une convergence linéaire.

Méthode de la bissection vs méthode de la fausse position

Par la suite lorsque la méthode de la sécante est mentionnée, il s'agit en réalité de la méthode de la fausse position dont le nom est moins explicite. Dans ce cadre, il s'agit donc bien d'une méthode par réduction de domaine tout comme la méthode de la bissection. Analysons la situation pour l'application de METALUB.

Lors de la boucle interne avec tirs sur le débit de lubrifiant, la majorité des tirs n'aboutit pas à la sortie de l'emprise. En effet, la plupart des tirs avortent pour cause de situations inacceptables physiquement. Il est dès lors impossible de tirer avantage de la méthode de la fausse position puisque la valeur de l'écart à l'objectif n'est pas connue : la solution est au-dessus ou en dessous de l'objectif! La méthode de la bissection est donc vraiment appropriée.

Au contraire, pour la boucle sur la vitesse de la bande en entrée, les solutions sont parfaitement connues. La figure 3.23 illustre la suite de convergence pour les deux méthodes. Deux tirs permettent d'initialiser la suite. Sur la figure 3.24, les solutions 1 et 2 sont donc communes aux deux méthodes et entourent la solution. Pour la dichotomie, la décroissance monotone de la valeur absolue de l'écart à la solution n'est pas observée. En effet, les solutions 4 et 6 sont respectivement plus éloignées que les solutions 3 et 5. En dehors des 2 tirs d'initialisation, 6 tirs supplémentaires sont nécessaires pour la méthode de la dichotomie alors que 3 tirs suffisent pour la méthode de la sécante [1]. Ce gain n'est évidemment pas garanti théoriquement mais a généralement été observé lors de ce travail de recherche.

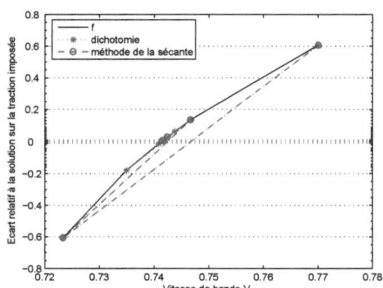

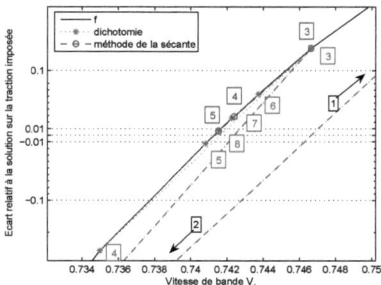

FIGURE 3.23 – Chemin des solutions pour la méthode de la dichotomie et de la sécante.

FIGURE 3.24 – Chemin des solutions pour la méthode de la dichotomie et de la sécante : détails.

Dans certains cas, pour des raisons numériques ou physique, la ou les bornes ne

---

1. Si la précision souhaitée passait de 1% à 2 %, aucun gain en nombre de tirs ne serait observé!

peuvent pas être évaluées. En effet, évaluer la solution d'un modèle d'emprise avec une vitesse de bande nulle paraît, par exemple, dénué de sens physique. L'alternative qui est utilisée est de fournir l'information de la valeur de la fonction f signée à chaque borne non testée. Dans ce cas, il faut forcément démarrer le procédé itératif par une simple bissection. Quand on a obtenu des valeurs de fonction réelles pour des abscisses qui entourent la solution, on peut alors utiliser la méthode de la fausse position.

Déterminations automatiques des intervalles

INTERVALLE $[V_{1,min}, V_{1,max}]$

En négligeant la partie élastique de la déformation, on obtient par conservation du volume :

$$V_{S,1}e_{S,1} = V_{S,2}e_{S,2}$$

En utilisant $S_F = \frac{V_{S,2} - V_R}{V_R}$ i.e. la formule du glissement avant (1.1.3), on obtient

$$V_{S,1} = (1 + S_F)\frac{e_{S,2}}{e_{S,1}}V_R$$

Un fort patinage ($S_F <<$) doit être envisagé. Il peut valoir, théoriquement, jusqu'à -100%. La borne minimale sur la vitesse vaut donc zéro.

Physiquement, on ne conçoit pas que la vitesse $V_{S,1}$ soit supérieure à la vitesse du cylindre. La borne maximale est donc tout naturellement V_R.

En conclusion, nous utilisons l'entièreté de l'intervalle physiquement réaliste. La borne minimale est donc zéro alors que la vitesse de maximale est celle du cylindre, bornes exclues.

$$[V_{1,min}, V_{1,max}] = \left[0^+, V_R^-\right] \qquad (3.4.7)$$

Toutefois, ces deux vitesses ne sont jamais testées car cela n'aurait que peu de sens physique. Physiquement, il vient que $\sigma_2(V_{1,max}) > \sigma_{2,c}$ et $\sigma_2(V_{1,min}) < \sigma_{2,c}$ ou, en terme de la fonction, $f(V_{1,max}) > 0$ et $f(V_{1,min}) < 0$. En réalité, les informations $f(0^+) <<$ et $f(V_{1,max}) >>$ sont fournies à l'algorithme.

Il reste à déterminer la valeur initiale de $V_{S,1}$ à tester. Une technique simple consisterait à prendre la moyenne de ces deux valeurs (bissection). En pratique, c'est souvent loin de la vérité. Un raisonnement est donc développé afin de déterminer une valeur plus crédible. Le cas d'un glissement avant positif est le plus courant. Arbitrairement, une valeur de +10% a été choisie comme la valeur initiale par défaut : $V_{S,1} = 1.1\frac{e_2}{e_1}V_R$. Toutefois, lorsque la réduction souhaitée est très faible, cette évaluation peut dépasser la vitesse du cylindre (borne maximale). Une limitation est donc appliquée ce qui conduit finalement à $V_{S,1} = min\left(1, 1.1\frac{e_{S,2}}{e_{S,1}}\right)V_R$.

INTERVALLE $[d_{v,min}, d_{v,max}]$

En analysant la situation au point de premier contact x_{im}, une limite supérieure au débit peut être établi selon le raisonnement suivant :

$$
\begin{aligned}
d_v &= \left(\tfrac{V_S+V_R}{2}\right) h_l + \tfrac{V_S-V_R}{2} R_q \Phi^S - \Phi^P \tfrac{h_l^3}{12\eta} \tfrac{dp_l}{dx} \\
&< \left(\tfrac{V_S+V_R}{2}\right) h_l + \tfrac{V_S-V_R}{2} R_q \Phi^S \text{ puisque } \left. \tfrac{dp_l}{dx}\right|_{x=x_{im}} > 0 \\
&< V_R h_l \text{ puisque } V_S < V_R \text{ et } R_q \Phi^S > 0 \\
&< V_R R_p \text{ puisque } \left. h_l\right|_{x=x_{im}} = R_p \text{ et } \left. \tfrac{V_S-V_R}{2}\right|_{x=x_{im}} < V_R
\end{aligned}
$$

Le débit minimal est simplement choisi comme étant une fraction du débit maximal. Cette fraction a été fixée après certains essais numériques à $1/1000$. Le domaine automatique est donc

$$
[d_{v,min}, d_{v,max}] = \left[\frac{V_R R_p}{1000}, V_R R_p\right] \tag{3.4.8}
$$

AJUSTEMENT DYNAMIQUE DE L'INTERVALLE $[d_{v,min}, d_{v,max}]$

L'objectif est d'ajuster automatiquement l'intervalle $[d_{v,min}, d_{v,max}]_{i+1}$ en fonction du tir $V_{1,i}$. Lorsque le domaine de vitesse est correctement défini au départ, la vitesse $V_{1,max}$ fournit à une traction en sortie telle que $\sigma_2(V_{1,max}) > \sigma_{2,c}$ alors que, pour $V_{1,min}$, on a logiquement $\sigma_2(V_{1,min}) < \sigma_{2,c}$. Lors du tir suivant, on obtient une solution en débit $d_{v,i}$ qui correspond à une vitesse $V_{1,i}$ et à une traction de sortie $\sigma_{2,i}$. Généralement, $\sigma_{2,i}$ est différent de $\sigma_{2,c}$ et il faut continuer les tirs sur la vitesse de bande. On doit donc sélectionner la vitesse $V_{1,i+1}$: doit-on à ce moment recommencer obligatoirement le tir sur tout l'intervalle de débit ? Toute autre chose restant égale, on sait que le débit est directement proportionnel à la vitesse. Si $\sigma_{2,i} < \sigma_{2,c}$, on sait alors que la vitesse V_1 recherchée est supérieure à $V_{1,i}$ et que le débit $d_{v,min}$ peut donc être ajusté à la valeur $d_{v,i}$. Le contraire est vrai si $\sigma_{2,i} > \sigma_{2,c}$. En conclusion et au vu de l'équation précédente, on peut écrire que :

$$
\begin{cases}
[d_v(V_{1,min}), d_v(V_{1,max})]_0 &= \left[\frac{V_R R_p}{1000}, V_R R_p\right] \\
[d_{v,min}, d_{v,max}]_{i+1} &= [d_v(V_{1,min}), d_v(V_{1,max})]_i
\end{cases} \tag{3.4.9}
$$

Un exemple du gain en terme de nombre de tirs est illustré à la figure 3.25. Le rendement est défini comme le rapport entre le nombre de tirs sur le débit avec mise à jour du domaine et ce nombre de tirs mais sans mise à jour. Le nombre total de tirs effectués sur le débit de lubrifiant est diminué d'environ un quart. Ce cas particulier est représentatif du gain observé généralement.

Commentaires

La méthode de la fausse position est appliquée en alternative à la méthode de la bissection. Après analyse, un diminution substantielle du nombre nécessaire de tirs

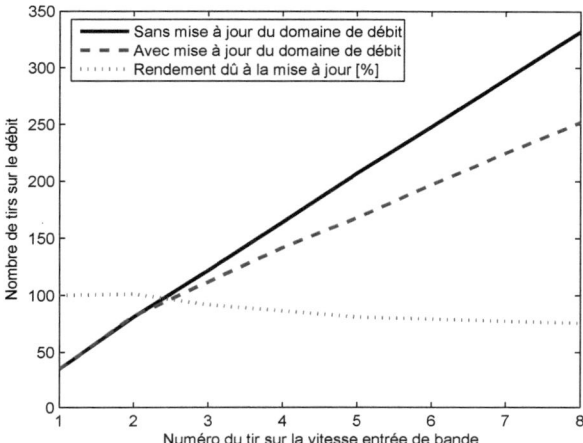

FIGURE 3.25 – Gestion automatique du domaine de tirs sur le lubrifiant.

sur la vitesse de la bande est généralement observée même si, théoriquement, l'ordre de convergence n'est pas amélioré. Pour le tir sur le débit, une analyse a permis de diminuer le nombre de tirs nécessaire d'un quart. Des intervalles initiaux et robustes sont proposés à partir des données du problème.

3.4.3 L'aplatissement du cylindre de travail

La déformation des outils est de première importance en laminage à froid. Dans notre modèle 2D, seule la déformation du profil du cylindre de travail est prise en compte. L'approche suivie par Jortner et al. [64] est sélectionnée car elle est suffisamment complexe pour représenter de larges aplatissements des cylindres tout en restant relativement simple à coder. Ce modèle est tout d'abord analysé en détail puis exploité judicieusement dans notre modèle avec lubrification.

Modèle de Jortner et al. [64]

Le modèle utilisé est un cylindre en état plan de déformation chargé avec des forces concentrées de même amplitude et diamétralement opposées (voir figure 3.26.a). Une «fonction d'influence» est la solution exprimant la déformation radiale en tout point du cylindre suite à cette paire de forces appliquées en surface.

Cette hypothèse est proche de la réalité pour la configuration classique d'une cage avec des cylindres d'appui. On applique ce modèle en supposant que le profil de pres-

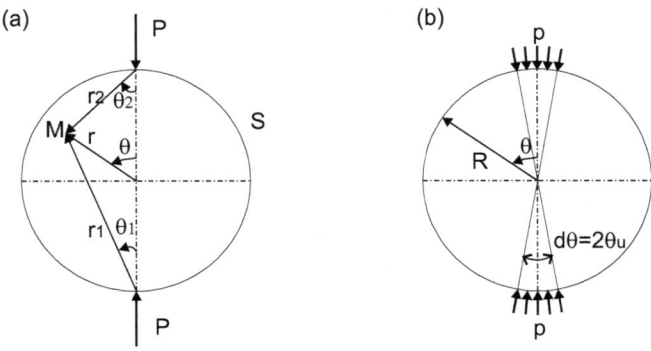

FIGURE 3.26 – Géométrie et chargement du modèle de déformation des cylindres selon [Jortner,1960].

(a) Charges ponctuelles

(b) Charges réparties

sion entre le cylindre de travail et le cylindre d'appui est semblable. Le principe de St-Venant permet de penser que, même si la distribution de pression n'est pas parfaitement similaire, une bonne approximation des déplacements radiaux dans la zone de contact est possible.

Pour établir la carte des contraintes et des déplacements, la technique classique de la fonction d'Airy des contraintes est utilisée. Elle est valable dans ce cas car il s'agit d'un cas de déformations planes, d'un matériau élastique isotrope et que les charges volumiques sont nulles. Dans ce cas, la fonction d'Airy doit satisfaire

$$\nabla^4\phi = 0$$

Pour obtenir une surface libre de contrainte à l'exception des points d'application des forces concentrées, la fonction doit être de la forme

$$\phi = -\frac{Pr_1\theta_1\sin\theta_1}{\pi} - \frac{Pr_2\theta_2\sin\theta_2}{\pi} + \frac{Pr^2}{2\pi R}$$

Les contraintes radiales et tangentielles s'expriment alors selon

$$\sigma_r = \frac{1}{r}\frac{\partial\phi}{\partial r} + \frac{1}{r^2}\frac{\partial^2\phi}{\partial\theta^2} \qquad \sigma_\theta = \frac{\partial^2\phi}{\partial r^2}$$

Soit après développement dans le système (r,θ) :

$$\frac{1}{R} - \frac{\pi\sigma_r}{P} = \frac{2\left(R + r\cos\theta\right)}{R^2 + r^2 + 2rR\cos\theta}\left(1 - \frac{R^2\sin^2\theta}{R^2 + r^2 + 2rR\cos\theta}\right)$$
$$+ \frac{2\left(R - r\cos\theta\right)}{R^2 + r^2 - 2rR\cos\theta}\left(1 - \frac{R^2\sin^2\theta}{R^2 + r^2 - 2rR\cos\theta}\right) \tag{3.4.10}$$

$$\frac{1}{R} - \frac{\pi\sigma_\theta}{P} = \frac{2\left(R + r\cos\theta\right)R^2\sin^2\theta}{\left(R^2 + r^2 + 2rR\cos\theta\right)^2} + \frac{2\left(R - r\cos\theta\right)R^2\sin^2\theta}{\left(R^2 + r^2 - 2rR\cos\theta\right)^2} \tag{3.4.11}$$

Ces deux expressions permettent d'obtenir la déformation radiale suivant

$$\frac{\partial u\,(r,\theta)}{\partial r} = \varepsilon_r = \frac{1}{E_R}\left[\left(1-\nu_R^2\right)\sigma_r - \nu_R\left(1+\nu_R\right)\sigma_\theta\right]$$

qui permet, après intégration, d'obtenir le déplacement de tout point de la surface

$$\begin{aligned}
\frac{\pi E_R}{P}\,u\,(R,\theta) &= \left(1-\nu_R^2\right)\left[\cos\theta\ln\left(\frac{1-\cos\theta}{1+\cos\theta}\right)+2\right]\\
&\quad - \left(1-\nu_R-2\nu_R^2\right)\sin\theta\left[\tan^{-1}\left(\frac{1+\cos\theta}{\sin\theta}\right)+\tan^{-1}\left(\frac{1-\cos\theta}{\sin\theta}\right)\right]
\end{aligned}\tag{3.4.12}$$

Cette équation est singulière en $\theta = 0$ c.-à-d. au point d'application de la charge. L'explication vient de la présence d'une contrainte théoriquement infinie due à la charge ponctuelle. Suite à ce constat, les charges ponctuelles sont remplacées par des chargements à pression uniforme sur des arcs de cercle de petite ouverture angulaire $2\theta_u$ (voir figure 3.26.b). Le déplacement surfacique d'un point situé à un angle θ de l'axe constituant la bissectrice de la zone mise sous pression vaut :

pour $|\theta| > \theta_u$:

$$\begin{aligned}
&\frac{\pi E_R}{pR}\,u\,(R,\theta,\theta_u) =\\
&\left(1-\nu_R-2\nu_R^2\right)\left[\cos\left(\theta+\theta_u\right)\left(\tan^{-1}\frac{1+\cos\left(\theta+\theta_u\right)}{\sin\left(\theta+\theta_u\right)}+\tan^{-1}\frac{1-\cos\left(\theta+\theta_u\right)}{\sin\left(\theta+\theta_u\right)}\right)\right.\\
&\left.\qquad\quad -\cos\left(\theta-\theta_u\right)\left(\tan^{-1}\frac{1+\cos\left(\theta-\theta_u\right)}{\sin\left(\theta-\theta_u\right)}+\tan^{-1}\frac{1-\cos\left(\theta-\theta_u\right)}{\sin\left(\theta-\theta_u\right)}\right)\right]\\
&+\left(1-\nu_R^2\right)\left[\sin\left(\theta+\theta_u\right)\ln\frac{1-\cos\left(\theta+\theta_u\right)}{1+\cos\left(\theta+\theta_u\right)}-\sin\left(\theta-\theta_u\right)\ln\frac{1-\cos\left(\theta-\theta_u\right)}{1+\cos\left(\theta-\theta_u\right)}\right]
\end{aligned}\tag{3.4.13}$$

pour $|\theta| \le \theta_u$:

$$\frac{\pi E_R}{pR}\,u\,(R,\theta,\theta_u) = \frac{\pi E_R}{pR}\,u\,(R,\theta,\theta_u)|_{|\theta|>\theta_u} - \pi\left(1-\nu_R-2\nu_R^2\right)\tag{3.4.14}$$

La solution formée des deux équations (3.4.13) et (3.4.14) dépend à présent du niveau de discrétisation c.-à-d. de la valeur de θ_u. Plus cette valeur est petite, plus précise est la prise en compte d'un profil de pression donné. La valeur de 0.05° est recommandée dans Jortner et al. [64], ce qui permet normalement de diviser l'emprise en plusieurs dizaines de section.

Counhaye [39] a proposé un autre écriture des mêmes équations légèrement améliorées. Elle est reprise ici et rendue plus claire dans le cadre de cette thèse. Elle exprime le déplacement d'un point du cylindre de position angulaire θ_i lorsqu'une pression uniforme p_k, normale à la surface du cylindre, est appliquée sur un segment de coordonnées angulaires $[\theta_k - d\theta/2, \theta_k + d\theta/2]$.

$$u\,(R,\theta_k,d\theta,p_k,E_R,\nu_R)_i = \frac{p_k R}{\pi E_R}JIF\,(\theta_k,d\theta,\nu_R)\tag{3.4.15}$$

avec la *Jortner Influence Function* selon

$$JIF\left(\theta_k, d\theta, \nu_R\right) = \begin{cases} jif\left(\theta_k, d\theta, \nu_R\right) & \text{si } |\theta_k| > d\theta/2 \\ jif\left(\theta_k, d\theta, \nu_R\right) - \pi\left(1 - \nu_R - 2\nu_R^2\right) & \text{si } |\theta_k| \le d\theta/2 \end{cases}$$

où

$$jif\left(\theta, d\theta, \nu_R\right) = \left. \begin{array}{c} \left(1 - \nu_R - 2\nu_R^2\right)\cos\left(\Upsilon\right)\left(\tan^{-1}\frac{1+\cos(\Upsilon)}{\sin(\Upsilon)} + \tan^{-1}\frac{1-\cos(\Upsilon)}{\sin(\Upsilon)}\right) \\ + \left(1 - \nu_R^2\right)\left(\sin\left(\Upsilon\right)\ln\frac{1-\cos(\Upsilon)}{1+\cos(\Upsilon)}\right) \end{array} \right|_{\Upsilon=\theta-d\theta/2}^{\Upsilon=\theta+d\theta/2}$$

Au final, en utilisant le principe de superposition, la déformation en un point de la surface de position angulaire θ_i due à une distribution de pression discrétisée en n sections à pressions uniformes vaut :

$$u_{i,total} = \frac{R}{\pi E_R}\sum_{k=1}^{n}\left[JIF\left(\theta_k - \theta_i, d\theta, \nu_R\right)p_k\cos\left(\theta_k - \varphi_k\right)\right] \tag{3.4.16}$$

où φ_k vaut l'angle local de la surface du cylindre par rapport à l'horizontale. Dans cette expression, la multiplication par $\cos\left(\theta_k - \varphi_k\right)$ intervient pour ne prendre que la composante normale de la pression selon l'axe qui relie le point de la surface au centre du cercle. $\theta_k - \varphi_k$ est donc simplement l'angle α de la figure 2.5 page 116.

Le calcul des fonctions de forme exige un nombre d'opérations proportionnel au carré du nombre de sections angulaires définies. Pour accélérer le calcul et vu que le maillage du cylindre est fixe, ces fonctions ne sont évaluées qu'une seule fois !

Stratégie lors d'aplatissements importants

De forts aplatissements peuvent apparaître lors, par exemple, de procédé de double réduction. Pour rappel, il s'agit d'un second passage de laminage à froid après le recuit. Pour ce genre de procédé, les valeurs caractéristiques de la passe sont critiques. En effet, l'épaisseur d'entrée du produit e_1 peut atteindre des valeurs aussi faibles que $0.2\ mm$ alors que l'allongement appliqué peut valoir environ 50%. Dans ce genre de configuration, un méplat apparaît dans l'emprise. La bande est alors dans un état de plasticité contraint i.e. dans l'espace des contraintes, on se situe exactement sur la surface de plasticité. Pratiquement, le cylindre n'écrase plus d'avantage la bande mais ne la laisse pas se relaxer élastiquement.

Pour ce genre de configuration, les investigations de Johnson et Bentall [63] suggèrent la présence d'une zone de contact collant où la vitesse de la bande est égale à celle du cylindre. Deux zones de réduction plastique de la bande entourent cette zone. Une stratégie possible est d'établir des zones où le contact est considéré comme collant : la bande et le cylindre ont alors des vitesses exactement égales. Cela entraîne la création de nouvelles zones de calcul intégrant cette nouvelle contrainte cinématique.

En outre, pour un matériau avec écrouissage et respectant le critère de plasticité de Von Mises, l'évaluation analytique de la force de contact collant est extrêmement ardue. Une autre solution serait d'utiliser une forme régularisée de la force de frottement. Le calcul n'est plus strictement exacte mais, comme Counhaye [39] le conclut pour son modèle non lubrifié, l'utilisation d'une régularisation de la force de frottement est au moins aussi efficace.

Afin d'éviter la divergence géométrique du profil du cylindre, il est généralement nécessaire d'utiliser un facteur de relaxation. Ce facteur dans la littérature est couramment recommandé de l'ordre de 0.1 à 0.01. Cependant, le nombre d'opérations nécessaire lors d'une intégration de l'emprise en régime mixte est conséquent : il est donc très important de limiter le nombre de boucles sur la déformée du cylindre au maximum. Pour remédier à ce problème, une stratégie d'adaptation du facteur de relaxation est présentée.

En résumé, la stratégie employée lors de l'apparition de forts aplatissements repose sur deux piliers : l'utilisation d'une fonction de régularisation et l'adaptation dynamique du facteur de relaxation.

Fonction de régularisation

Une régularisation de la loi de frottement est souvent nécessaire afin d'éviter une discontinuité lors du changement de signe de ΔV. Chen et Kobayashi [34] proposent une relation adaptée à une résolution numérique. En effet, la relation ci-dessous permet une variation continue de la contrainte de frottement au voisinage d'un point neutre

$$\vec{\tau} = -\bar{m}k \frac{atan\left(\frac{1}{L}\left|\vec{V}_t\right|\right)}{\pi/2} \frac{\vec{V}_t}{\left|\vec{V}_t\right|} \tag{3.4.17}$$

où le coefficient L est appelé paramètre de régularisation et $\vec{V}_t$ est la vitesse de glissement du mouvement relatif. Lorsque L tend vers zéro, la formule ci-dessous tend simplement vers celle de Tresca (1.2.31).

Dans cette thèse, la technique choisie afin de remplacer le distinguo glissant/collant est l'introduction d'une fonction de régularisation dans l'expression de la force de frottement. La forme choisie est aussi un arc tangente en la vitesse de glissement relative. Quand la vitesse de glissement est suffisamment grande, on doit retomber sur le cas glissant. L'application de la transformation aux lois précédemment définies telles que **Coulomb** (1.2.29), **Coulomb-Orowan** (1.2.30) et **Tresca** (1.2.31) est donc établie comme suit :

$$\tau \to \tau_{SMOOTH} = \frac{atan\left(\frac{1}{L}\left|\frac{V_R - V_S}{V_R}\right|\right)}{\pi/2} \tau \tag{3.4.18}$$

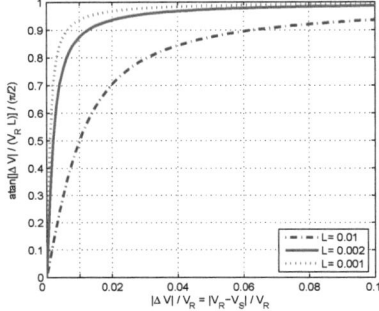

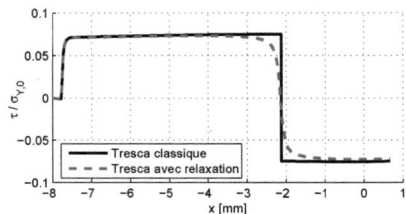

FIGURE 3.27 – Fonction de régularisation en vitesse de la force de frottement.

FIGURE 3.28 – Comparaison du frottement d'interface en fonction de régularisation en vitesse.

La figure 3.27 illustre cette fonction. Le facteur important est donc le facteur L car il détermine la zone d'influence d'un changement de signe. Le choix de sa valeur est un compromis. D'une part, il faut une solution quasi non perturbée loin de la zone neutre ce qui signifie une faible valeur pour L. D'autre part, un valeur élevée permet un chemin stable vers la solution. Via les résultats des simulations, $L = 0.2\%$ a été retenue. Cela correspond à une diminution de 10% de la force de frottement pour une vitesse de glissement relative de 1%.

Pour le cas de la littérature déjà utilisé dans la section 3.4.1, la figure 3.28 compare l'évolution du frottement d'interface pour la valeur $L = 0.2\%$. Pour un cas avec cylindre rigide, les grandeurs macros ne sont pas influencées de plus de quelques pour cent par la prise en compte ou non de la régularisation ce qui semble acceptable.

Par contre, cette régularisation numérique ne permet pas d'obtenir la véritable force de frottement lorsque les surfaces sont en contact collant. En effet, une vitesse de glissement nulle entraîne une force régularisée nulle ce qui permet d'assurer que les deux corps en contact se déforment à la même vitesse. Cependant, la force durant les phases de coissance/décroissance n'est pas la vraie force physique mais juste une valeur approchée. Afin de valider notre approche, une comparaison a été réalisée avec un code numérique indépendant (ROLLGAP) travaillant à sec avec le concept collant-glissant et notre modèle en régime sec et lisse. Pour un cas double-réduction avec une fine épaisseur de bande, la figure 3.29 montre que l'évolution de la force de laminage avec le frottement de Coulomb imposé concorde à 10% près ce qui paraît à nouveau acceptable. L'accord au niveau du glissement est encore meilleur.

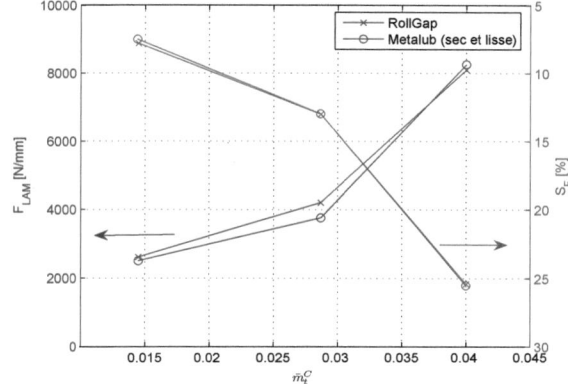

FIGURE 3.29 – Comparaison de RollGap (glissant/collant) avec notre modèle (régularisation en vitesse) pour un cas de double réduction avec une fine épaisseur de bande.

Adaptation du facteur de relaxation géométrique

Au cours du processus itératif, des forces d'interaction entre le cylindre et les autres constituants du modèle sont calculées. Celles-ci dépendent de la forme du cylindre choisi comme entrée de ces calculs. Généralement, la première configuration démarre avec un cylindre à profil circulaire parfait. Ensuite, grâce aux forces ainsi obtenues, une nouvelle forme de cylindre est déterminée. Puisque les forces utilisées pour calculer cette nouvelle forme sont issus d'un modèle qui lui-même n'avait pas le profil réel du cylindre, une relaxation géométrique [2] est nécessaire. Elle consiste à prendre une part de l'ancienne configuration spatiale et une part de la dernière calculée. Cela se traduit mathématiquement par l'expression du profil du cylindre e_R selon

$$e_{R,i+1} = W e_{R,*} + (1 - W) e_{R,i} \qquad (3.4.19)$$

où $e_{R,*}$ est la solution calculée par le module de déformation choisi (Hitchcock, Jortner, ...) avant d'appliquer la relaxation. Il est important que le critère de terminaison de boucle soit indépendant de la valeur de la relaxation.

Au départ, le profil du cylindre est a priori loin de la solution. Afin de converger rapidement vers la solution, le facteur de relaxation doit être pris le plus grand possible tout en restant inférieure à l'unité. La sur-relaxation proposée dans Qiu et al. [108] semble un pari dangereux. Dans le voisinage de la solution, prendre un facteur de relaxation faible permet généralement d'éviter toute divergence. Celle-ci se traduirait

---

2. Une relaxation sur les charges appliquées est aussi parfois utilisée dans la littérature.

pour le modèle de Jortner par un creusement du cylindre avec une pente positive dans la zone du «méplat». Une formule simple à trois paramètres est donc proposée afin de mettre à jour le facteur de relaxation au cours des itérations :

$$W_i = max\left(W_{MIN}, W_{MAX}C^i\right) \ \forall i \in \mathcal{N}, \ i \geq 0 \tag{3.4.20}$$

où i est le numéro de l'itération et $C \in \mathcal{R}$, $0 \leq C \leq 1$ est un facteur d'adaptation. Initialement, le facteur est donc fixé à sa valeur maximale.

Le second défi est l'obtention d'un critère d'arrêt indépendant de la valeur de W. En effet, si ce n'était pas le cas, il y aurait toujours moyen de prendre une valeur de W assez faible pour vérifier le critère de convergence puisque celui-ci ne serait basé que sur une simple comparaison géométrique de deux solutions successives du procédé itératif. Notre critère de convergence RFC - pour $Roll$ $Flattening$ $Criterion$ - est défini selon :

$$RFC_i \equiv \frac{1}{W_i} \frac{max_{(x)} |e_{R,i+1} - e_{R,i}|}{e_{R,i+1}^{MIN}} \tag{3.4.21}$$

ce qui peut être réécrit en se servant de la relation (3.4.19) par

$$
\begin{aligned}
RFC_i &= \frac{1}{W_i} \frac{max_{(x)} |W_i e_{R,*} + (1 - W_i) e_{R,i} - e_{R,i}|}{e_{R,i+1}^{MIN}} \\
&= \frac{max_{(x)} |e_{R,*} - e_{R,i}|}{e_{R,i+1}^{MIN}} \tag{3.4.22}
\end{aligned}
$$

Cette dernière expression justifie bien un critère d'arrêt quasi-indépendant de W. En effet, le chemin parcouru par l'ensemble des solutions successives ne peut plus avoir qu'une influence minime.

Il reste un point à éclaircir : à partir de quelle valeur de RFC considère-t-on que le processus a convergé ? L'application qui suit ne garantit en rien que les résultats obtenus fournissent une règle générale infaillible mais elle a le mérite d'illustrer la marche à suivre et de donner des balises de valeurs pour les différents paramètres.

Le cas proposé est un cas sec avec écrasement d'aspérités. La bande entre avec une épaisseur de 0.215 mm et ressort avec une épaisseur de 0.130 mm. Les contre-traction et traction valent respectivement 103.9 MPa et 287.7 MPa. La rugosité composite est fixé à 1 μm alors que la distance moyenne inter-aspérité est de 30 μm. Finalement, la loi de frottement sur les plateaux choisie est la loi de Tresca avec un coefficient valant 0.15. Le matériau suit une loi d'écrouissage du type SMATCH - voir éq. (2.5.3) - selon $\sigma_Y \left(\bar{\varepsilon}_{pl}\right) = (470 + 175\bar{\varepsilon}_{pl}) \left(1 - 0.45e^{-9\bar{\varepsilon}_{pl}}\right) + 56$ MPa.

Pour un coefficient de relaxation constant, la figure 3.30 montre comment évolue RFC au travers des itérations. Le résultat attendu est bien celui obtenu : plus le coefficient est élevé et plus la valeur du critère diminue rapidement. Pour $W = 0.5$, l'excellente convergence initiale est rapidement suivie d'une divergence alors que pour

$W = 0.01$, la convergence est extrêmement lente. Pour atteindre une précision RFC_{obj} fixée à 0.01%, la convergence pour W fixe valant 0.1 est obtenue en 127 itérations. Au vu des résultats obtenus, il paraît sensé de vouloir commencer le calcul avec un coefficient de relaxation de 0.5 pour ensuite le diminuer pour retomber sur un chemin de solutions qui convergent. Sur la figure 3.31, C est fixé à 0.95 et c'est la valeur de W_{MIN} qui est testée. $W_{MIN} = 0.25$ mène à une solution divergente. Pour les trois valeurs inférieures (0.1, 0.05 et 0.01), des oscillations d'amplitudes semblables mais de fréquences différentes sont présentes. Pour la plus faible valeur, la convergence finale n'est pas atteinte dans le nombre d'itérations permis (150). À comparer au 127 itérations nécessaires pour un coefficient de relaxation fixe, seules 81 itérations sont nécessaires pour le triplet $W_{MAX} = 0.5$, $W_{MIN} = 0.1$ et $C = 0.95$. Cela correspond à une diminution d'environ 36%. Pour ce cas, l'évolution des profils géométriques est présentée à la figure 3.32. L'écart entre les solutions finales est dû à l'écrasement des aspérités. En effet, h est négatif et les surfaces non réactualisées s'interpénètrent.

Comment savoir concrètement si le calcul a convergé ? La figure 3.33 montre une étude de sensibilité de la valeur objectif RFC_{obj} sur les deux grandeurs macro principales que sont la force de laminage et le glissement avant. On voit que ces deux grandeurs se stabilisent pour un même valeur de RFC_{obj} valant environ 0.5%. Ce graphique montre qu'il faudrait, pour assurer la convergence de la boucle sur la déformée de l'outil, utiliser également une condition soit sur le glissement avant soit sur la force voire même sur les deux. Cela éviterait de devoir faire cette étude de convergence à chaque simulation ! Une technique possible serait d'intégrer un contrôle sur l'évolution, entre deux itérations successives, du changement relatif de la force de laminage selon $\Delta F_{LAM} = \frac{F_{LAM,i-1} - F_{LAM,i}}{F_{LAM,i}}$.

| Algorithmique des boucles externes |

Le principe de ces boucles est illustré à la figure 3.34. Le retour élastique de la bande en sortie d'emprise est pris en compte par ajustement vertical du profil du cylindre de profil e_R. La boucle interne vérifie donc que l'épaisseur de sortie pour la bande est bonne. Dans le cas contraire, la mise à jour du profil du cylindre est réalisée selon :

$$e_{R,2} = e_{R,2} - \frac{(e_{S,2} - e_{S,2,C})}{4} \qquad (3.4.23)$$

Pour rappel, e_S est l'épaisseur de la bande alors que e_R est le profil du cylindre i.e., pour la cas sec et lisse $e_R = {}^{e_S}/_2$. Ceci explique la division par 4 car la procédure tend à diminuer seulement de moitié l'écart à l'objectif.

La déformation du cylindre peut être prise en compte par une boucle extérieure. La seule subtilité provient d'un déplacement vertical en mode rigide à la fin du module de

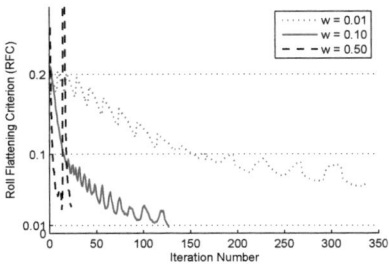

FIGURE 3.30 – Evolution de RFC avec une valeur constante de W.

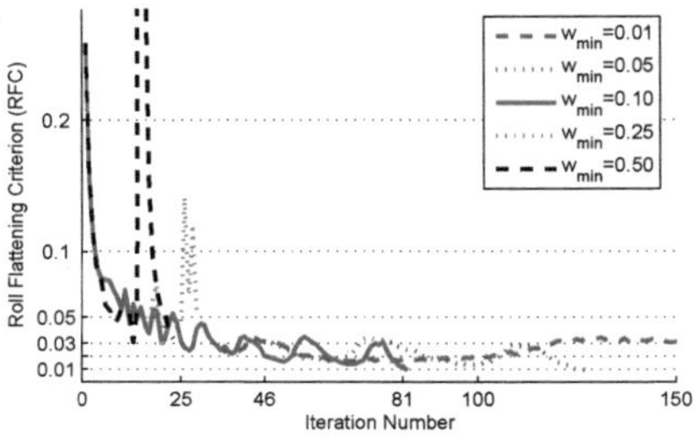

FIGURE 3.31 – Evolution de RFC avec $W_{MAX} = 0.5$, $C = 0.95$ en fonction de W_{MIN}.

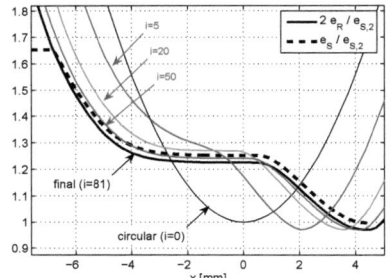

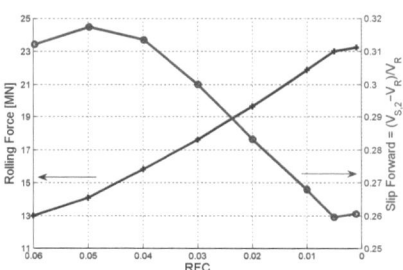

FIGURE 3.32 – Evolution de e_R avec $W_{MAX} = 0.5$, $W_{MIN} = 0.1$ et $C = 0.95$. Précision atteinte lorsque $RFC < 0.01$.

FIGURE 3.33 – Force de laminage et glissement avant en fonction de la précision RFC_{obj} atteinte avec $W_{MAX} = 0.5$, $W_{MIN} = 0.1$ et $C = 0.95$.

déformation afin de retrouver la même ordonnée pour le point bas du cylindre entre deux configurations successives.

3.4.4 Algorithmique de la sous-alimentation

Le modèle théorique présenté à la fin du chapitre précédent est maintenant traduit par un algorithme mathématique. Tout d'abord, le cas d'un laminage à sec introduit la discussion. Ensuite, le schéma relatif à la sous-alimentation est présenté. Pour finir, une application vérifie l'obtention de la continuité des solutions lors d'une transition partant d'une emprise gavée vers un cas non lubrifié.

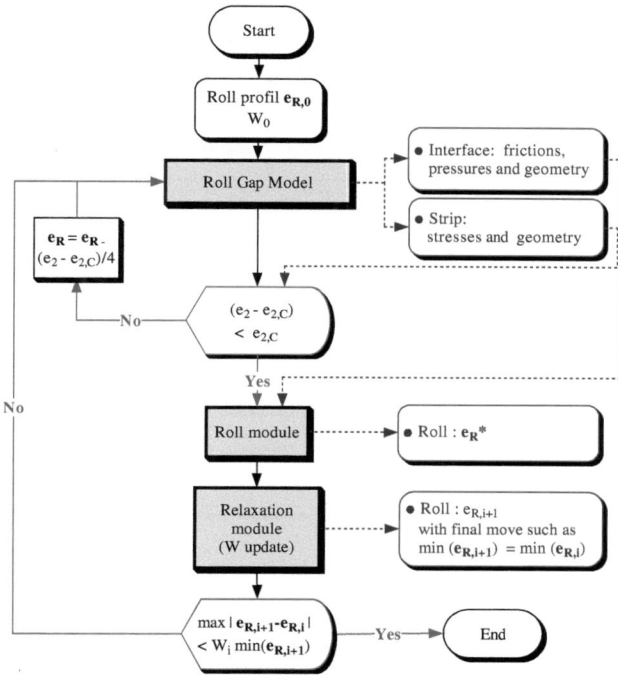

FIGURE 3.34 – Principe du procédé itératif sur l'aplatissement cylindre et le retour élastique.

Laminage à sec

Dans le cas non lubrifié, le tir sur le débit de lubrifiant est évidemment hors de propos. Pour le reste, aucun changement n'est à signaler. Au final, il ne reste que les tirs sur la vitesse d'entrée, généralement une dizaine suivant la précision souhaitée sur la traction de consigne. Le schéma relatif à cet algorithme est repris à la figure 3.35. Toutes les zones se résolvent comme précédemment en utilisant $\frac{dp_v}{dx} = \frac{dp_l}{dx} = 0$ et $\tau_l = 0$. Cela fournit les systèmes d'équations des tables 3.3, 3.4, 3.5 et 3.6.

Sous-alimentation

Le modèle physique de sous-alimentation, proposé au chapitre précédent, est un enchaînement de zones sèches et puis de zones lubrifiées. Son implémentation algorithmique utilise tour à tour les équations relatives aux zones sèches et les équations avec lubrification. Son schéma est repris à la figure 3.36. L'épaisseur de film h_l est constante en entrée. Un test est ajouté à la fin de chacune des 3 premières zones du modèle sec. Quand la condition $h_v > h_l$ n'est plus remplie, le fluide est mis sous pression

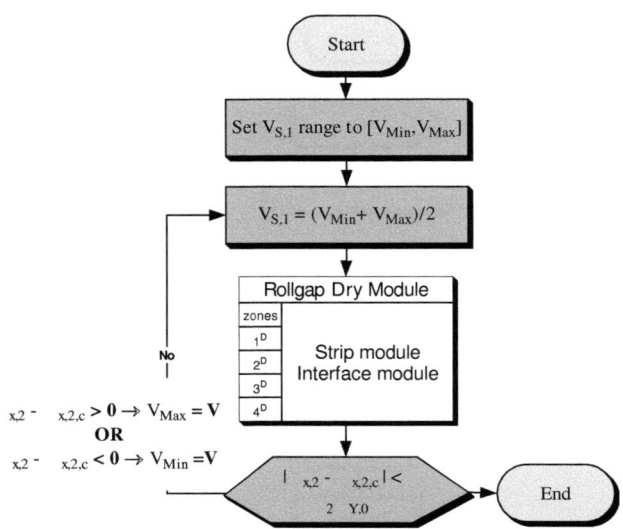

FIGURE 3.35 – Algorithme de METALUB pour le cas sec.

et sa viscosité va entraîner un frottement dans les vallées. Pour ce faire, l'algorithme relance le module Rollgap lubrifié approprié suivant le domaine restant sur le débit. Le module sélectionné commence son calcul dans la zone appropriée suivant l'endroit où l'épaisseur des vallées devient inférieure à l'épaisseur de film imposée. Par exemple, si le module sec s'arrête après sa zone de contact mixte (zone $2 \rightarrow z = 1$), alors le module lubrifié approprié commence son calcul à la zone de contact mixte lubrifié (zone 2).

Au niveau des jeux d'équations, il suffit de bien prendre en compte la valeur initiale de l'épaisseur de lubrifiant déposé à l'entrée. Il faut également activer l'équation (3.4.1) et la placer dans l'ordre d'intégration selon le tableau présenté à la section 3.4.1.

Analyse

L'objectif de cette section est de vérifier que l'algorithme de sous-alimentation permet de retrouver un faisceau quasi continu de solutions entre ses deux solutions extrêmes. Pour une épaisseur de film grande par rapport à la rugosité, le modèle doit retrouver le même comportement que pour le modèle initial complètement gavé de lubrifiant. Au contraire, pour une faible épaisseur, il doit retrouver une solution proche de la solution obtenue par le modèle sec.

La figure 3.37 représente l'évolution du débit volumique obtenu en fonction de l'épaisseur de film déposée. Pour les faibles épaisseurs, la courbe des débits calculés rejoint la courbe théorique de débit maximal (terme de Couette seul). Donc, plus l'épaisseur de film déposée est faible, plus l'emprise a tendance à accepter tout le film de lubrifiant déposé. Aux épaisseurs de film plus importantes, le débit devient constant. L'emprise est gavée et déposer une épaisseur plus importante n'augmente pas le débit de lubrifiant passant dans l'emprise.

Afin de vérifier la pertinence du modèle, les valeurs des épaisseurs de film entrée/sortie sont inspectées par rapport au cas de lubrification maximale. La figure 3.38 montre que, pour les faibles épaisseurs d'entrée, l'évolution de l'épaisseur de sortie suit une droite de pente unitaire passant par l'origine. Cela signifie que tout le lubrifiant en entrée passe dans l'emprise et ce jusqu'à une abscisse d'environ 0.01. Pour les épaisseurs de film en entrée au moins 100 fois supérieures à l'épaisseur de sortie, on retombe sur une horizontale illustrant le fait que l'emprise est gavée. Entre ces deux abscisses, une transition lisse est observée. Ce domaine de transition est certainement dépendant des conditions de la passe. La solution de lubrification maximale, représentée par cercle rouge, se trouve loin sur l'horizontale d'ordonnée unitaire. La solution du cas sec, représentée par une étoile noire, se trouve théoriquement à l'origine des axes. Une image de celle-ci est positionnée en $\left(10^{-5}, 10^{-5}\right)$ afin de la visualiser sur le graphique.

Après ces vérifications en terme de débit et d'épaisseur, il est intéressant d'analyser l'évolution de certaines grandeurs macros. Pour la force de laminage (figure 3.39) ainsi que pour le coefficient de frottement équivalent de Coulomb (figure 3.40), une variation continue entre le cas de lubrification maximal (cercle rouge) et le cas sec (étoile noire) est observée. Pour le glissement avant (figure 3.41), la courbe présente des saccades plus importantes. Cela illustre la forte dépendance de cette valeur aux paramètres numériques utilisés. Cependant, une transition relativement continue est tout de même observée entre les cas extrêmes de lubrification.

$$
\left\{
\begin{aligned}
x &= x_1 \\
e_S &= e_{S,1} \\
h &= e_R - \frac{e_{S,1}}{2} \\
p &= 0 \\
V_S &= V_{S,1} \\
\sigma_x &= \sigma_{x,1} \\
\sigma_y &= 0 \\
\sigma_z &= \nu_S \sigma_{x,1} \\
\bar{\varepsilon}_{pl} &= \bar{\varepsilon}_{pl}(x_1)
\end{aligned}
\right.
\quad \rightarrow \quad
\left\{
\begin{aligned}
h_v &= h \; ; \; A = 0 \\
p_t &= 0 \; ; \; p_v = 0 \\
\frac{de_S}{dx} &= 0 \\
\frac{dh}{dx} &= \frac{de_R}{dx} \\
\frac{dp}{dx} &= 0 \\
\frac{dV_S}{dx} &= 0 \\
\frac{d\sigma_x}{dx} &= 0 \\
\frac{d\sigma_y}{dx} &= 0 \\
\frac{d\sigma_z}{dx} &= 0 \\
\frac{d\bar{\varepsilon}_{pl}}{dx} &= 0
\end{aligned}
\right.
\quad \rightarrow \quad
\left\{ h(x_{im}) \geq R_p \right.
$$

TABLE 3.3 – METALUB à sec : conditions initiales, système $\langle 1 \rangle^D$ pour la zone d'entrée et sa condition de sortie.

$$
\left\{
\begin{aligned}
h_v &= fct(h) \; ; \; A = fct(h) \\
p_t &= H_a k_0 \; ; \; p_v = 0 \\
E_p &= 0 \; ; \; H_a = fct(A) \\
\frac{de_S}{dx} &= \frac{\left(1-\upsilon_S^2\right)\left(k_0 \frac{d(AH_a)}{dh}\frac{de_R}{dx}\right)e_S - 2\upsilon_S(1+\upsilon_S)\tau}{\upsilon_S(1+\upsilon_S)(p+\sigma_x)-E_S} \\
\frac{d\sigma_x}{dx} &= (\sigma_y - \sigma_x)\frac{1}{e_S}\frac{de_S}{dx} - \tau\left[\frac{2}{e_S} + \frac{e_S}{2}\left(\frac{1}{e_S}\frac{de_S}{dx}\right)^2\right] \\
\frac{dh}{dx} &= \frac{de_R}{dx} - \frac{1}{2}\frac{de_S}{dx} \\
\frac{dp}{dx} &= k_0 \frac{d(AH_a)}{dh}\frac{dh}{dx} \\
\frac{d\sigma_y}{dx} &= -\frac{dp}{dx} \\
\frac{d\sigma_z}{dx} &= \upsilon_S\left(\frac{d\sigma_x}{dx} + \frac{d\sigma_y}{dx}\right) \\
\frac{dV_S}{dx} &= \frac{V_S}{E_S}\left[(1-\upsilon_S^2)\frac{d\sigma_x}{dx} - \upsilon_S(1+\upsilon_S)\frac{d\sigma_y}{dx}\right] \\
\frac{d\bar{\varepsilon}_{pl}}{dx} &= 0
\end{aligned}
\right.
\quad \rightarrow \quad
\left\{ \bar{\sigma}^{VM}(x_{iw}) \leq \sigma_Y \right.
$$

TABLE 3.4 – METALUB à sec : système $\langle 2 \rangle^D$ pour la zone d'entrée mixte et sa condition de sortie.

$$
\begin{cases}
\begin{aligned}
h_l &= fct(h) & ; \quad A &= fct(h) \\
p_t &= \tfrac{1}{A}p & ; \quad p_v &= 0 \\
H_a &= \tfrac{p_t - p_v}{k_0} & ; \quad E_p &= fct(H_a, A) \\
\underline{s}_x &= \sigma_x - \tfrac{\sigma_x + \sigma_y + \sigma_Z}{3} & ; \quad \underline{s}_y &= \sigma_y - \tfrac{\sigma_x + \sigma_y + \sigma_Z}{3} \\
a &= \tfrac{1}{\tfrac{2}{3}\sigma_Y^2\left(1 + \tfrac{Hs}{3G}\right)} & ; &
\end{aligned} \\[1em]
\begin{aligned}
\frac{dh}{dx} &= -\frac{\frac{de_R}{dx}}{1 + \frac{E_p e_S}{2l}} \\
\frac{de_S}{dx} \equiv \frac{e_S}{V_S}\dot{\varepsilon}_y &= 2\left(\frac{de_R}{dx} - \frac{dh}{dx}\right) \\
\frac{d\sigma_x}{dx} &= (\sigma_y - \sigma_x)\frac{1}{e_S}\frac{de_S}{dx} - \tau\left[\frac{2}{e_S} + \frac{e_S}{2}\left(\frac{1}{e_S}\frac{de_S}{dx}\right)^2\right] \\
\frac{dV_S}{dx} \equiv \dot{\varepsilon}_x &= \frac{[2G(1 + 3as_xs_y) - 3\chi]\dot{\varepsilon}_y + 3\frac{d\sigma_x}{dx}V_S}{2G(2 - 3as_x^2) + 3\chi} \\
\frac{d\sigma_y}{dx} &= \frac{2G}{3V_S}\left[-(1 + 3as_xs_y)\dot{\varepsilon}_x + (2 - 3as_y^2)\dot{\varepsilon}_y\right] \\
&\quad + \frac{\chi}{V_S}(\dot{\varepsilon}_x + \dot{\varepsilon}_y) \\
\frac{d\sigma_z}{dx} &= v_S\left(\frac{d\sigma_x}{dx} + \frac{d\sigma_y}{dx}\right) \\
\frac{dp}{dx} &= -\frac{d\sigma_y}{dx} \\
\frac{d\bar{\varepsilon}_{pl}}{dx} &= \frac{1}{V_S}\sqrt{\frac{2}{3}\left([\dot{\varepsilon}_x - \dot{\varepsilon}_{y,el}]^2 + [\dot{\varepsilon}_y - \dot{\varepsilon}_{y,el}]^2\right)} \\
avec \quad \dot{\varepsilon}_{x,el} &= V_S\frac{1 + v_S}{E_S}\left[(1 - v_S)\frac{d\sigma_x}{dx} - v_S\frac{d\sigma_y}{dx}\right] \\
et \quad \dot{\varepsilon}_{y,el} &= V_S\frac{1 + v_S}{E_S}\left[-v_S\frac{d\sigma_x}{dx} + (1 - v_S)\frac{d\sigma_y}{dx}\right]
\end{aligned}
\end{cases}
\rightarrow \left\{ \bar{\sigma}^{VM}(x_{om}) \geq \sigma_Y \right.
$$

TABLE 3.5 – METALUB à sec : système $\langle 3 \rangle^D$ pour la zone de travail et sa condition de sortie.

$$
\begin{cases}
\begin{aligned}
h_v &= h_{om} \; ; \; A = A_{om} \\
p_t &= \tfrac{1}{A}p \; ; \; p_v = 0 \\
\frac{dh}{dx} &= 0 \\
\frac{de_S}{dx} &= 2\frac{de_R}{dx} \\
\frac{d\sigma_x}{dx} &= (\sigma_y - \sigma_x)\frac{1}{e_S}\frac{de_S}{dx} - \tau\left[\frac{2}{e_S} + \frac{e_S}{2}\left(\frac{1}{e_S}\frac{de_S}{dx}\right)^2\right] \\
\frac{d\sigma_y}{dx} &= \frac{E_S\frac{de_S}{dx}}{[1 - v_S^2]e_S} + \frac{v_S}{1 - v_S}\frac{d\sigma_x}{dx} \\
\frac{d\sigma_z}{dx} &= v_S\left(\frac{d\sigma_x}{dx} + \frac{d\sigma_y}{dx}\right) \\
\frac{dV_S}{dx} &= \frac{V_S}{E_S}\left[(1 - v_S^2)\frac{d\sigma_x}{dx} - v_S(1 + v_S)\frac{d\sigma_y}{dx}\right] \\
\frac{dp}{dx} &= -\frac{d\sigma_y}{dx} \\
\frac{d\bar{\varepsilon}_{pl}}{dx} &= 0
\end{aligned}
\end{cases}
\rightarrow \left\{ p(x_2) > 0 \right.
$$

TABLE 3.6 – METALUB à sec : système $\langle 4 \rangle^D$ pour la zone de sortie et sa condition de sortie.

Chapitre 3. Innovations algorithmiques

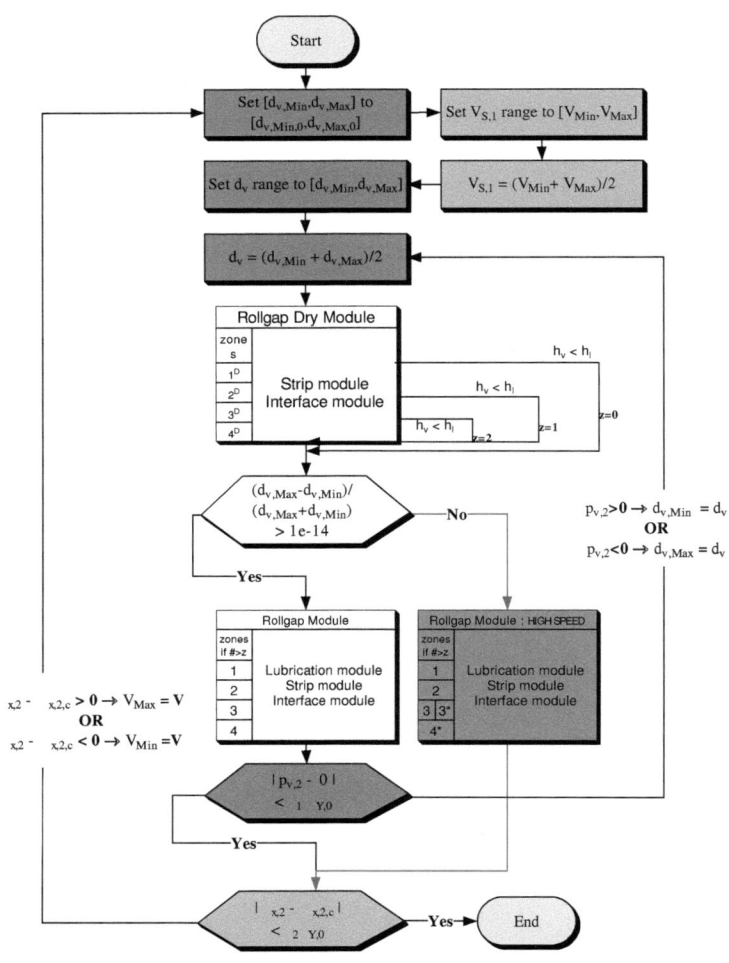

FIGURE 3.36 – Algorithme de MetaLub pour le cas de sous-alimentation.

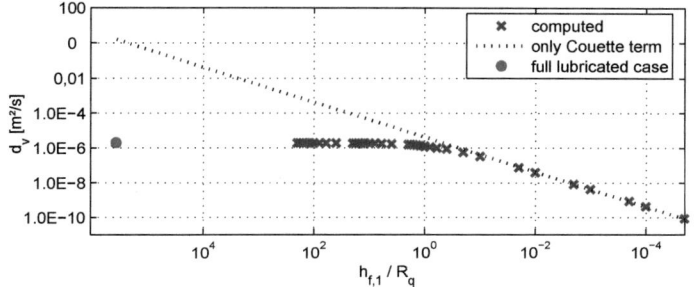

FIGURE 3.37 – Évolution du débit calculé en fonction de l'épaisseur de film imposé.

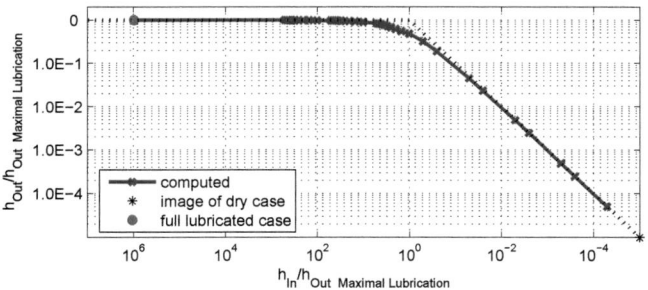

FIGURE 3.38 – Évolution de l'épaisseur de film en sortie par rapport à celle imposée – valeurs exprimées relativement à l'épaisseur de sortie du cas complètement lubrifié.

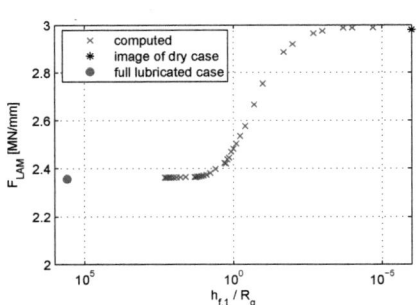

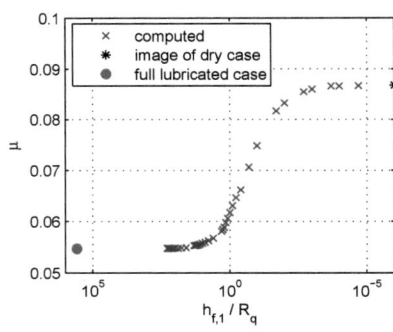

FIGURE 3.39 – Évolution de la force de laminage en fonction de l'épaisseur de film déposée $h_{f,1}$.

FIGURE 3.40 – Évolution du frottement équivalent de Coulomb en fonction de l'épaisseur de film déposée $h_{f,1}$.

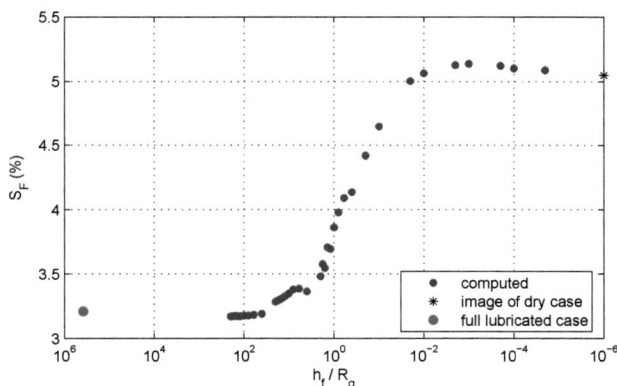

FIGURE 3.41 – Évolution du glissement avant en fonction de l'épaisseur de film déposée h_f.

3.5 CONCLUSION

Les deux modèles numériques basés sur le modèle physique de Wilson [146] exploités dans cette thèse ont été analysés en détails afin de bien illustrer les avantages et inconvénients de chacun.

La conception d'un algorithme original, nommé Couplage Itératif et Étagé Fluide-Solide soit CIEFS, combinant les deux pré-cités a été développé avec pour objectif de conserver leurs avantages respectifs. Numériquement parlant, la résolution est étagée comme dans Qiu et al. [108] mais tous les aspects physiques importants du modèle de Marsault [86] ont été conservés.

En effet, tout d'abord, on utilise une formulation élasto-plastique pour la bande. L'adaptation de la méthode du retour radial à la méthode des tranches est d'ailleurs développée et validée dans CIEFS sur deux exemples. Elle permet de généraliser l'évaluation des grandeurs contraintes-déformations quelque soit l'état élastique ou plastique en cœur de la bande. De plus, une topologie de surface de Christensen avec orientation des rugosités est introduite dans le modèle. Cela implique la prise en compte de la notion du seuil de percolation. Finalement, la loi rhéologique de Roelands pour le fluide est disponible. Sur ce dernier point, il faut préciser que d'autres lois rhéologiques du type $\eta = \eta_0 \eta_{p_l}$ sont à présent accessibles dans cette approche découplée à condition de pouvoir exprimer les termes η_{p_l} et $\frac{1}{\eta_{p_l}} \frac{d\eta_{p_l}}{dp_l}$.

Dans le cas d'une solution dite «haute vitesse», sans dépassement du seuil de percolation, l'avantage majeur théorique de CIEFS est de présenter une solution avec la re-descente en pression du fluide en sortie d'emprise, ce qui est plus correct du point de vue de la physique. Cependant, une comparaison des valeurs macros obtenues par Marsault [86] dans une telle situation montre que l'intérêt pratique industriel est minime. De plus, une comparaison détaillée des solutions obtenues illustre généralement la difficulté de régler finement l'ensemble des paramètres numériques afin de garantir des courbes de tendances lisses et précises. Contrairement à ce qui était attendu, étendre les possibilités de l'algorithme construit, notamment au cas sous lubrifié, s'est révélé problématique.

Pour les trois difficultés rencontrées dans CIEFS et évoquées au paragraphe précédent, l'algorithme présenté par Marsault est repris et amélioré à différents points de vue. Il est appelé METALUB.

Primo, l'implémentation originale de cet algorithme souffrait de problèmes de robustesse qui rendait son utilisation ardue. La correction du système d'équations dans la zone d'entrée mixte et la restructuration des jeux d'équations afin de mieux contrôler les précisions d'intégration ont contribué à rendre l'algorithme plus stable. La gestion orientée objet a également permis de mieux gérer les situations non prévues précédemment, la plus courante étant le passage de l'élastohydrodynamique au plastohydrodynamique sans passer par le régime mixte.

Deuxio, certains points concernant les boucles ont été testés. Au niveau des méthodes itératives qui permettent de déterminer les valeurs de tir, la méthode de la fausse position propose une alternative intéressante à la découpe par dichotomie. Cette variante de la méthode de la sécante permet de diminuer significativement le nombre de tirs nécessaire sur la vitesse de bande. Des applications montrent une convergence plus rapide et, mieux encore, monotone. De plus, une proposition d'automatisation des boucles et des déterminations initiale et auto-adaptatives des intervalles sur les variables de tirs permet de réduire de l'ordre d'un quart le nombre de tirs réalisés. En effet, l'intervalle sur le débit s'adapte automatiquement en fonction de l'historique des tirs sur la vitesse.

Tertio, la restructuration des systèmes d'équations évoqué ci-dessus a conduit à un pré-traitement structuré des différentes zones, rendu possible suite à l'intégration explicite de toutes les grandeurs pertinentes du problème. Par exemple, la déformation plastique équivalente est ainsi intégrée. Alors qu'elle était négligée au préalable, la composante élastique de la déformation est à présent correctement prise en compte partout dans l'emprise. Cette approche plus générale permet de systématiser le principe de résolution à d'autres lois rhéologiques.

Outre ces développements d'ordre numérique liés à la stabilité et à la précision des résultats, d'autres ont permis d'élargir les capacités de simulation. Tout d'abord, une stratégie propre à la prise en compte de forts aplatissements non circulaires des cylindres de travail dans un problème de lubrification mixte est proposée. Elle s'articule autour du modèle de Jortner et al. et de deux piliers majeurs. D'une part, la régularisation de la force de frottement simule le phénomène contact collant/glissant pour des aplatissements importants. D'autre part, une stratégie d'adaptation innovatrice du facteur de relaxation au cours des itérations limite leur nombre tout en évitant les divergences de calcul. Ensuite, pour clôturer ces développements, les algorithmes associés au cas sous-lubrifié, voire sec, dont le modèle physique original a été présenté au chapitre précédent, sont développés. Leur fonctionnement est illustré par une application qui balaye toute la gamme de lubrification, depuis le cas sec jusqu'à une sur-lubrification importante, et fournit un ensemble physiquement cohérent de solutions.

Chapitre 4

Applications

INTRODUCTION

Ce chapitre est consacré à l'application du modèle METALUB sous ses différentes versions, i.e. de lubrifié à sec et de rugueux à lisse. En effet, comme expliqué au chapitre précédent, l'algorithme par couplage itératif i.e. CIEFS n'apporte que de maigres améliorations théoriques tout en rendant plus complexe l'utilisation concrète du modèle (plus de paramètres numériques). De plus, dans notre mémoire de DEA [123], nous avons déjà étudié en détails l'algorithme CIEFS. En particulier, une étude paramétrique proposée par Marsault [86] y est également reproduite dans son intégralité sur un cas de laminage d'aluminium.

La première application présentée ici met en évidence l'importance du choix de la loi constitutive de frottement sur les plateaux lors de forts aplatissements des cylindres de travail. La deuxième application reproduit de grands glissements négatifs mesurés sur un laminoir pilote appartenant à Nippon Steel Corporation. Dans la troisième étude, une analyse des points de fonctionnement de la première cage du tandem quatre cages de Tilleur (Belgique) montre l'intérêt de lier le coefficient de frottement sur les plateaux à la réduction locale. Le quatrième volet des applications suit logiquement le précédent puisqu'il s'agit de l'étude de la relation frottement-réduction. L'intérêt est de préciser les différences de comportements entre de l'huile pure et une émulsion. Le cinquième cas étudie les trois premières cages du tandem quatre cages de St Agathe, France. Les mesures expérimentales en vitesse nous fournissent des données en frottement et en glissement qui permettent la validation du modèle. Finalement, un cas de sous-alimentation d'une passe de double réduction est étudié.

4.1 SENSIBILITÉ À LA LOI DE FROTTEMENT

4.1.1 Introduction

L'objectif de cette section est de montrer l'amplification de l'aplatissement des cylindres de travail consécutif à l'utilisation de la loi de frottement de Coulomb sur un cas de double réduction.

Le cas étudié est un cas de double réduction dont la base de comparaison en terme de glissement et de frottement est fourni par simulation numérique dans un logiciel indépendant (logiciel développé par Arcelor). Ce logiciel tient compte du contact glissant/collant mais ne tient pas compte de l'écrasement de la rugosité ni de la présence de lubrifiant. Les simulations réalisées dans ce cas utilisent donc des surfaces totalement lisses et sèches.

Outre la comparaison quantitative avec les résultats de programme de référence, l'intérêt de cette section est d'illustrer l'importance du choix de la loi de frottement pour les zones en contact sec ou en régime limite. Comme on le verra, ce choix de modélisation est d'autant plus important que le cylindre subit une grande déformation.

4.1.2 Conditions de laminage

Le diamètre initial des cylindres de travail vaut 220 mm. La vitesse périphérique du cylindre V_R vaut 10 m/s. La solution est indépendante de cette valeur. En effet, on néglige la présence du lubrifiant (effet d'entraînement hydrodynamique), les effets visqueux pour la rhéologie de la bande ainsi que les effets thermiques dus aux frottements. La bande, dont l'épaisseur en entrée est 0.2015 mm, est laminée à 0.1300 mm(épaisseur sortie). Elle subit donc une réduction d'environ 35.5 %. La traction σ_2 vaut 287.7 MPa alors que la contre-traction σ_1 est fixée à 103.9 MPa.

La bande est en acier et suit une loi d'écrouissage (en MPa) du type SMATCH (2.5.3) selon

$$\sigma_Y\left(\bar{\varepsilon}_{pl}\right) = (470.5 + 175.4\bar{\varepsilon}_{pl})\left(1 - 0.45e^{-8.92\bar{\varepsilon}_{pl}}\right) + 56.07$$

Un cas test de référence utilisé dans le logiciel d'Arcelor utilise un coefficient de frottement de Coulomb qui vaut exactement 0.03532. Cette valeur est reprise telle quelle bien qu'elle soit trop faible pour représenter un vrai contact sec entre deux aciers mais il s'agit ici d'une simulation d'un contact réel lubrifié par un modèle sec. Les quatre lois ci-dessous sont utilisées pour ces simulations. La première est simplement la relation de Coulomb (1.2.29). La seconde est la relation de Coulomb-Orowan (1.2.30) avec $\tau_m = k$. La quatrième est simplement la relation de Tresca (1.2.31) alors que la troisième combine la première et la dernière et est appelée Coulomb limité par Tresca. Le coefficient de

Tresca $\bar{m}^T$ choisi vaut le double de $\bar{m}^C$. Comme visible sur la figure 4.1, ce rapport 2 a été choisi tel que la pression maximale obtenue dans toutes les simulations soient proches.

$$
\begin{aligned}
\tau^C &= \bar{m}^C \left| \sigma_n \right| & &\text{Coulomb} \\
\tau^{C_O} &= min\left(\bar{m}^C \left| \sigma_n \right|, k \right) & &\text{Coulomb-Orowan} \\
\tau^{C_T} &= min\left(\bar{m}^C \left| \sigma_n \right|, \bar{m}^T k \right) & &\text{Coulomb-Tresca} \\
\tau_T &= \bar{m}^T k = 2\bar{m}^C \frac{\sigma_Y}{\sqrt{3}} & &\text{Tresca}
\end{aligned}
$$

4.1.3 Résultats

La figure 4.1 montre les résultats en terme de pression et de frottement à l'interface si l'hypothèse de cylindre rigide est posée. À droite, on voit que la limitation de la loi de Coulomb-Orowan n'intervient pas et que, de ce fait, les solutions Coulomb et Coulomb-Orowan sont parfaitement similaires. Au contraire, la loi de Coulomb limitée par Tresca commence et termine sur le mode Coulomb alors que la partie centrale est contrôlée par la loi de Tresca.

Lorsque l'aplatissement des cylindres est pris en compte selon le module de Jortner, la régularisation en vitesse de la force de frottement n'a pas été nécessaire afin de converger. En effet, seul un faible aplatissement est atteint dans les simulations et aucun méplat réel n'est observé (aucune vérification expérimentale n'est ici possible). Sur la figure 4.2, on observe que la pression maximale a pratiquement doublé pour les deux premières lois alors qu'elle n'augmente que d'environ 30% pour les deux dernières. Comme pour le cas avec des cylindres rigides, la limitation de la loi de Coulomb-Orowan n'intervient pas alors que celle de Tresca est bien active. En parallèle, la figure 4.3 montre que le creusement du cylindre est nettement accentué lors de l'utilisation du modèle de Coulomb.

Les résultats fournis par le logiciel d'Arcelor sont un glissement avant d'environ 20% et une force de laminage de $7.06\ MN$. La table 4.1 montre clairement l'importance de la prise en compte de la déformation sur la qualité des résultats même pour une déformation relativement modeste. Avec la loi de Coulomb, METALUB en version lisse et sec obtient 20.08% et $7.08\ MN$ pour une précision sur la déformée cylindre RFC_{obj} valant 0.005. Cette précision a été fixée suivant l'analyse sur la stabilisation des valeurs de glissement et de la force au cours des itérations. Une valeur du critère d'arrêt inférieure à 0.005 n'apporte plus que des modifications minimes sur les grandeurs macroscopiques de comparaison.

La table 4.2 compare les différentes lois de frottement pour RFC_{obj} valant 0.5 %. La variable la plus sensible est le glissement avant qui varie pratiquement du simple au

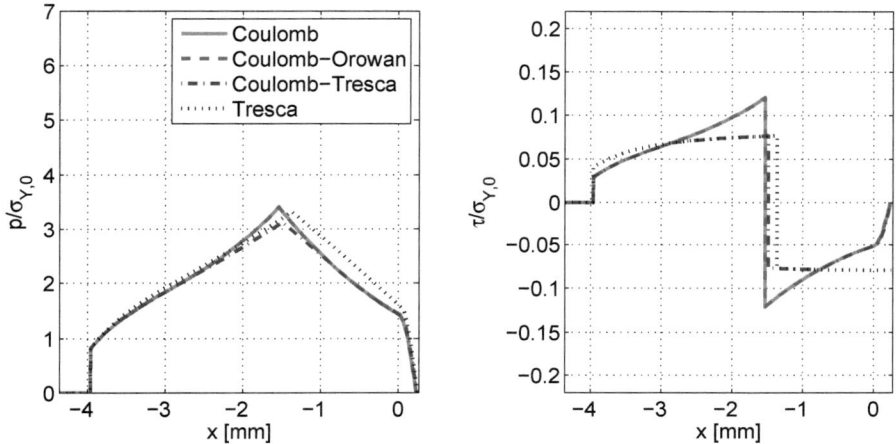

FIGURE 4.1 – Simulation d'une passe de double réduction avec des cylindres supposés rigides.

RFC_{obj} [%]	∞	1 %	0.5 %	0.25%	0.1 %
S_F [%]	8.56	19.03	20.08	20.51	20.69
F_{LAM} [MN]	2.77	6.67	7.08	7.10	7.11

TABLE 4.1 – Evolution des résultats macros en fonction de la précision sur la boucle de déformation pour la loi de Coulomb.

	Coulomb	Coulomb-Orowan	Coulomb-Tresca	Tresca
S_F [%]	20.08	20.08	12.06	10.84
F_{LAM} [MN]	7.08	7.08	5.41	6.54

TABLE 4.2 – Evolution des résultats macros en fonction de la loi de frottement avec $RFC_{obj} = 0.5\%$

double.

4.1.4 Conclusion

Cette première application possède une interface lisse et sèche afin de permettre de comparer les résultats de METALUB et ceux obtenus par un logiciel fourni par Arcelor. Ce logiciel possède la modèle collant/glissant qui résout de manière exacte le frottement de Coulomb.

Les résultats montrent que :

– les quatres lois de frottement testées fonctionnent comme attendu ;
– la loi de frottement de Coulomb obtient sensiblement les résultats de référence pour une précision sur la déformation du cylindre de 0.5% ;
– le glissement avant est particulièrement sensible à la loi de frottement.

Cette application met en garde l'utilisateur de ce genre de modèle sur le choix de la forme de la loi de frottement sur les plateaux. La loi de Coulomb, de par les pressions plus élevées qu'elle induit, entraîne un effet d'amplification de la déformée du cylindre qui n'est pas observé lorsque la loi de Tresca, simple ou par limitation, est utilisée.

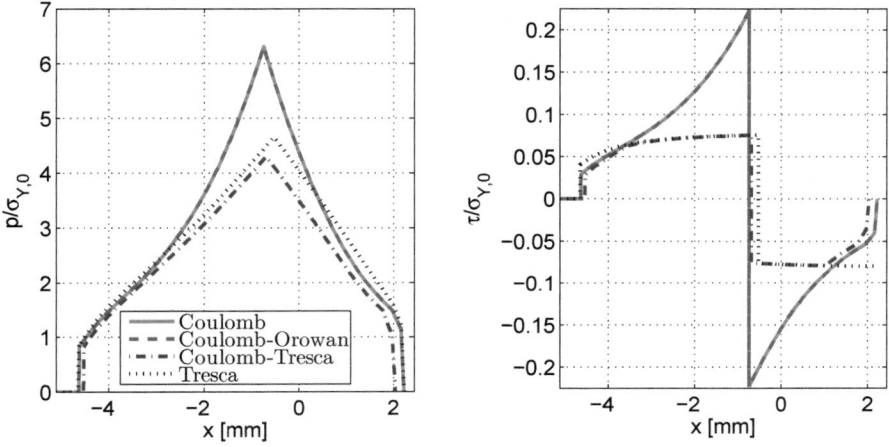

FIGURE 4.2 – Simulation d'une passe de double réduction avec des cylindres déformables selon Jortner.

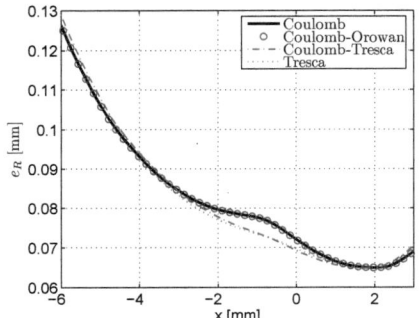

FIGURE 4.3 – Déformées des cylindres selon Jortner lors d'une passe de double réduction.

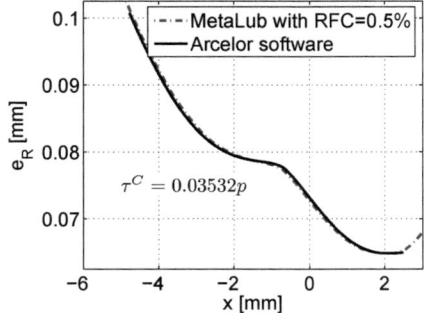

FIGURE 4.4 – Comparaison des déformées des cylindres selon METALUB et un logiciel d'Arcelor.

Chapitre 4. Applications

197

Fiche de synthèse

SENSIBILITÉ À LA LOI DE FROTTEMENT

Objectifs

Évaluation de l'influence du modèle de frottement sur les plateaux sur la déformée cylindre

Bande

$e_{S,1} = 0.2015\ mm$	$e_{S,2} = 0.1300\ mm$	$r = 35.5\ \%$
$\sigma_1 = 103.9\ MPa$	$\sigma_2 = 287.7\ MPa$	$w = SO$
Modèle thermique : constant, $T_S = SO$		$E_S = 210\ GPa,\ \nu_S = 0.3$
Acier au carbone (SPCD) : $\sigma_Y\left(\bar{\varepsilon}_{pl}\right) = (470.5 + 175.4\bar{\varepsilon}_{pl})\left(1 - 0.45e^{-8.92\bar{\varepsilon}_{pl}}\right) + 56.07\ MPa$		

Cylindre de travail

Modèle de déformation : rigide/Jortner	$E_S = 210\ GPa,\ \nu_S = 0.28$
Modèle thermique : constant	$T_R = SO$
$V_R = 10\ m/s$	$R_0 = 220\ mm$

Lubrification

Configuration : version sans lubrifiant

Modèle d'interface

$\tau^C = 0.03532\,\lvert\sigma_n\rvert$	$\tau^{C_0} = min\left(0.03532\,\lvert\sigma_n\rvert, k\right)$
$\tau^{C_T} = min\left(0.03532\,\lvert\sigma_n\rvert, 0.07064k\right)$	$\tau^T = 0.07064k$
Topologie : surfaces lisses	

Informations de validation

Un logiciel Arcelor fournit $S_F = 20\ \%$ et $F_{\mathrm{LAM}} = 7.06\ MN$ pour le cas $\tau^C = 0.03532\,\lvert\sigma_n\rvert$.

Méthodologie simulation

Étude des différentes lois de frottement implémentées dans METALUB.
Aucun calage nécessaire.

Fiche de synthèse 4.1: Sensibilité à la loi de frottement

4.2 FORT GLISSEMENT NÉGATIF

4.2.1 Introduction

Il y a patinage lorsqu'il n'existe pas de point neutre i.e. la bande n'accélère plus assez pour atteindre la vitesse du cylindre. La première explication qui peut venir à l'esprit est que la force de frottement entre le cylindre et la bande (force motrice) devient trop faible.

Si le patinage est établi, le glissement avant $S_F = \frac{V_{S,2} - V_R}{V_R}$ est fort négatif. Comme le montre la figure 4.5, des situations industrielles existent avec des valeurs allant jusqu'à 10 % de patinage. Au contraire, une faible valeur négative, jusque à environ -1% (trait pointillé), peut simplement traduire le ralentissement de la bande en sortie. Celui-ci est principalement dû à la présence du retour élastique. Dans ce cas, la vitesse de la bande croise deux fois la vitesse du cylindre et il n'existe plus un mais bien deux points neutres !

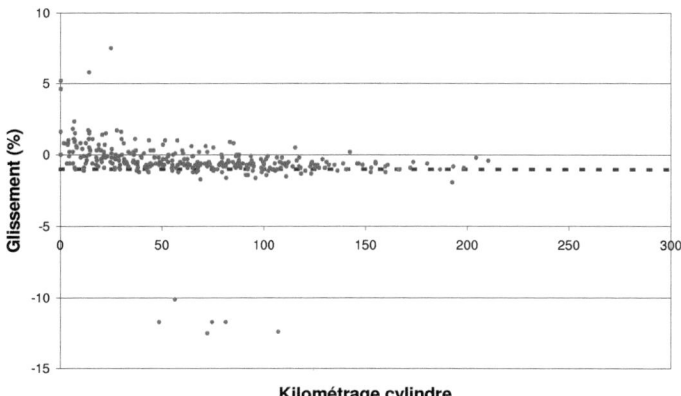

FIGURE 4.5 – Évolution du glissement avant en fonction du kilométrage d'un cylindre (1ère cage d'un laminoir tandem à 5 cages).

Les modèles classiques

Les modèles utilisant un frottement classique ne peuvent simuler ce type de mécanisme. En effet, ils supposent implicitement qu'il existe un point neutre. Si METALUB version sec est utilisé, un tir sur la vitesse en entrée ne suppose pas a priori la présence de ce point neutre. Convergerait-il tout de même ? La réponse est non. En effet, le seul effet de la vitesse dans un modèle sans lubrifiant est de modifier la position du point neutre. Lorsque celui-ci n'existe plus, le modèle n'est plus capable de prendre en compte une modification supplémentaire –par exemple une augmentation de la contre-traction– puisque le frottement est positif tout le long de l'emprise et indépendant de la vitesse. Il est donc impératif de prendre en compte l'effet de la lubrification.

Ces considérations sont illustrées sur la figure 4.6 pour un métal élastique parfaitement plastique avec surfaces lisses et avec un frottement suivant la loi de Tresca. La contre-traction est modifiée allant de 50% à 150% de la valeur de la contrainte limite de plasticité. Le cas en traits discontinus possède deux points neutres. Il s'agit du cas de la limite supérieure en terme de contre-traction imposée. Au travers des différentes figures, on remarque que plus la contre-traction augmente plus :

- le premier point neutre se déplace vers la sortie,
- la pression maximale atteinte dans l'emprise diminue et, finalement,
- la vitesse de la bande diminue.

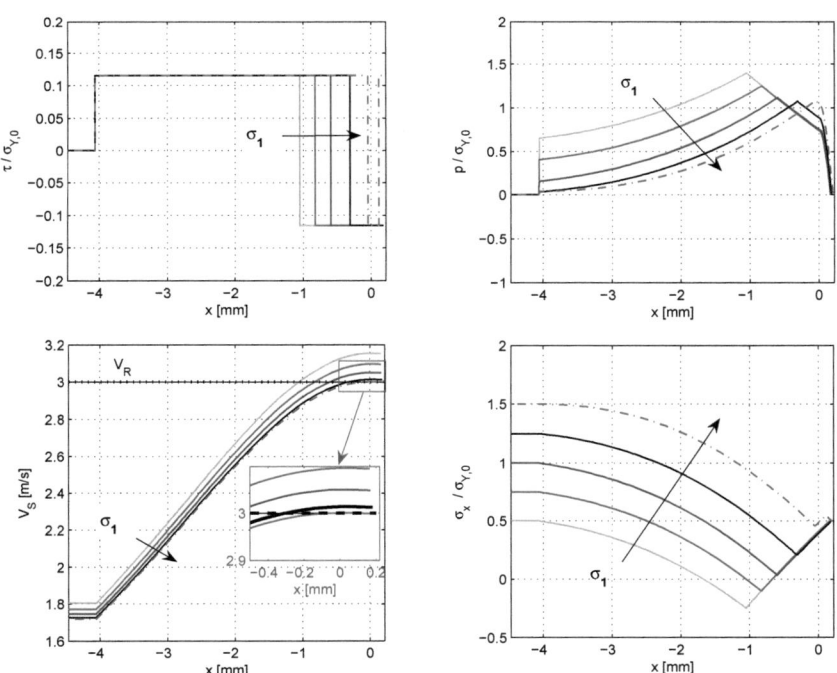

FIGURE 4.6 – Solutions illustrant les résultats obtenus par les modèles classiques (loi de Tresca sans aspérité et sans lubrifiant) pour une passe élastique parfaitement plastique. Évolution en fonction de la contre-traction. Pour cette étude, $\frac{\sigma_1}{\sigma_{Y,0}} = 1.5$ est la limite de modélisation.

4.2.2   Conditions de laminage

Les conditions de laminage utilisées pour cette étude sont celles d'un laminoir expérimental présenté dans Shiraishi, Yamamoto, Hashimoto et Niitome [121]. Le diamètre des cylindres de travail vaut $161.4\ mm$. La vitesse périphérique du cylindre V_R vaut 10 m/min. La mesure de la rugosité «Ra» du cylindre fournit $0.2\ \mu m$. La bande, dont l'épaisseur en entrée est de $0.8\ mm$, est réduite de 20 % et subit une traction σ_2 de 49 MPa. Une réduction de 30 % ainsi qu'une traction doublée sont également testées. La bande est en acier à faible teneur en carbone de nuance SPCD. Notons que Montmittonet et al. [94] présentent une analyse des conditions expérimentales de base ($r = 20$ % et $\sigma_2 = 49\ MPa$) avec le modèle développé dans Marsault [86].

La figure 4.7 présente les résultats obtenus expérimentalement par Shiraishi et al. [121]. Comme pour l'exemple d'introduction, le principe de l'étude est de tester une plage de valeur de contre-traction σ_1. En effet, il s'agit du moyen le plus simple pour provoquer du patinage. Dans ce cas, elle varie entre environ $50\ MPa$ et $200\ MPa$. Le patinage apparaît brutalement lorsque l'on retient plus fortement la bande i.e. quand la contre-traction augmente. La pente du glissement est plus douce pour le cas avec la réduction la plus élevée. Lorsque la traction double, la position de la cassure se déplace vers la droite, passant d'environ $100\ MPa$ à environ $150\ MPa$, signifiant qu'il faut augmenter la contre-traction, c.-à-d. tirer plus fort en entrée, pour retrouver du patinage.

Lors de leurs simulations numériques, Shiraishi et al. [121] utilisent la loi d'écrouissage $\sigma_Y = 813\,(\bar{\varepsilon}_{pl} + 0.035)^{0.29}\ MPa$ qui peut être réécrite selon le format de la loi de

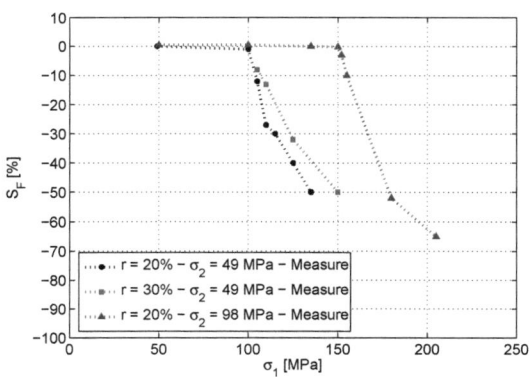

FIGURE 4.7 – Étude expérimentale du patinage de Shiraishi et al. [121].

Krupkowski par $\sigma_Y = 307.5\,(1 + 285.7\bar{\varepsilon}_{pl})^{0.29}\ MPa$.

Pour simuler ce problème dans METALUB, les mêmes valeurs de la loi du matériau pour la bande sont utilisées. De plus, des choix de modélisation supplémentaires sont posés sans plus d'information sur les conditions réelles. Tout d'abord, le cylindre est considéré comme rigide. Ensuite, au niveau de l'interface, la topologie de Christensen (formule (1.2.10)) est sélectionnée. Son écrasement est géré par la relation de Wilson et Sheu. La rugosité «Ra» de la bande est supposée égale à celle du cylindre ce qui implique que $R_q^c = 0.35\ \mu m$. La demi-distance inter-aspérité vaut 30 μm. Le nombre de Peklenik est fixé à 9, ce qui signifie une orientation des rugosités dans la direction longitudinale. La loi de frottement sur les plateaux est celle de Coulomb ($\bar{m}^C = 0.030$) limitée à la contrainte de Tresca ($\bar{m}^T = 0.078$). Finalement, ni le type d'huile ni ses caractéristiques ne sont connus. On sait que sa concentration est de 6 %. On supposera une lubrification maximale et une viscosité de référence de 0.1558 $Pa.s$ (cas d'une huile réelle). Ce choix sera confirmé a posteriori par les débits trouvés par le calcul. Aucune dépendance en température n'est utilisée alors que la piézoviscosité est gérée par la loi de Roelands avec une pente initiale correspondant à une loi de Barus avec $\gamma_l = 1.e^{-8}$ Pa^{-1}.

4.2.3 Étude paramétrique sur la contre-traction

À partir d'un jeu de données unique, l'ensemble des cas tests est créé automatiquement. Grâce à la gestion automatique des domaines sur les variables de tirs, METALUB obtient les résultats repris à la figure 4.8. Les paramètres numériques par défaut suffisent à résoudre tous les cas sauf lorsque l'on est très proche de la situation avec deux points neutres (très faibles valeurs négatives de glissement) pour lesquelles la précision d'intégration doit être légèrement améliorée.

Pour la traction la plus faible ($\sigma_2 = 49\ MPa$), le changement de pente des résultats de calcul est légèrement décalé sur la droite par rapport aux mesures. Les simulations numériques rejoignent les mesures sur un point intéressant : la pente de patinage est légèrement plus douce pour la réduction de 30 % que pour celle de 20 %.

Pour la traction la plus élevée ($\sigma_2 = 98\ MPa$), les résultats des simulations retrouvent bien le décalage de la cassure, par rapport au cas à tractions faibles, vers des contre-tractions plus élevées. La pente de patinage est bonne mais celle-ci est cependant légèrement décalée vers la gauche par rapport aux mesures.

Des cassures sont présentes dans les mesures aux alentours de 110 MPa pour la faible traction, et la faible réduction, ainsi qu'à 180 MPa pour la forte traction. Celles-ci ne sont pas retrouvées par les simulations. Aucune explication physique de la présence de ces changements de pente n'a pu être trouvée.

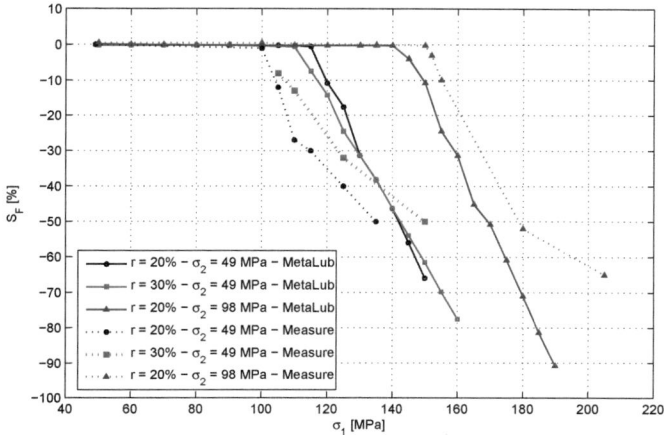

FIGURE 4.8 – Étude du patinage : comparaisons simulations-mesures pour trois configurations de passe.

4.2.4   Analyse des profils de frottement

Les figures 4.9 et 4.10 permettent de voir la différence de profil entre un cas avec ou sans patinage. En effet, pour $\sigma_1 = 50\ MPa$, le frottement change de signe au point neutre et il existe un sommet (maximum) de pression. Au contraire, pour $\sigma_1 = 120\ MPa$, le frottement est toujours positif et il n'existe pas de maximum de pression ailleurs qu'au passage plastique-élastique, c.-à-d. pratiquement au point bas du cylindre en $x = 0$ ici. En réalité, le cas à faible contre-traction possède deux points neutres : le premier aux environs de $-0.3\ mm$ et le second aux environs de $0.5\ mm$.

À première vue, on pourrait croire que, plus une bande patine, plus le frottement est faible. La figure 4.11 montre l'intérêt de ce genre de modèle qui permet une analyse détaillée des phénomènes. En effet, en réalité, le frottement équivalent de Coulomb augmente lorsque le glissement négatif apparaît. Simultanément, le débit de lubrifiant diminue. L'explication provient d'une réduction de l'effet dynamique d'entraînement du lubrifiant vu la diminution de la vitesse d'entrée. En effet, comme la figure 4.12 le montre, la vitesse d'entrée de bande est stable jusqu'au patinage et décroît largement par après. En parallèle, l'aire de contact finale est également présentée : elle suit la même tendance que le frottement moyen de Coulomb, ce qui est l'explique d'ailleurs sûrement en grande partie.

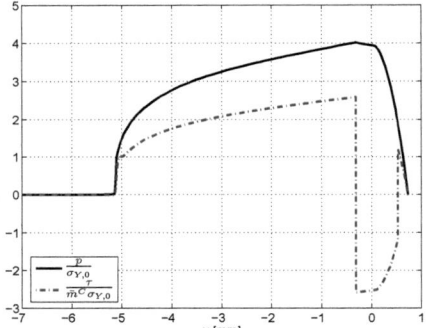

FIGURE 4.9 – Pression et frottement pour $\sigma_1 = 50$ MPa, $\sigma_2 = 49$ $MPa - r = 20\%$. Cas sans patinage $S_F = -0.1\%$

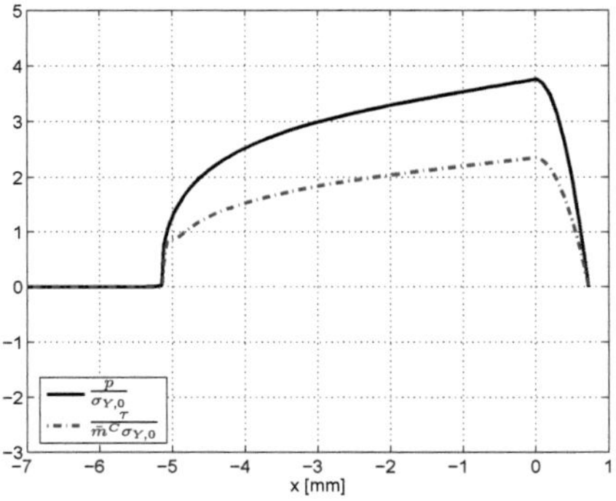

FIGURE 4.10 – Pression et frottement pour $\sigma_1 = 120$ MPa, $\sigma_2 = 49$ $MPa - r = 20\%$. Cas avec patinage $S_F = -10.7\%$.

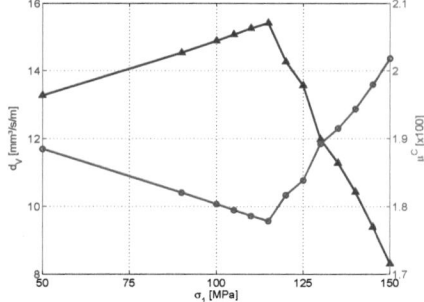
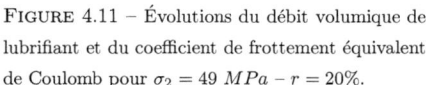

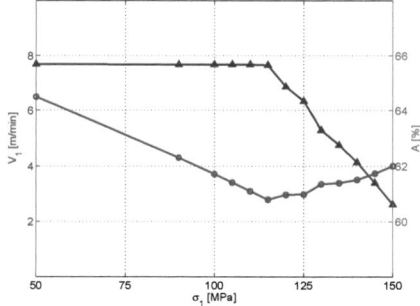

FIGURE 4.11 – Évolutions du débit volumique de lubrifiant et du coefficient de frottement équivalent de Coulomb pour $\sigma_2 = 49$ $MPa - r = 20\%$.

FIGURE 4.12 – Évolutions de l'aire de contact et de la vitesse d'entrée de bande pour $\sigma_2 = 49$ $MPa - r = 20\%$.

4.2.5 Études paramétriques pertinentes

Comme l'a montré précédemment Marsault [86] dans des études en vitesse, la rugosité composite et la viscosité de référence conditionnent fortement la position de la cassure des pentes de la figure 4.8. Ces deux grandeurs sont d'ailleurs mal connues au niveau des données expérimentales. Pour mettre ceci en évidence, une variation de 20% est appliquée à chacun de ces paramètres. Dans une première simulation, la rugosité est diminuée alors que, dans une deuxième, la viscosité est augmentée de ce montant relatif, tous les autres paramètres restant inchangés. La figure 4.13 montre des résultats significatifs. Dans les deux cas, la cassure s'est rapprochée significativement de la cassure réelle. Finalement, une troisième simulation prend en compte les deux variations précédentes. Dans ce cas, on retombe pratiquement parfaitement sur la courbe expérimentale.

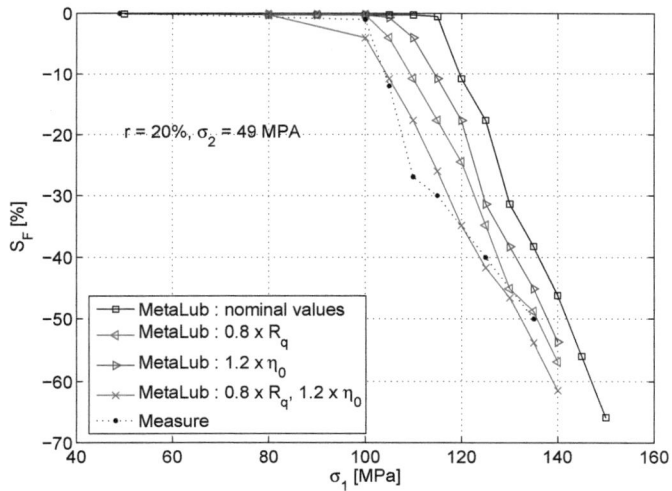

FIGURE 4.13 – Étude de sensibilité de R_q et de η_0 sur l'évolution du glissement avant avec la contre-traction. Cas avec $\sigma_2 = 49\ MPa$ et $r = 20\%$.

4.2.6 Conclusion

Cette étude permet, le plus simplement possible, d'illustrer la capacité de simuler de forts patinages avec METALUB puisque celui-ci utilise un modèle de lubrification. La gestion automatique des bornes sur la vitesse d'entrée de bande permet à l'utilisateur de ne définir qu'un jeu de données unique à partir duquel il ne doit changer que la contre-traction, ce qui apporte une grande facilité d'utilisation.

Les résultats montrent que des glissements négatifs de l'ordre de -70 % peuvent être reproduits par simulation. Lorsque la bande patine par augmentation de la contre-traction, le débit de lubrifiant chute principalement par une diminution de l'effet hydrodynamique dû à un ralentissement de la vitesse de la bande. D'autre part, pour cette même étude en terme de contre-traction, le frottement équivalent de Coulomb commence à augmenter lorsque le patinage apparaît. Une augmentation de l'aire de contact est en relation directe avec ce comportement.

La pente de glissement S_F en fonction de la traction entrée σ_1 lors du patinage est proche de celle mesurée expérimentalement. Celle-ci est sensible à la réduction appliquée et les simulations retrouvent bien cette dépendance. On trouve également une bonne sensibilité de la position de la cassure à σ_2.

En plus, des simulations supplémentaires montrent que la position de la cassure dépend aussi de R_q et de η_0. Ces paramètres doivent donc être connus avec précision lors d'une étude sur le patinage. On pourrait alors imaginer que l'identification précise de la viscosité d'un lubrifiant en condition de laminage pourrait se réaliser par calage de la cassure du glissement avant des simulations sur l'expérience plutôt que des tribomètres qui ne placent pas toujours le fluide dans les conditions réelles d'une emprise.

Fiche de synthèse

SIMULATION D'UN FORT GLISSEMENT NÉGATIF

Objectifs

Validation de METALUB avec une étude expérimentale (laminoir pilote) du patinage

Bande

$e_{S,1} = 0.8\ mm$	$e_{S,2} = 0.64$ ou $0.56\ mm$	$r = 20$ ou 30 %
σ_1 de 50 à 200 MPa	$\sigma_2 = 49$ ou $98\ MPa$	$w = 250\ mm$

Modèle thermique : constant, $T_S = SO$ $E_S = 210\ GPa,\ \nu_S = 0.3$

Acier au carbone (SPCD) : $\sigma_Y = 813\left(\bar{\varepsilon}_{pl} + 0.035\right)^{0.29}\ MPa$

Cylindre de travail

Modèle de déformation : rigide	$R_0 = 161.4\ mm$
Modèle thermique : constant	$T_R = SO$
$V_R = 10\ m/min$	

Lubrification

Configuration :	$C = 6$ %	$T_L^{tank} = 60\ ^oC$
version lubrification maximale	$\mathcal{P} = $ inconnu	$d_b = 4l/min/face$

$$ln\frac{\eta(p,T)}{\eta_0} = (\ln\eta_0 + 9.67)\left[\left(1 + \frac{p_l}{196.210^6}\right)^{\frac{196.210^6 * 1.e^{-8}}{\ln\eta_0 + 9.67}} - 1\right]\ Pa.s \text{ avec } \eta_0 = 0.1558\ Pa.s \text{ (choix)}$$

Modèle d'interface

$\tau^{C_T} = min\left(0.030\left|\sigma_n\right|, 0.078k\right)$ (par calage)

Topologie : Christensen (choix) $\bar{l} = 30\ \mu m$ (choix) $\gamma_S = 9$ (choix)

$R_{a,R} = 0.2\ \mu m$ $R_{a,S} = R_{a,R}$ (choix) $\Rightarrow R_q = 0.35\ \mu m$

Informations de validation

Shiraishi et al. [121] fournit les mesures expérimentales des glissements.

Méthodologie simulation

Calage des paramètres de τ^{C_T} pour le cas de base $r = 20$ % et $\sigma_2 = 49\ MPa$.

SO = Sans Objet

Fiche de synthèse 4.2: Simulation d'un fort glissement négatif

4.3 ANALYSE DE DONNÉES INDUSTRIELLES

4.3.1 Introduction

Le tandem quatre cages (TD4C) installé à Tilleur (Liège, Belgique) fonctionne en continu. Il lamine à froid de nombreuses nuances d'acier. De nombreux points de fonctionnements réels sont en notre possession. Malgré une certaine méconnaissance des lois d'écrouissage de chaque nuance et de chaque bande, une étude des catégories dite «acier doux» et «acier extra-doux» est présentée.

L'objectif de cette section est d'analyser le caractère prédictif de METALUB sur un grand nombre de points de fonctionnement.

4.3.2 Conditions de laminage

Il s'agit de passes réelles en cage 1 du TD4C. On possède les épaisseurs de la bande en entrée et en sortie. En entrée, la bande a une épaisseur variant entre 2.00 et 5.00 mm. Elle sort entre 1.17 et 4.30 mm. La réduction, quant à elle, varie entre 14 et 42% mais la majorité des passes subissent une réduction de un tiers. Les tractions, en entrée $\in [32, 65]$ MPa et en sortie $\in [89, 146]$ MPa, sont également à chaque fois parfaitement connues. La vitesse périphérique du cylindre est fournie et varie entre 1.38 et 7.10 m/s. Celui-ci possède un rayon initial donné d'environ 260 mm. Le module de Young et le coefficient de Poisson de la bande et du cylindre sont estimés aux valeurs de 205000 MPa et 0.3. Pour la bande, la limite de plasticité initiale est fournie. Par exemple, pour la nuance «acier doux», elle varie entre 219.13 et 309.13 MPa.

Les mesures nous fournissent le glissement avant, la force de laminage spécifique ainsi que la vitesse d'entrée de la bande.

Afin d'évaluer le plus correctement possible la rugosité de surface, la rugosité R_q a été mesurée sur 10 cylindres usés et sur 4 bobines avant laminage. Une simple moyenne fut ensuite appliquée. La distance moyenne entre les aspérités a également été mesurée. Elle a été évaluée à 30 μm sur le cylindre et à 90 μm sur la bande. Ne sachant comment évaluer une distance équivalente pour l'interface, la valeur du cylindre est retenue car elle reste normalement constante le long de l'emprise. Des tests ont montré que cela n'influençait pas fondamentalement les résultats obtenus.

Certains choix de modélisation ont dû être effectués (voir tableau 4.3). L'approche de Jortner est utilisée pour tenir compte de la déformation des cylindres. La loi de Roelands modélise la piézoviscosité avec une pente initiale qui correspond à une loi de Barus avec le paramètre γ_l précisé. La viscosité est connue à 40°C et vaut 42.34 $mPa.s$. Cependant, ni la dépendance en température ni d'ailleurs la température en sortie des buses ne sont connues. La valeur retenue est une température de l'ordre de 30°C. Le type de rugosité fût choisi arbitrairement de type Christensen. De même, son orientation est supposée pratiquement dans la direction du laminage ($\gamma_s = 8$). La loi de frottement sur les plateaux est celle de Coulomb-Tresca selon la formule $\tau^{C_T} = min\left(\bar{m}_t^C \left|\sigma_n\right|, 2\bar{m}_t^C k\right)$ où $\bar{m}_t^C$ est un paramètre de calage (voir discussion ci-dessous).

R_q	=	$3\ \mu m$	$\bar{l}$	=	$30\ \mu m$	η_0	=	$0.0321\ Pa.s$
			γ_s	=	8	γ_l	=	$1.0\text{e-}8\ Pa^{-1}$

TABLE 4.3 – Mesure et choix de modélisation pour les cas industriels de cage 1 au TD4C.

Nous possédons beaucoup de données précises concernant ces tests. Trois grandeurs ne sont cependant pas connues avec précision. Selon un cas particulier de chacune des deux nuances d'acier étudiées (doux ou extra-doux), un calage de trois paramètres permet de se rapprocher des mesures industrielles. Il s'agit du coefficient de frottement de Coulomb et des paramètres de la loi d'écrouissage de Krupkowski K et n dans $\sigma_Y = \sigma_{Y,0} \left(1 + K\bar{\varepsilon}_{pl}\right)^n$.

4.3.3 Analyse des résultats

Sur le premier point de fonctionnement de notre base de données, un calage des trois paramètres pour chaque nuance d'acier fournit la table 4.4. Suite à nos simulations, nous obtenons un coefficient de frottement $\bar{m}^C$ inchangé entre les deux nuances. Cela semble cohérent avec la présence d'un médium (lubrifiant) sur les plateaux du contact mixte. Il s'agirait donc bien d'un régime limite dont la dureté de l'acier n'influence pas le comportement.

nuance	$\bar{m}_t^C$	K	n
«acier doux»	0.1	500000	0.050
«acier extra-doux»	0.1	500000	0.075

TABLE 4.4 – Cage 1 du TD4C de Tilleur : calages sur une passe quelconque pour les deux nuances.

Pour la nuance «acier doux», METALUB fournit les solutions présentées aux figures 4.14, 4.15 et 4.16 dans plus de 170 configurations de passes différentes. La première figure montre une très bonne concordance entre les mesures et les simulations des vitesses d'entrée de la bande. En effet, les points, dont les abscisses correspondent aux valeurs calculées et les ordonnées aux valeurs observées, suivent bien la diagonale de pente unitaire passant par l'origine. Les écarts avec cette diagonale grandissent avec la valeur absolue de la vitesse. La figure 4.15 montre que le glissement est souvent largement surévalué par MᴇᴛᴀLᴜʙ : les points sont à droite de la diagonale. Au niveau de la force de laminage, la force est de manière globale légèrement sous-évaluée : les points sont en majorité à gauche de la diagonale. En diminuant légèrement l'écrouissage du métal, on devrait pouvoir retrouver une meilleure distribution des résultats autour de la première diagonale pour la force de laminage. Dans ce cas, l'écart entre mesures et simulations pour le glissement grandirait.

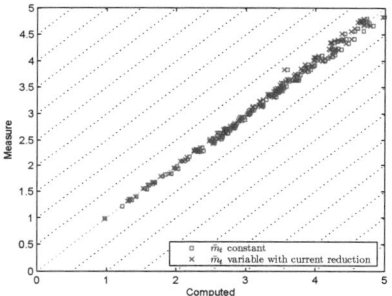

Fɪɢᴜʀᴇ 4.14 – Simulations de passes industrielles (Tilleur, TD4C-C1) : la vitesse de bande en entrée pour la nuance «acier doux».

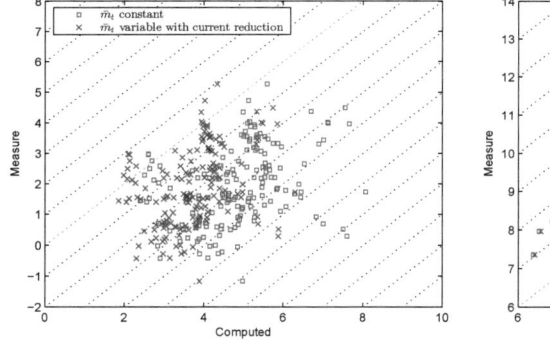

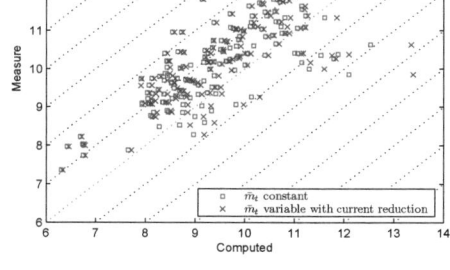

Fɪɢᴜʀᴇ 4.15 – Simulations de passes industrielles (Tilleur, TD4C-C1) : le glissement avant en % pour la nuance «acier doux».

Fɪɢᴜʀᴇ 4.16 – Simulations de passes industrielles (Tilleur, TD4C-C1) : la force de laminage en MN pour la nuance «acier doux».

Suite aux résultats évoqués ci-dessus, un technique d'adaptation du coefficient de frottement sur les plateaux en fonction la réduction locale semble utile. En effet, Le et Sutcliffe [76] ont développé un modèle de ce type. En effet, selon eux, l'allongement

Chapitre 4. Applications

du métal mène à la création de surface fraîche, ce qui entraîne une rupture de la lubrification limite sur les plateaux. Le coefficient de frottement augmenterait donc avec la réduction courante le long de l'emprise.

Pour nos simulations, nous avons remodelé la loi présentée par Le et Sutcliffe [76] afin de conserver un coefficient moyen par rapport au modèle classique selon :

$$\bar{m}_t\left(x\right) = \bar{m}_t\left[1.0 + 2.0\left(r_{loc}\left(x\right) - \frac{r}{2}\right)\right] \qquad (4.3.1)$$

avec $r_{loc}\left(x\right) = \frac{e_S(x) - e_{S,2}}{e_{S,2}}$ qui est la réduction effective en cours d'emprise et r toujours la réduction totale. Cela permet donc de conserver le $\bar{m}_t$ constant utilisé précédemment comme la moyenne, en terme de réduction (pas de position spatiale), du coefficient de frottement variable $\bar{m}_t\left(x\right)$. Le facteur 2 qui apparaît est issu d'essais numériques effectués. Une illustration de cette loi est proposée à la figure 4.17. Les résultats des simulations subissent un décalage, en terme de glissement avant, qui est loin d'être négligeable. Cependant, la diagonale est loin d'être retrouvée fidèlement. La force n'est que peu influencée par cette technique de répartition du frottement.

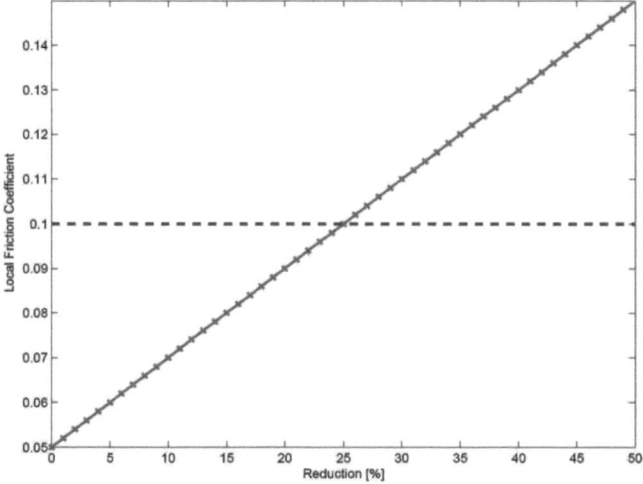

FIGURE 4.17 – Évolution du coefficient de frottement selon (4.3.1) pour une réduction de 50%.

La même analyse sur des points de fonctionnement avec une nuance «acier extra-doux» est également présentée. Plus de 180 passes différentes étaient connues. Sans jouer aucunement sur les paramètres numériques, seules deux sur 180 simulations n'ont pas abouti. METALUB fournit les solutions présentées aux figures 4.18 et 4.19. On peut observer qu'il existe un décalage de la force de laminage calculée par rapport à celle mesurée. Une diminution de l'écrouissage paraît nécessaire afin de mieux "centrer" les résultats. Ces résultats confirment, sur une autre nuance d'acier, les résultats obtenus précédemment quant à l'intérêt d'utiliser un coefficient de frottement local variable avec la réduction locale selon l'équation (4.3.1).

4.3.4 Conclusion

Pour les deux nuances d'acier, un réglage de la loi d'écrouissage et du coefficient de frottement est effectué sur une passe particulière afin de corréler au mieux les mesures aux résultats. Que ce soit pour la nuance d'acier doux ou bien l'extra-doux, on a étudié au moins une centaine de passes de manière automatique. Moins de 1% des simulations ne convergent pas avec les paramètres par défaut.

Les résultats en terme de force et de vitesse d'entrée de bande sont satisfaisants. Au contraire, les simulations surévaluent quasi systématiquement le glissement avant. De ce fait, une dépendance du coefficient de frottement sur les plateaux à la réduction locale est introduite. La loi utilisée permet de conserver le frottement moyen en terme de réduction. Tout en conservant la force de laminage quasi inchangée, un rapprochement significatif des valeurs mesurées et calculées du glissement avant est alors observé.

Il semble évident que la dispersion des résultats montre qu'une connaissance précise de chaque écrouissage serait nécessaire afin d'éliminer cette inconnue qui handicape le travail d'analyse.

Fiche de synthèse

POINTS DE FONCTIONNEMENT EN CAGE 1 DU TD4C DE TILLEUR

Objectifs

Évaluation de METALUB sur un nombre important de points de fonctionnement.

Bande

$e_{S,1}$ de 2 à 5 mm	$e_{S,2} = 1.17$ ou 4.30 mm	$r = 14$ ou 42 %
σ_1 de 32 à 65 MPa	σ_2 de 89 à 146 MPa	$w = 1\,m$

Modèle thermique : constant, $T_S = SO\ ^oC$		
Acier : $\sigma_Y = \sigma_{Y,0}\left(1 + K\bar{\varepsilon}_{pl}\right)^n$	$E_S = 205\ GPa$	$\nu_S = 0.3\ MPa$
Nuance acier "extra-doux" : $\sigma_{Y,0}$ de 150 à 240 MPa	$K = 500000$	$n = 0.075$
Nuance acier "doux" : $\sigma_{Y,0}$ de 220 à 310 MPa	$K = 500000$	$n = 0.050$

Cylindre de travail

Modèle de déformation : Jortner	$E_S = 205\ GPa$, $\nu_S = 0.30$
Modèle thermique : constant	$T_R = SO$
V_R de 1.38 à 7.10 m/s	$R_0 = 260\ mm$

Lubrification (huile synthétique avec additifs P et S)

Application directe	$C \in [4, 10]$	$T_L^{tank} = 53 \pm 7C$
version lubrification maximale	$\mathcal{P}$ inconnu	d_b inconnu

$$ln\frac{\eta(p,T)}{\eta_0} = (\ln \eta_0 + 9.67)\left[\left(1 + \frac{p_l}{196.210^6}\right)^{\frac{196.210^6 * 1.e^{-8}}{\ln \eta_0 + 9.67}} - 1\right]\ Pa.s \text{ et } \eta\,(40C) = 0.04234\ Pa.s$$

Modèle d'interface

$\tau^{Co} = min\left(\bar{m}_t^C \left|\sigma_n\right|, 2\bar{m}_t^C k\right)$ avec $\bar{m}_t^C = 0.1$ ou variable avec la réduction locale.
Topologie : Christensen (choix) $\quad \bar{l} = 30\ \mu m$ (mesures sur cylindre) $\quad \gamma_S = 8$ (choix)
$R_{q,S} = 2.77\ \mu m$ $\qquad R_{q,R} = 1.01\ \mu m$ $\qquad \Rightarrow R_q \approx 3\ \mu m$

Informations de validation

Mesures sur train tandem des valeurs de $V_{S,1}$, S_F et F_{LAM}.

Méthodologie simulation

Calage des paramètres de τ^{C_T}, K et n sur 1 cas de chacune des deux nuances. Étude de l'effet de la variation de $\bar{m}_t^C$ avec la réduction locale.

Fiche de synthèse 4.3: Points de fonctionnement en cage 1 du TD4C de Tilleur

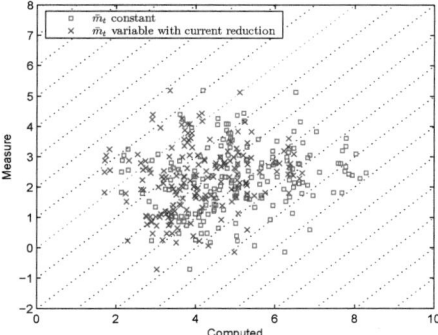

FIGURE 4.18 – Simulations de passes industrielles (Tilleur, TD4C-C1) : le glissement avant en % pour la nuance «acier extra-doux».

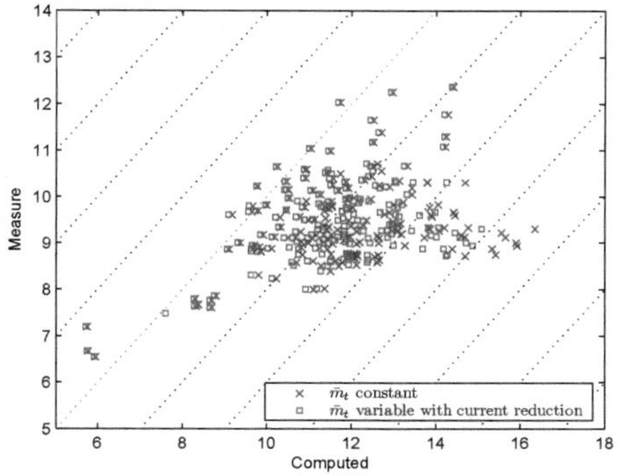

FIGURE 4.19 – Simulations de passes industrielles (Tilleur, TD4C-C1) : la force de laminage en MN pour la nuance «acier extra-doux».

4.4 SENSIBILITÉ À LA RÉDUCTION

4.4.1 Introduction

Une campagne d'essai eut lieu en 2002 sur le laminoir pilote de *Arcelor Research*. Il s'agit bien sûr d'essais de laminage à froid lubrifié. Le matériau à laminer est un matériau nouvelle génération de type HSS (*High Strength Steel*) et donc assez dur. Ce type d'alliage contient généralement du chrome, du molybdène et du vanadium en proportion plus importante que pour un acier traditionnel.

Trois émulsions et une huile pure ont été testées. L'objectif principal était de déterminer le meilleur lubrifiant dans des conditions de laminage aussi proches que celles rencontrées industriellement. La réduction maximale conservant un glissement positif devait également être déterminée.

L'objectif de cette section est de confronter le modèle avec les mesures en huile entière et de vérifier la différence de comportement avec une des émulsions. L'huile utilisée sous forme pure est notée N alors que l'huile utilisée dans l'émulsion est notée Q.

4.4.2 Conditions de laminage

Sur le laminoir pilote, une étude de sensibilité du frottement à la réduction est réalisée. Cette dernière varie entre 15 et 45%. Les résultats mesurés sont la force de laminage et le glissement avant. Un coefficient de frottement équivalent de Coulomb est aussi post-calculé à partir des mesures industrielles.

Les données du laminoir pilote sont reprises à la table 4.5.

R	Ra cylindre	$e_{S,1}$	w	σ_1	Force sortie	$V_{S,2}$
240 mm	0.6 − 0.7 μm	3.3 mm	75 mm	47.8 MPa	2 t	0.83 ou 4.17 m/s

TABLE 4.5 – Conditions de passe sur un laminoir pilote.

Des mesures rhéologiques sur les bobines d'essais ont été effectuées. La loi d'écrouissage de la bobine qui correspond à nos simulations est visible à la figure 4.20. Un recalage, selon le modèle d'écrouissage de Krupkowski, le plus précis possible y est également représenté. Il conduit à $\sigma_Y\left(\bar{\varepsilon}_{pl}\right) = 290\left(1 + 500000\,\bar{\varepsilon}_{pl}{}^{0.1}\right)\,MPa$.

La dépendance thermique (voire figure 4.21) des deux huiles utilisées est parfaitement connue. En allant vers les basses températures, on remarque que l'huile utilisée pure (N) a une viscosité qui augmente beaucoup moins que l'autre. D'une manière générale, elle est également moins visqueuse. La température de l'émulsion en recirculation est maintenue à 50^oC. Celle-ci est appliquée à un débit de $70l/min/face$.

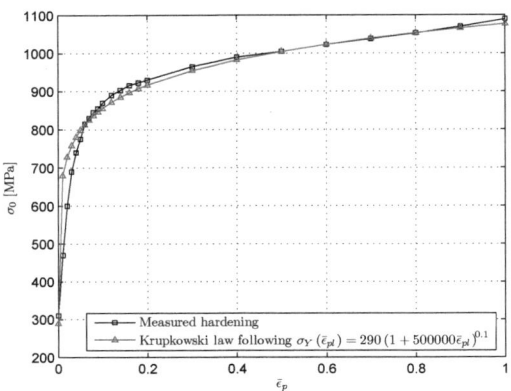

FIGURE 4.20 – Écrouissage mesuré et simulé par calage pour la bobine d'essai (acier HSS).

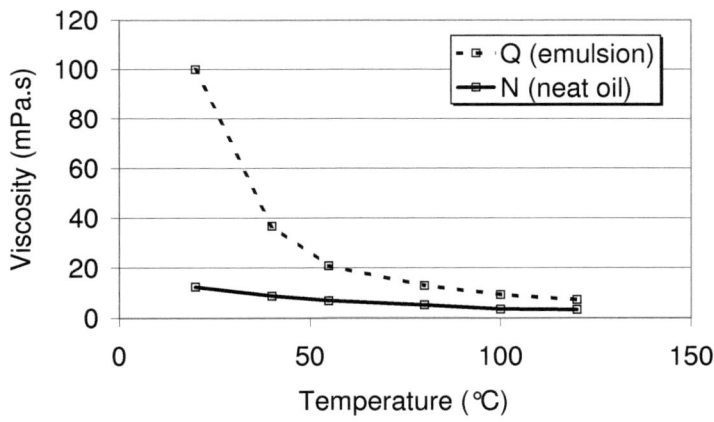

FIGURE 4.21 – Évolution de la viscosité en fonction de la température des deux huiles Q et N testées.

Choix de modélisation

La rugosité de la bande est supposée valoir $R_q^S = 1$ μm, ce qui conduit à une rugosité composite de $R_q = 1.5$ μm. On pose des valeurs classiquement utilisée pour l'orientation et l'espacement des rugosités : $\gamma_S = 9$ et $\bar{l} = 30$ μm.

La vitesse du cylindre est inconnue. Nous la supposerons égale à la vitesse de la bande en sortie. Ceci n'est strictement exact que lorsque le point neutre est situé en sortie d'emprise. Toutefois, vu les valeurs de patinage qui sont observées, l'erreur commise ne dépassera pas plus de quelques pour cents.

Si la dépendance de la viscosité à la température est parfaitement connue, la température de pulvérisation de l'huile N n'est pas connue avec précision. On la prend égale à celle de l'autre huile (50^oC). La dépendance en pression est inconnue. La loi de Roelands est prise avec une pente initiale égale à celle d'une loi de Barus avec la valeur standard $\gamma_l = 0.015$ MPa^{-1} (coefficient de piézoviscosité).

Aucune autre donnée de température n'est fournie à part la température initiale du lubrifiant. Une approche isotherme est réalisée ainsi qu'une approche avec échauffement adiabatique de la bande. La température du cylindre est alors supposée constante et égale à 75^oC. La bobine est à la température ambiante supposée de 25^oC.

Pour l'émulsion, le débit imposé correspond à un débit de 0.016 $m^3/s/face/m$ pour le mélange. Cette valeur permet-elle de valider l'hypothèse de lubrification maximale ? En supposant un plate-out seulement de 10% mais en posant une concentration dynamique parfaite –i.e. ne laissant aucune goutte d'eau passer dans l'emprise– le débit d'huile pure présent dans l'émulsion initialement à une concentration de 1% passant réellement dans l'emprise vaut $1/10$% de la valeur mentionnée ci-dessus. Le débit maximal théorique peut être estimé par le produit de l'épaisseur fournie par une expression du type de 2.5.5 multiplié par la vitesse du cylindre (on se met en sécurité). Il vaut $410e^{-9}$ $m^3/s/face/m$. Donc, selon ces calculs, les buses apportent environ 40 fois la quantité qui passe théoriquement dans l'emprise. On conclut donc bien à une lubrification maximale.

4.4.3   Analyse des résultats

Résultats expérimentaux

Après des mesures expérimentales obtenues, les résultats des expériences montrent qu'une réduction de 40% peut être atteinte. Cette limite est due à la présence d'un glissement négatif et non pas à la force de laminage maximale de cage qui serait atteinte.

La comparaison entre l'émulsion et l'huile pure (voir figures 4.22, 4.23 et 4.24) révèle des différences de comportement significatives. On note principalement que la pente du glissement en fonction de la réduction est plus importante pour l'émulsion Q. Un décalage vertical du glissement montre d'ailleurs une dépendance à la nature du lubrifiant. Les mesures de force varient faiblement selon l'émulsion choisie mais significativement selon la réduction. Le coefficient de frottement équivalent diminue fortement quand la réduction augmente.

Simulations

Toutes autres conditions de passe restant égales, une série de simulation étudie la réduction de la bande entre 15 et 45% par pas de 5%. Pour chacune de ces séries, une étude du paramètre utilisateur, c.-à-d. le coefficient de frottement sur les plateaux (contact direct bande-cylindre) $\bar{m}_t$, est réalisé pour caler la force de laminage et le glissement avant. La réduction pour laquelle est réalisé ce calage vaut 25%, c.-à-d. en milieu de gamme.

Dans un premier temps, deux modèles de déformations de cylindre −rigide et Jortner− sont testés. Pour le modèle de Jortner, l'effet de l'échauffement adiabatique est également évalué. Les résultats pour les deux lubrifiants sont présentés aux figures allant de 4.25 à 4.28.

Le calage, à paramètre constant le long de l'emprise, pour l'huile entière a fourni $\bar{m}_t = 0.07$ alors que $\bar{m}_t = 0.0575$ est efficace pour l'émulsion. Cela est logique puisque, d'une part, le modèle de sous-alimentation considère qu'il y a une concentration dynamique parfaite de l'huile dans l'émulsion et que, d'autre part, la viscosité de l'huile de Q est supérieur à celle de N.

D'une manière générale, on observe que l'effet de la déformation du cylindre est important et modifie la force de laminage d'au moins 10%. La dépendance de la force à la réduction est relativement bien représentée malgré une pente numérique trop importante par rapport à l'expérimentation.

Au contraire, la variation du glissement avant est largement inversée entre la simulation et l'expérience. En effet, les mesures montrent une chute du glissement avec la réduction, sauf entre les réductions 15% et 20% alors que les simulations fournissent une tendance nettement contraire. L'utilisation du modèle adiabatique influence sensiblement les valeurs du glissement obtenues pour des réductions supérieures à 25%. Que ce soit en terme de force ou de glissement, les modifications obtenues vont dans le bon sens. Par exemple, l'écart mesure-simulation sur le glissement est divisé par deux pour la réduction maximal et l'émulsion Q.

Malgré l'influence bénéfique de la prise en compte de l'échauffement adiabatique, il est évident à ce stade qu'un phénomène de premier ordre n'est pas pris en compte

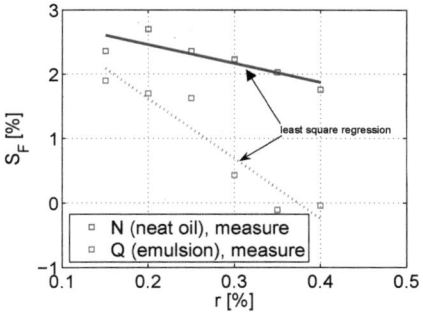

FIGURE 4.22 – Mesures expérimentales du glissement avant avec la réduction pour les deux lubrifiants et les régressions linéaires.

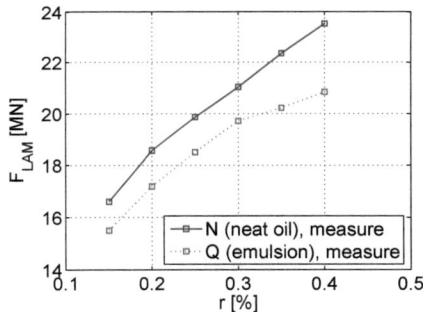

FIGURE 4.23 – Mesures expérimentales de la force de frottement avec la réduction pour les deux lubrifiants.

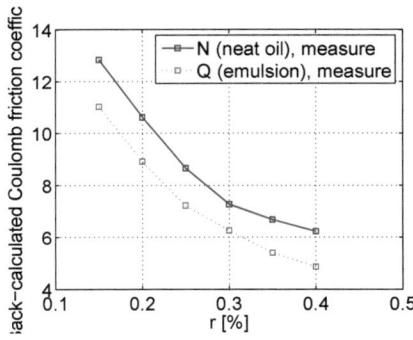

FIGURE 4.24 – Évaluations du frottement moyen en % avec la réduction pour les deux lubrifiants.

Chapitre 4. Applications   221

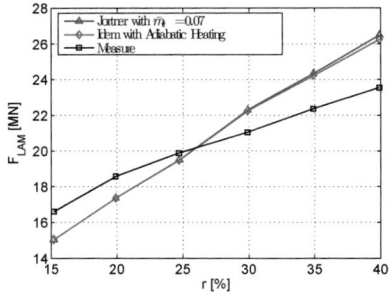

FIGURE 4.25 – Étude de la force de laminage fonction de la réduction pour l'huile pure N et $\bar{m}_t = 0.07$.

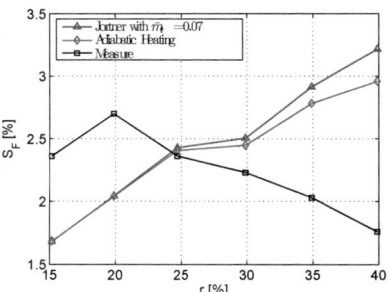

FIGURE 4.26 – Étude du glissement avant fonction de la réduction pour l'huile pure N et $\bar{m}_t = 0.07$.

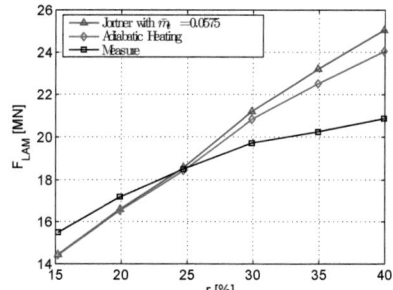

FIGURE 4.27 – Étude de la force de laminage fonction de la réduction pour l'émulsion Q et $\bar{m}_t = 0.0575$.

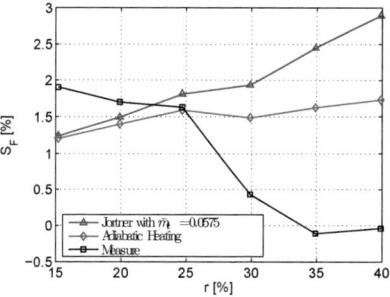

FIGURE 4.28 – Étude du glissement avant fonction de la réduction pour l'émulsion Q et $\bar{m}_t = 0.0575$.

222

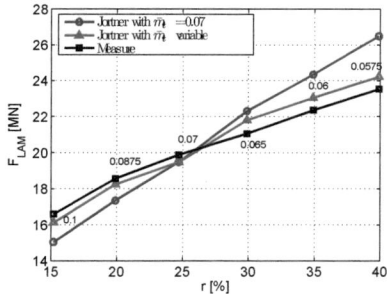

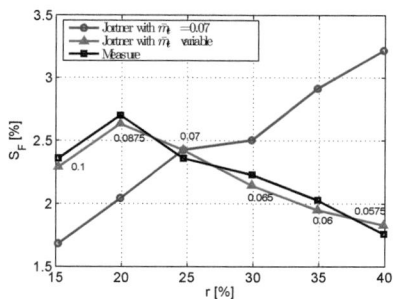

FIGURE 4.29 – Étude de la force de laminage en fonction de la réduction pour l'huile pure N. $\bar{m}_t$ fixe et variable et les courbes de tendance linéaires.

FIGURE 4.30 – Étude du glissement avant en fonction de la réduction pour l'huile pure N. $\bar{m}_t$ fixe et variable.

pour obtenir des résultats cohérents en termes de force et de glissement pour la gamme de réduction étudiée.

Pour combler ce manque, l'idée est donc d'identifier le coefficient de frottement sur les plateaux $\bar{m}_t$ pour chaque réduction et ce, afin de suivre l'évolution de la mesure de glissement avec les résultats du modèle. Ceci réalisé, on peut alors comparer la force de laminage obtenue et le frottement moyen équivalent obtenu par le calcul et par une technique d'inversion sur les mesures par les industriels. Il faut bien noter que, contrairement à l'application précédente, il s'agit bien de la valeur moyenne du coefficient de frottement qui est modifié et non pas sa distribution le long de l'emprise. L'utilisation de cette méthode n'a pas fourni, dans ce cas, une modification significative des résultats de simulation.

Les figures allant de 4.29 à 4.32 présentent ces résultats. Les valeurs de $\bar{m}_t$ sont fournies en étiquette à chaque point de simulation. La calage est réalisé au cas par cas. Il est intéressant de remarquer que le calage sur le glissement avant entraîne aussi une nette amélioration du profil de la force de laminage. Cette observation fondamentale est valable pour les deux lubrifiants. Elle exprime que changer la valeur du coefficient a certainement une explication physique. En effet, en calant sur le glissement, on atteint quasiment les valeurs espérées au niveau de la force de laminage. Une autre observation qui tend à montrer que cette étude à $\bar{m}_t$ variable représente la réalité est la décroissance monotone des valeurs obtenues lors du calage. En effet, on passe de 0.035 pour une réduction de 40% à 0.085 pour la réduction de 15% et toutes les valeurs intermédiaires sont contenues entre ces valeurs.

Il reste à comparer les valeurs des frottements moyens évalués par les industriels et par METALUB. Sur les deux figures (4.33 et 4.34), la variation $\bar{m}_t$ permet à nouveau

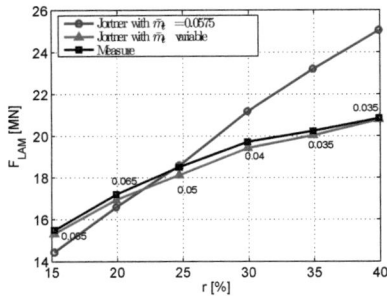

FIGURE 4.31 – Étude de la force de laminage en fonction de la réduction pour l'émulsion Q. $\bar{m}_t$ fixe et variable.

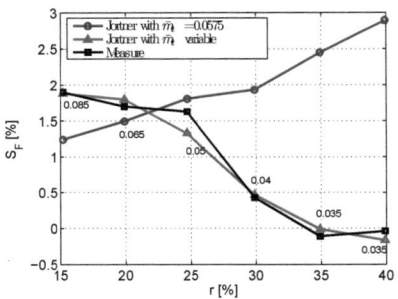

FIGURE 4.32 – Étude du glissement avant en fonction de la réduction pour l'émulsion Q. $\bar{m}_t$ fixe et variable.

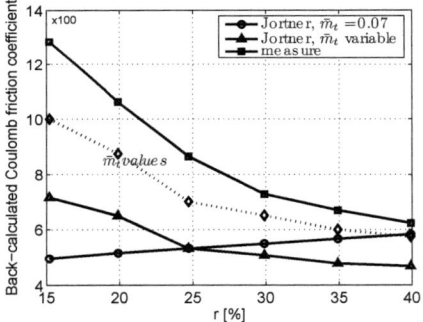

FIGURE 4.33 – Frottement moyen en % en fonction de la réduction pour l'huile N. $\bar{m}_t$ fixe et variable.

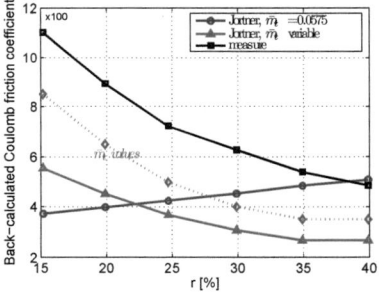

FIGURE 4.34 – Frottement moyen en % en fonction de la réduction pour l'émulsion Q. $\bar{m}_t$ fixe et variable.

de retrouver la tendance générale des "mesures". On trouve bien un frottement moyen plus élevé pour l'huile N que pour l'huile Q.

4.4.4 Conclusion

Nous avons réalisé la simulation complète d'une campagne d'essai sur laminoir pilote de *Arcelor Research*. Le matériau nouvelle génération de type HSS est assez dur et on n'est donc pas surpris d'avoir du prendre en compte une déformée non circulaire des cylindres.

Deux huiles sont simulées. La N est utilisée directement pure et pour l'autre, Q, on suppose une concentration idéale de 100%. Après vérification, le débit calculé se situe dans la fourchette $150 - 240e^{-9}$ ce qui conforte l'idée d'une forte sur-lubrification.

Il est très positif que l'on parvienne aisément à caler le glissement avant et la force de laminage pour toutes valeurs de réduction. Pour obtenir une variation logique du glissement avant, il est nécessaire de diminuer le frottement limite des plateaux lorsque la réduction augmente et ce, de manière non négligeable. Par suite, il semble logique de penser qu'il manque un ingrédient physique du premier ordre dans le modèle physique. Une piste vraisemblable est la présence de micro-hydrodynamisme. En effet, comme vu au premier chapitre, l'augmentation de la réduction augmente fortement les écoulements sur les plateaux. Il est donc logique que la valeur du frottement diminue dans ce sens.

Fiche de synthèse

SENSIBILITÉ DU FROTTEMENT À LA RÉDUCTION

Objectifs

Analyse de la dépendance du coefficient de frottement moyen en fonction de la réduction pour une étude expérimentale sur laminoir pilote

Bande

$e_{S,1} = 3.3$ mm	$e_{S,2}$ de 2.81 à 1.82 mm	r de 15 à 45 %
$\sigma_1 = 47.8$ MPa	$\sigma_2 = 2\,t$	$w = 75$ mm

Modèle thermique : constant, $T_S = ? \rightarrow 25\ ^oC$

Acier au carbone (SPCD) : $\sigma_Y = 290\,(1 + 500000\bar{\varepsilon}_{pl})^{0.1}$ MPa, $E_S = 210$ GPa, $\nu_S = 0.3$

Cylindre de travail

Modèle de déformation : rigide ou Jortner $\qquad R_0 = 240$ mm

Modèle thermique : constant $\qquad\qquad\quad T_R = ? \rightarrow 75\ ^oC$

$V_R = 0.83$ m/s

Lubrification

Configuration : $\qquad\qquad C = 1$ (choix) ou 100 % $\qquad T_L^{tank} = 50\ ^oC$

version lubrification maximale $\quad \mathcal{P} = ? \rightarrow 10$ % $\qquad\qquad d_v = 70 l/min/face$

%

$$ln\frac{\eta(p,T)}{\eta_0} = (\ln\eta_0 + 9.67)\left[\left(1 + \frac{p_l}{196.2 10^6}\right)^{\frac{196.2 10^6 * 1.5e^{-8}}{\ln\eta_0 + 9.67}} - 1\right]\ Pa.s \text{ avec } \eta_0 = \eta(T)|_{T=25C}\ Pa.s$$

Modèle d'interface

$\tau^{Co} = min\left(\bar{m}_t\,|\sigma_n|, k\right)$

Topologie : $? \rightarrow$ Christensen $\qquad \bar{l} = ? \rightarrow 30\ \mu m$ $\qquad\qquad \gamma_S = ? \rightarrow 9$

$R_{a,S} = ?1.0\ \mu m \qquad R_{a,R} = 0.65\ \mu m \qquad \Rightarrow R_q = 1.5\ \mu m$

Informations de validation

Mesures expérimentales du glissement avant et de la force de laminage.

Méthodologie simulation

Calage du coefficient de frottement solide paramètres $\bar{m}_t$ de τ^{Co} pour la réduction moyenne $r = 25$ %.

Fiche de synthèse 4.4: Sensibilité du frottement à la réduction

4.5 SENSIBILITÉ À LA VITESSE

4.5.1 Introduction

Des différences notoires de comportement existent entre les différentes cages d'un train tandem. Dans le cadre de cette étude, la sensibilité du glissement avant et de la force de laminage en fonction de la vitesse de laminage est étudiée. L'objectif est d'évaluer la capacité de METALUB à représenter les différents comportements observés.

Les cas étudiés proviennent du tandem 4 cages de Sollac (site de Ste Agathe) à Florange (France). L'équipement de ce train permet des mesures précises d'où le choix de ces résultats. Évidemment, la méthodologie choisie est directement applicable à n'importe quel autre tandem.

4.5.2 Analyse des données fournis par l'industriel

Comme les figures 4.35 et 4.36 le montrent clairement, trois comportements différents co-existent au travers des 4 cages. Tout d'abord, la dernière cage réalise une passe de très faible réduction (2 %) afin de réaliser un transfert de rugosité. On comprend donc aisément que son comportement diffère des autres. METALUB n'a pas pour vocation d'étudier la transfert de rugosité qui représente un cas tout à fait particulier où la rugosité du cylindre revêt toute son importance. Cette cage ne sera donc pas étudiée. Ensuite, on peut observée que les cages 2 et 3 se comportent de manière similaire. Pour la première plage de vitesse, une diminution de l'effort avec la vitesse accompagne celle du glissement avant. Pour les plus hautes vitesses, ces valeurs se stabilisent voire même à remonter sur le dernier point de mesure. Finalement, la première cage possède une force et un glissement quasi constants.

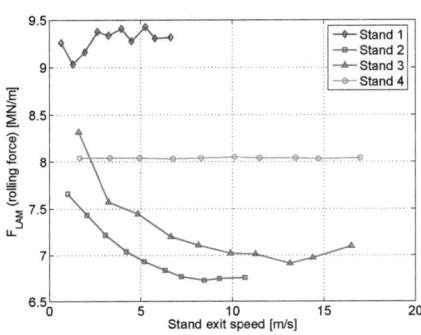
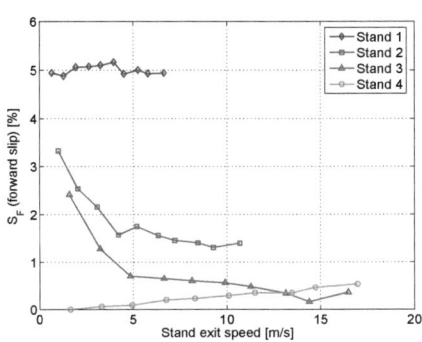

FIGURE 4.35 – Mesures des essais sur la sensibilité de l'effort à la vitesse.

FIGURE 4.36 – Mesures des essais sur la sensibilité du glissement à la vitesse.

4.5.3 Méthodologie pour les simulations numériques

Les deux paramètres de calage des simulations sur les mesures sont à nouveau : le coefficient de frottement sur plateaux $\bar{m}_t$ et la rhéologie de la bande. Ce second paramètre est simplement dû à un manque de connaissance précise de la loi d'écrouissage de l'acier laminé. On utilise une loi de type SMATCH

$$\sigma_Y\left(\bar{\varepsilon}_{pl}\right) = \left(387.495 + 250.155\bar{\varepsilon}_{pl}\right)\left(1 - 0.35e^{-14.5\bar{\varepsilon}_{pl}}\right) + E \; MPa$$

Le paramètre variable au travers des cages est le paramètre E inconnu a priori.

Expérimentalement, la force de laminage et le glissement mesurés sont pris avec un programme en escaliers de vitesse. La bande passe par plusieurs paliers de vitesse durant lesquels la vitesse est stabilisée. Entre ces paliers, des phases d'accélération permettent d'accéder au palier suivant. Sur les figures 4.35 et 4.36, les valeurs moyennes observées pour chacun de ces paliers sont reprises en un point. METALUB ne considère bien sûr que les phases stabilisées.

Pour chaque cage, on va suivre la procédure de simulation numérique suivante. Pour le cas avec palier de vitesse moyen (5ème palier), on identifie le $\bar{m}_t$ et le E sur la force et le glissement mesurés. Ensuite, la totalité de la plage de vitesse en considérant $\bar{m}_t$ et E constants est soumise à simulation.

La viscosité de l'huile utilisée dépend de la température. Il s'agit de l'huile Q de l'application précédente. Suite à des calculs d'échauffement adiabatique de la bande, une température de cage de respectivement 83°C et 85 °C est évaluée aux cages 1 et 2 ce qui correspond environ à une viscosité, pour une pression atmosphérique, de 0.0135 $mPa.s$. En cage 3, par manque d'information, 85 °C est conservé.

L'écrasement des rugosités au travers du tandem doit également être prise en compte. Aux entrées des cage 2 et 3, les mesures ne sont pas disponibles. La rugosité de la bande est prise égale à la rugosité cylindre de la cage précédente, ce qui suppose à une conformité parfaite des surfaces soit une aire de contact de 100%.

En ce qui concerne l'aplatissement des cylindres, le modèle de déformation de Jortner est utilisé même si la déformation est relativement faible dans ce cas.

4.5.4 Conditions de laminage

Certaines conditions de passe sont reprises sur la figure 4.37. Pour les aspérités, une topologie de Christensen orientée selon la direction du laminage est choisie. Leur écrasement suit le modèle de Wilson et Sheu. La rugosité R_a d'entrée de bande avant la première cage est supposée valoir 1 μm. Les rugosités R_a cylindres valent respectivement 1.6 μm en cage 1, 0.8 μm en cage 2 et 0.45 μm en cage 3. La demi-distance moyenne entre les aspérités vaut 30 μm.

En ce qui concerne le frottement, une loi de Coulomb limité en Tresca est utilisée. Le rapport entre le facteur de frottement de Tresca et celui de Coulomb est fixé à 2.6.

Pour le lubrifiant, la loi de Roelands est utilisée pour la thermo-viscosité. Sa pente initiale est la même qu'une loi de Barus avec $\gamma_l = 1.5 \; MPa^{-1}$.

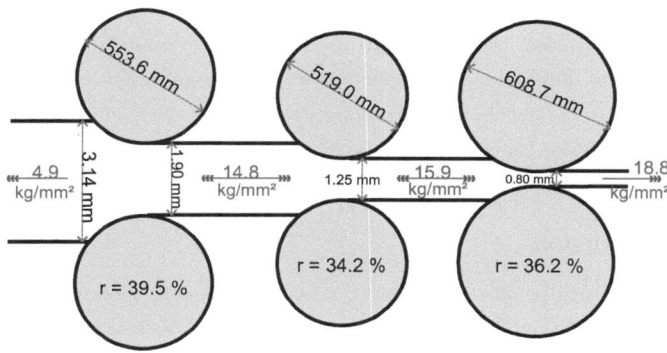

FIGURE 4.37 – Épaisseurs de bande, diamètres des cylindres, réductions et tractions.

4.5.5 Analyse des résultats

Les figures 4.38 et 4.39 sont relatives à la première cage. On remarque que, pour la vitesse de calage (environ $3m/s$), les mesures et les simulations concordent convenablement pour la force et le glissement. Cependant, il est parfaitement clair aussi que la sensibilité à la vitesse n'est pas parfaitement retrouvée. Comparé aux résultats obtenus pour les autres cages, le glissement calculé ne varie pas beaucoup : il passe de 6.2 % à 4.6 % ce qui ne représente qu'une variation de 20 % autour de sa moyenne.

De la figure 4.40 à la figure 4.43, les résultats relatifs aux cages 2 et 3 sont représentés. Pour ces cages, la sensibilité à la vitesse est très bonne. En effet, que ce soit en terme de force de laminage ou de glissement, les variations obtenues numériquement concordent quantitativement à celles mesurées. Une explication du fait que le paramètre de calage de la loi du matériau augmente en valeur absolue pourrait être que l'effet température est plus important que l'effet vitesse entre les différentes cages.

Ces deux observations contradictoires selon que l'on regarde la première cage ou les cages suivantes poussent à envisager un aspect physique non pris en compte ou bien une erreur dans les données concernant la cage 1. L'échauffement adiabatique de la bande ainsi que l'effet vitesse sur l'écrouissage (sans une connaissance précise de sa dépendance) ont été testées sur la première cage sans succès. Ensuite, comme la connaissance de la rugosité de la bande en entrée n'est pas très fiable et que Marsault [86] montrait clairement que ce paramètre pouvait rendre le glissement indépendant de la vitesse, un test avec une rugosité triplée a été effectuée. Le constat d'impuissance reste le même. Une autre hypothèse fut que, pour la première cage, le seuil de percolation est atteint rapidement après l'entrée de d'emprise ce qui enlèverait la dépendance à la vitesse. Les calculs ont montré que l'on était loin de cette situation. L'origine de cette différence de comportement entre la première cage et les suivantes la plus crédible est l'effet de viscoplasticité du matériel sûrement mal pris en compte dans notre simulation. En effet, l'écrouissage est plus important en première cage donc un effet visqueux pourrait être mis à jour par une étude en vitesse plus précise.

4.5.6 Conclusion

METALUB est utilisé afin de mesurer la sensibilité à la vitesse de laminage. Les grandeurs caractéristiques analysées sont à nouveau le glissement avant et la force de laminage.

Avec un double calage sur un palier à vitesse moyenne pour la deuxième et la troisième cage du tandem, METALUB permet de quantifier de manière satisfaisante la dépendance de la force et du glissement à la vitesse sur le reste du domaine de vitesse. Pour que cette concordance soit bonne, le coefficient de frottement sur les plateaux a donc dû être adapté entre les différentes cages ce qui implique un changement de condition de lubrification sur les plateaux.

Même si plusieurs hypothèses ont été testées, aucune explication n'a été identifiée à la non concordance des résultats et des mesures pour la première cage. Posséder le comportement exact viscoplastique du métal laminé permettrait probablement d'éliminer ou de confirmer l'hypothèse la plus vraisemblable qui explique l'indépendance du glissement et de la force à la vitesse par le fort écrouissage subi en première cage.

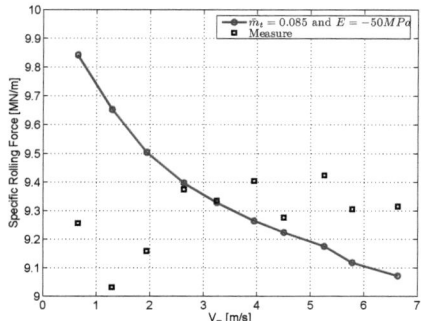

FIGURE 4.38 – Mesures/Simulations : la sensibilité de l'effort à la vitesse en cage 1.

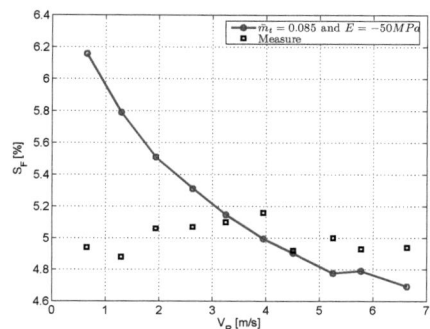

FIGURE 4.39 – Mesures/Simulations : la sensibilité du glissement à la vitesse en cage 1.

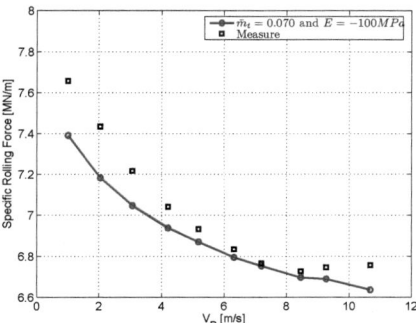

FIGURE 4.40 – Mesures/Simulations : la sensibilité de l'effort à la vitesse en cage 2.

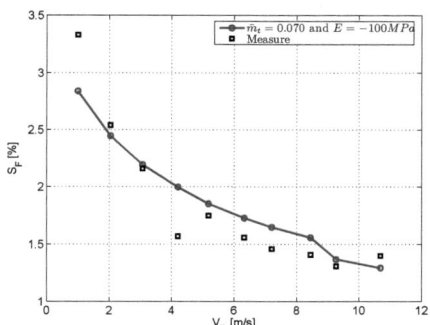

FIGURE 4.41 – Mesures/Simulations : la sensibilité du glissement à la vitesse en cage 2.

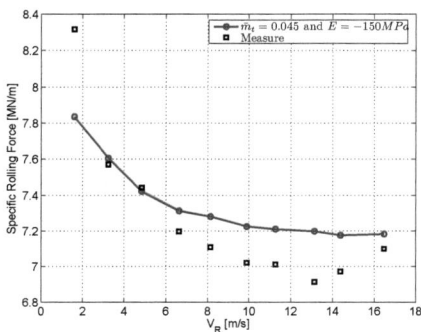

FIGURE 4.42 – Mesures/Simulations : la sensibilité de l'effort à la vitesse en cage 3.

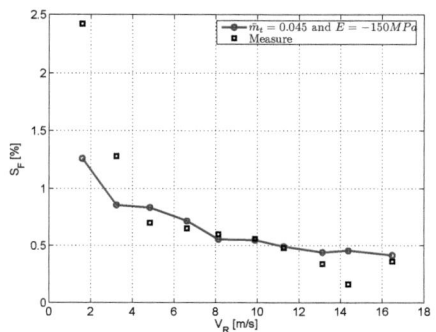

FIGURE 4.43 – Mesures/Simulations : la sensibilité du glissement à la vitesse en cage 3.

Fiche de synthèse

SENSIBILITÉ DU GLISSEMENT ET DE L'EFFORT À LA VITESSE

Objectifs

Application de METALUB sur les trois premières cages d'un train tandem 4 cages.

Bande

$e_{S,1} = 3.14\ mm$	$e_{S,2} = 0.80\ mm$	$r = 39.5$ puis 34.2 puis $36.2\ \%$
voir figure 4.37 pour les tractions		$w = 1\ m$

Modèle thermique : constant, $T_S = SO\ ^oC$

Acier au carbone (SPCD) : $\sigma_Y\left(\bar{\varepsilon}_{pl}\right) = (387.495 + 250.155\bar{\varepsilon}_{pl})\left(1 - 0.35e^{-14.5\bar{\varepsilon}_{pl}}\right) + E\ MPa$

$E_S = 210\ GPa$, $\nu_S = 0.3$

Cylindre de travail

Modèle de déformation : Jortner	voir figure 4.37 pour R_0
Modèle thermique : constant	$T_R = SO$
V_R par palier entre 1 et 17 m/s	

Lubrification

Configuration :	$C = ?$	$T_L^{tank} = ?$
lubrification maximale	$\mathcal{P} = ?$	$d_v = ?$

$$ln\frac{\eta(p,T)}{\eta_0} = (\ln\eta_0 + 9.67)\left[\left(1 + \frac{p_l}{196.210^6}\right)^{\frac{196.210^6 * 1.5e^{-8}}{\ln\eta_0 + 9.67}} - 1\right]\ Pa.s \text{ avec } \eta_0 = 0.0135\ Pa.s$$

Modèle d'interface

$\tau^{C_T} = min\left(\bar{m}_t\left|\sigma_n\right|, 2.6\bar{m}_t k\right)$

Topologie : ? → Christensen	$\bar{l} = ? → 30\ \mu m$		$\gamma_S = ? → 9$
$R_{a,S} = 1\ \mu m$	$R_{a,R1} = 1.6\ \mu m$	$R_{a,R2} = 0.8\ \mu m$	$R_{a,R3} = 0.45\ \mu m$

Informations de validation

Mesures industrielles du glissement avant et de la force de laminage.

Méthodologie simulation

Pour chaque cage, avec le 5ème palier de vitesse, on identifie le $\bar{m}_t$ et le E sur la force et le glissement mesurés.

Fiche de synthèse 4.5: Sensibilité du glissement et de l'effort à la vitesse

4.6 SOUS-ALIMENTATION EN DOUBLE RÉDUCTION

4.6.1 Introduction

Cette section présente une première mise en application du modèle de lubrification mixte METALUB dans sa version en sous-alimentation. Il traite un cas de laminage double réduction pour lequel la déformée du cylindre de travail est importante. Sur laminoir pilote, des simulations en huile pure et en émulsion ont été réalisées.

L'objectif est d'analyser comment exploiter efficacement le modèle de sous-alimentation développé pour une application pratique. Des commentaires et des questions enrichissent la discussion relative à cette application.

4.6.2 Données expérimentales et hypothèses de travail

Deux huiles, notées O et P, sont testées. Trois configurations sont testées : PO = pure oil, **DA** = *direct application* et **RA** = *recirculated application*. Le laminage PO-O est réalisé sur une grande plage de vitesse allant de 100 à 1700 m/min alors que les données disponibles se limitent à environ 800 m/min pour le laminage en émulsion (**RA-O** et **DA-P**). Les bobineaux ont une largeur de 100 mm. La tôle a une épaisseur en entrée de 0.2 mm qui est réduite à 0.1386 mm en sortie. La réduction vaut donc environ 31 % ce qui correspond à un allongement d'environ 45 %. Les tractions entrée et sortie valent respectivement **230**kg et **370** kg soit respectivement **113**MPa et **269**MPa. Le diamètre du cylindre est de 200 mm.

La rugosité initiale de la bande est mesurée et R_a vaut environ 0.3 μm. Celle du cylindre possède une rugosité R_a entre 0.25-0.35 μm. METALUB ne considère que la rugosité composite, voir à la section 1.2.2, qui vaut dans ce cas 0.532 μm.

Ni la température de la bande ni celle du cylindre ne sont mesurées en entrée. Vu l'absence de cage à l'amont, la température de la bande en entrée doit valoir environ 20 ^oC. D'une part, la figure 4.44 présente une mesure de la température en sortie. Celle-ci semble de peu d'intérêt car le crédit a apporté à ces mesures est discutable pour plusieurs points de vue. Premièrement, elles mesurent la *température superficielle* à une certaine *distance de la sortie de l'emprise*. Il faudrait évaluer le refroidissement de la bande. Deuxièmement, l'augmentation de la température pour le cas huile pure serait dû à la coupure possible du système de refroidissement ce qui a certainement modifié la viscosité de l'huile. D'autre part, les autres données pertinentes sont reprises au tableau 4.6. La température du cylindre est considérée comme constante et est choisi afin d'obtenir la température en entrée du modèle pour le lubrifiant qui correspond à celle du réservoir. Pour rappel : on l'obtient par moyenne simple entre celle de la

Configuration	DA	RA	PO
Huile	P	O	O
Concentration	4%	4%	100%
T_L réservoir	60 $^o C$	50 $^o C$	30 $^o C$
Débit $(m^3/face/h/m)$	0.42	8.8	1.2

TABLE 4.6 – Données expérimentales sur les conditions entrées de la lubrification

bande et celle du cylindre.

La thermoviscosité des deux huiles est connue (voir figure 4.45). Au contraire, la piezoviscosité est inconnue. Nous prenons par défaut une loi de Roelands avec une pente à l'origine égale à une loi de Barus avec un coefficient égale à $0.5e^{-8}$ Pa^{-1}. Les valeurs $1.0e^{-8}$ et $1.5e^{-8} Pa^{-1}$ (voir les figures 4.49 et 4.50) sont testées à la section suivante mais donnent de moins bons résultats. En plus de ces informations, les 2 huiles testées (P et O) ont été caractérisées sur tribomètre bague-plan : cela détermine le coefficient de frottement en régime limite. Pour les deux huiles, le coefficient de frottement obtenu oscille entre 0.09 et 0.11. L'huile P a également été caractérisée sur tribomètre Cameron Plint ce qui mesure le coefficient de frottement en fonction de la température. Sur la plage de mesure, de 50 à 200 $^o C$, le frottement est quasi constant. Comme les températures observées expérimentalement appartiennent au domaine de mesure, le coefficient de frottement sur les plateaux utilisés sera considéré indépendant de la température. Après essai, la valeur maximale de 0.11 est sélectionnée dans METALUB pour les deux huiles.

La stabilité et la taille de gouttes des 2 émulsions à la concentration de référence de 5% ont été caractérisées. Les mesures montrent que :

- l'émulsion à base de P (pour l'application directe) est plus instable que l'émulsion à base de O (pour application recirculée) ;
- l'émulsion à base de P possède une taille de goutte plus importante que l'émulsion à base de O.

La connaissance précise du *plate-out* (ou rendement de plate out, i.e. rapport entre la quantité d'huile déposée sur la bande par les buses et la quantité d'huile ayant adhérée sur la bande) reste nécessaire pour que le modèle de sous-alimentation puise espérer être réellement quantitatif. Or, cette donnée expérimentale n'est pas fournie complètement. On devra donc émettre des hypothèses. Pour l'huile pure, on considère que toute l'huile adhère. Le *plate-out* vaut donc 100%. Le *plate-out* de l'émulsion P à 1,6 et 8% de concentration a été mesuré à la vitesse relativement basse de 140 m/min dans des conditions proches de l'application industrielle. L'efficacité du plate out oscille entre 25% (concentration 1,6%) et 75% (concentration 8%). Pour l'émulsion à 4%, il

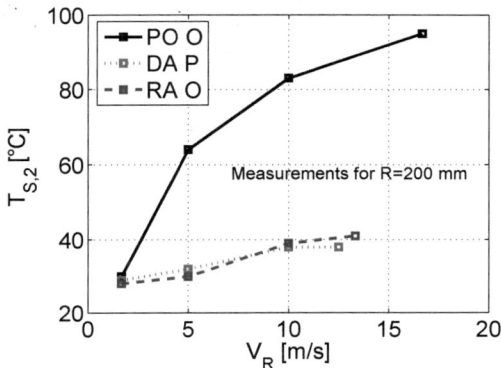

FIGURE 4.44 – Mesures des essais sur la température de la bande en sortie.

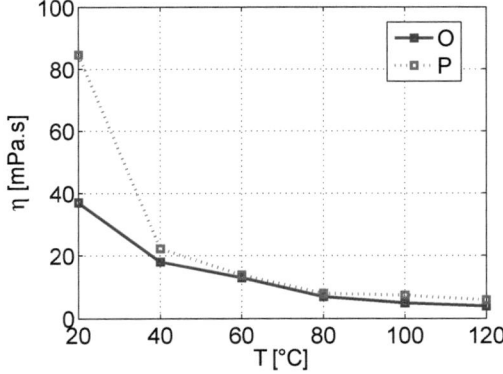

FIGURE 4.45 – Mesures des essais sur la viscosité en fonction de la température à pression ambiante.

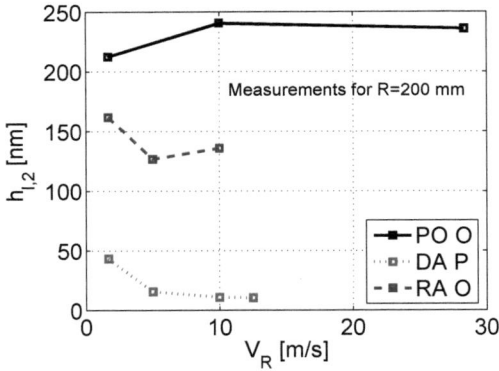

FIGURE 4.46 – Mesures des essais sur l'épaisseur d'huile résiduelle.

semble logique de prendre une valeur intermédiaire de 50%. Plusieurs valeurs sont utilisées dans les simulations MetaLub. À défaut de connaissances, ces proportions sont supposées indépendantes de la vitesse de bande et du débit alors que physiquement il semble logique qu'elles puissent décroître.

Les mesures de taux d'huile résiduelle sur la bande après laminage ($mg/m^2/face$) sont des données expérimentales précieuses qui peuvent être directement comparées au débit de lubrifiant et à l'épaisseur de film d'huile en sortie d'emprise. La figure 4.46 présente ces mesures (obtenues par chromatographie en phase gazeuse) pour les conditions de laminage en huile entière, en émulsion par AD et émulsion par AR.

La rhéologie du métal en entrée est mesurée par essais de traction. Deux éprouvettes sont étirées. La loi SMATCH est utilisée pour modéliser les mesures. Les paramètres identifiés valent :

$A = 377.0\ MPa$	$B = 177.5\ MPa$	$C = 0.01$	$D = 1.21$

Il manque les dépendances à la vitesse de déformation et à la thermique. De manière classique, le paramètre E est identifié par calage sur la force et le glissement à une valeur de 70 MPa dans le cas huile pure. Pour différentes raisons, ce calage est effectué à basse vitesse. Tout d'abord, l'accrochage de l'huile sur la bande est sûrement maximale. On se met donc le plus proche possible de notre hypothèse sur le *plate-out*. Ensuite, vu l'approche décrite par la suite afin de prendre en compte l'effet vitesse, il est important de se placer vers les plus faibles vitesses afin de limiter cet effet au maximum. De plus, les effets thermiques sont moindres à plus faibles vitesses. Par contre, le modèle adiabatique devient plus discutable. Finalement, le phénomène de *roll kiss*, visible sur la figure 4.47, dans lequel les cylindre entre en contact à l'extérieur de la largeur de la bande est évité.

Dans un premier temps, par souci de simplicité, on suppose que cette rhéologie n'est pas modifiée lorsque la vitesse de laminage augmente. Le paramètre E est donc constant. Par la suite, la relation $(2.5.4)$ avec les paramètres $\beta = 350K$, $F = 7725.6K$ et $\dot{\bar{\varepsilon}}_{pl,0} = 10100s^{-1}$ (E est alors mis à zéro) soit

$$\sigma_Y\left(\bar{\varepsilon}_{pl}, \dot{\bar{\varepsilon}}_{pl}, T\right) = \left(377E6 + 177.5E6\bar{\varepsilon}_{pl}\right)\left(1 - 0.01e^{-1.21\bar{\varepsilon}_{pl}}\right)e^{\left(\frac{350}{T} - \frac{350}{290}\right)}\left[1 + \frac{T}{7725.6}arcsh\left(\frac{\dot{\bar{\varepsilon}}_{pl}}{\dot{\bar{\varepsilon}}_{pl,0}}e^{\frac{Q}{RT}}\right)\right]$$

valide pour un autre métal laminé mais de caractéristiques certainement proches est utilisé comme suit.

En se basant sur la simulation avec E constant, on évalue en un endroit spécifique (le 100ème nœud après l'arrivée dans la zone de travail) la valeur du E à prendre en compte pour coller à la relation choisie. Cette approche n'est pas rigoureuse mais à comme intérêt de donner une idée des valeurs à utiliser même sans posséder l'identification spécifique à ce métal. Par exemple, pour le cas de l'huile pure, on obtient alors pour les valeurs de E dépendant de la vitesse le tableau suivant.

	$100m/min$	$300m/min$	$600m/min$	$1000m/min$	$1700m/min$
Hypothèse 1	$70.0\ MPa$	$70.0\ MPa$	$70.0\ MPa$	$70.0\ MPa$	$70.0\ MPa$
Hypothèse 2	$70.0\ MPa$	$84.6\ MPa$	$96.3\ MPa$	$102.2\ MPa$	$110.7\ MPa$

On ne tient pas compte de l'effet de la température sur la contrainte d'écoulement du métal.

Finalement, les dernières mesures expérimentales sont classiquement la force de laminage (figure 4.47) et le glissement avant (figure 4.48).

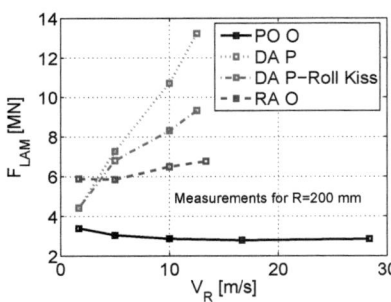

FIGURE 4.47 – Mesures des essais sur la sensibilité de l'effort à la vitesse.

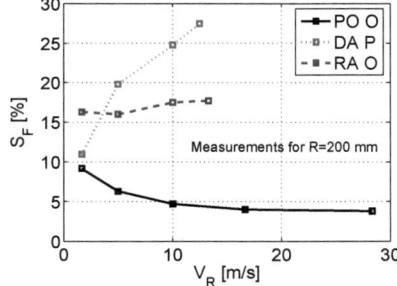

FIGURE 4.48 – Mesures des essais sur la sensibilité du glissement à la vitesse.

Chapitre 4. Applications

4.6.3 Méthodologie des simulations

En conditions huile pure (une seule phase), l'efficacité de *plate-out* est considérée comme maximum, c.a.d. de 100% : la totalité de l'huile apportée à la tôle ou à l'entrée de l'emprise, est traduite en terme d'épaisseur de film d'huile pour le calcul avec la version en sous-alimentation. La variation avec la vitesse de l'épaisseur de film d'huile déposée sur la bande est donc prise en compte dans le modèle via l'équation suivante :

$$h_{l,1} = \mathcal{P}.\frac{d_v}{V_{S,1}}.C$$

avec $\mathcal{P}$ le *plate-out* et C la concentration.

Pour les trois configurations de lubrification, trois tables reprennent le raisonnement permettant d'obtenir l'estimation de l'épaisseur de film de lubrifiant. Pour obtenir la bonne épaisseur, il faut veiller à prendre en compte la largeur de la bobine et de convertir toutes unités de temps en seconde. Ne possédant pas la vitesse $V_{S,1}$ par mesure, elle est évaluée à partir du glissement avant et de la conservation de la matière en négligeant la partie élastique de la déformation. D'une manière général, les valeurs de *plate-out* testées par MetaLub sont 0 (à sec !), 20, 50 et 100.

À la plus basse vitesse et donc avec une épaisseur de film en entrée d'environ 26.5 μm, la valeur de γ_l à $0.5e - 8\ Pa^{-1}$ est obtenue par calage. Si on prend une valeur plus élevée, la pente de glissement avec la vitesse est meilleure mais la force de frottement chute plus avec la vitesse (voir figures 4.49 et 4.50). Notons que cette valeur $1.0e - 8$ Pa^{-1} permet également de retrouver la pente positive de force de laminage entre 1000 et 1700 m/min ce qui est encourageant mais entraîne alors un écart plus important à la mesure du glissement.

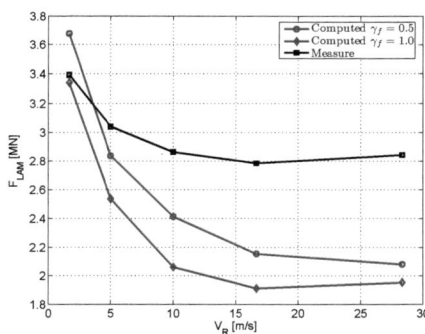

FIGURE 4.49 – PO O :Forces de laminage mesurée et selon MetaLub. Comparaison de l'influence de de la piezo-viscosité.

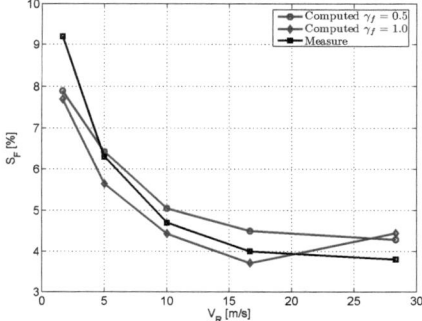

FIGURE 4.50 – PO O :Glissement avant mesuré et selon MetaLub. Comparaison de l'influence de de la piezo-viscosité.

V_R [m/min]	$V_{S,1}$ [m/min]	$V_{S,2}$ [m/min]	S_F [%]	d_v [$m^3/h/face/m$]	$h_{l,1}$ [nm]	$h_{l,2}$ [nm]
100	75.3	109.2	9.2	1.2	26543	213
300	220.0	318.9	6.3	1.2	9089	
600	433.5	628.2	4.7	1.2	4614	241
1000	717.6	1040.0	4.0	1.2	2787	
1700	1217.6	1764.6	3.8	1.2	1643	236

TABLE 4.7 – Estimation de l'épaisseur de film d'huile déposée sur la bande en entrée d'emprise en fonction de la vitesse de laminage - huile pure ($C = 1$)- plate out idéal ($\mathcal{P} = 1$). Estimation de la vitesse d'entrée $V_{S,1}$. Pour information : $h_{l,2}$ mesurés.

V_R [m/min]	$V_{S,1}$ [m/min]	$V_{S,2}$ [m/min]	S_F [%]	d_v [$m^3/h/face/m$]	$h_{l,1}$ [nm]	$h_{l,2}$ [nm]
100	80.6	116.3	16.3	8.8	7279.11	162
300	241.2	348.0	16.0	8.8	2432.65	127
600	488.6	705.0	17.5	8.8	1200.80	136
800	652.5	941.6	17.7	8.8	899.07	

TABLE 4.8 – Estimation de l'épaisseur de film d'huile déposée sur la bande en entrée d'emprise en fonction de la vitesse de laminage - huile O en émulsion ($C = 0.04$) - plate out idéal ($\mathcal{P} = 1.0$). Estimation de la vitesse entrée $V_{S,1}$. Pour information : $h_{l,2}$ mesurés.

V_R [m/min]	$V_{S,1}$ [m/min]	$V_{S,2}$ [m/min]	S_F [%]	d_v [$m^3/h/face/m$]	$h_{l,1}$ [nm]	$h_{l,2}$ [nm]
100	76.9	111.0	11.0	0.42	364.1	43
300	249.0	359.4	19.8	0.42	112.4	16
600	518.9	748.8	24.8	0.42	54.0	11
750	662.7	956.3	27.5	0.42	42.3	10

TABLE 4.9 – Estimation de l'épaisseur de film d'huile déposée sur la bande en entrée d'emprise en fonction de la vitesse de laminage - huile P en émulsion ($C = 0.04$) - plate out idéal ($\mathcal{P} = 1.0$). Estimation de la vitesse entrée $V_{S,1}$. Pour information : $h_{l,2}$ mesurés.

4.6.4 Analyse des résultats

Simulations à l'huile pure O

Pour ces simulations, la version sub-lubrication a été utilisée afin de pouvoir reproduire correctement la quantité d'huile apportée à l'entrée de l'emprise qui varie avec la vitesse de laminage.

Pour l'huile entière O, les figures 4.51 et 4.52 comparent, en fonction de la vitesse de laminage, d'une part la force mesurée et la force calculée et d'autre part le glissement mesuré à celui obtenu par le modèle. De plus, les deux hypothèses concernant la dépendance de la rhéologie du métal (paramètre E) sont testées er reprises sur ces mêmes figures. Le calage de E en fonction de la vitesse a permis de rapprocher, à coefficient de frottement inchangé, la simulation des mesures aussi bien au point de vue du glissement que de la force de laminage. Nous utiliserons donc les résultats obtenus par cette approche pour la suite des simulations.

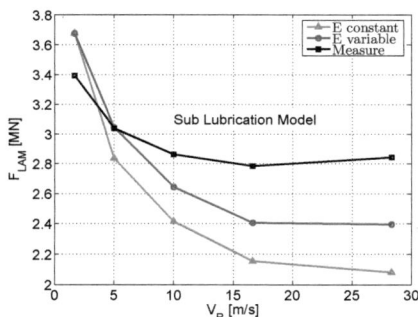
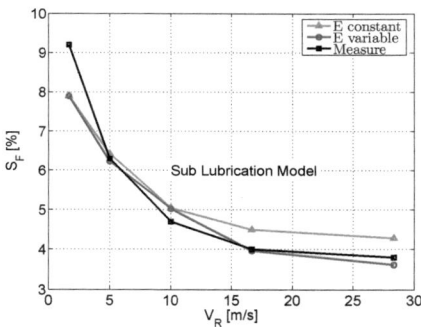

FIGURE 4.51 – PO O : forces de laminage mesurée et selon METALUB avec et sans effet vitesse sur la rhéologie du métal.

FIGURE 4.52 – PO O : glissement avant mesuré et selon METALUB avec et sans effet vitesse sur la rhéologie du métal.

Une comparaison avec les modèles classiques est présentée aux figures 4.53 et 4.54. Il est clair que, pour les cas secs (interface lisse ou rugueuse), le comportement observé va à l'encontre des simulations : la force et le glissement augmentent avec la vitesse dans les simulations ! METALUB possède un caractère prédictif certain : en effet, une seule valeur de coefficient de frottement de Tresca et une seule valeur de paramètre rhéologique $E = 70\ MPa$ ont suffit pour obtenir des bonnes tendances générales. À ce point de vue, il est donc nettement supérieur au modèle d'emprise classique qui nécessitent un ajustement sur le frottement et sur la rhéologie en *chaque* point de fonctionnement.

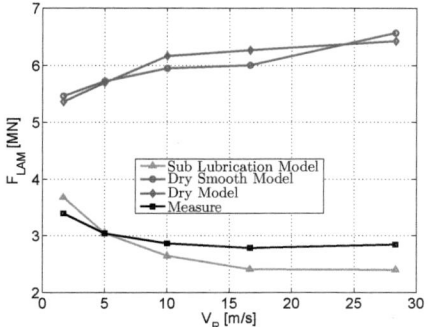

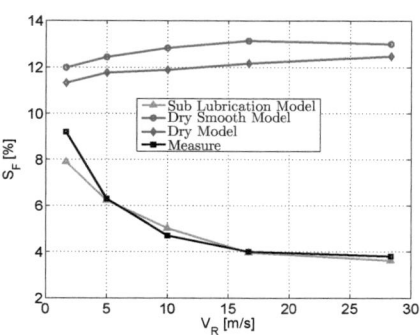

FIGURE 4.53 – PO O : forces de laminage mesurée et selon METALUB avec les modèles sec et sous lubrifiés.

FIGURE 4.54 – PO O : glissement avant mesuré et selon METALUB avec les modèles sec et sous lubrifiés.

À présent, comparons les deux modèles d'alimentation que sont la sous-alimentation et la version classique de la lubrification c.-à-d. le concept d'emprise gavée de lubrifiant. Les figures 4.55 et 4.56 présentent la comparaison modèle-mesure de la force et du glissement pour les mêmes conditions de laminage que dans le cas précédent. La simulation avec "gavage de l'entrée d'emprise" décrit moins bien l'évolution de la force et du glissement avec la vitesse, en particulier aux vitesses de laminage très élevés. Cette comparaison montre l'intérêt de la version sous-alimentée du modèle pour décrire l'insuffisance de quantité d'huile en entrée d'emprise qui apparaît lorsque l'on accélère le procédé. Il est important de rappeler que cette constatation est faite alors que l'on analyse le cas d'une lubrification en huile entière !

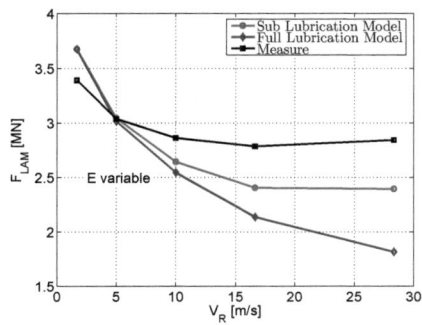

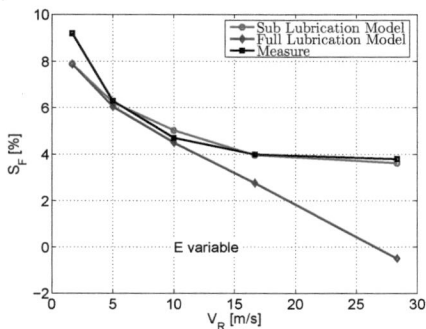

FIGURE 4.55 – PO O : forces de laminage mesurée et selon METALUB avec les modèles sur/sous lubrifiés.

FIGURE 4.56 – PO O : glissement avant mesuré et selon METALUB avec les modèles sur/sous lubrifiés.

La figure 4.57 compare la mesure de l'épaisseur d'huile résiduelle et son calcul. On observe qu'il existe une différence importante. En effet, alors que l'épaisseur est relativement cohérente à faible vitesse, le calcul fournit des valeurs nettement trop importantes par rapport à la mesure aux hautes vitesses.

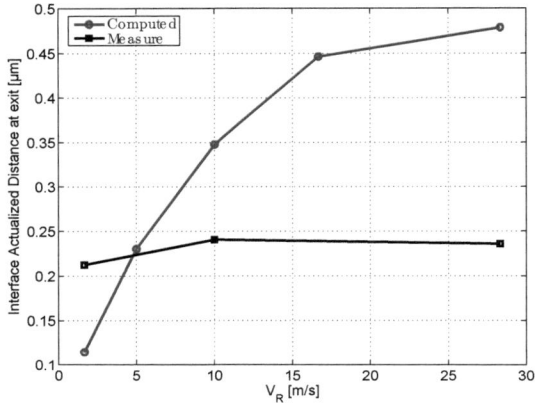

FIGURE 4.57 – PO O : mesures et calcul de l'épaisseur d'huile résiduelle.

Malgré les réserves émises concernant l'utilité des mesures thermiques de la bande en sortie d'emprise, une correction, fonction des températures expérimentales relevées sur la bande, est appliquée la température du cylindre afin de coller au niveau de la température du lubrifiant. Les résultats des simulations sont repris aux figures 4.58, 4.59 et 4.60. Il apparaît clairement que la correction thermique à basse vitesse est très faible. Heureusement, les simulations précédentes étaient déjà proches de la nouvelle configuration. Au contraire, la correction thermique à haute vitesse est primordiale. On obtient alors un écart important au niveau de la force et du glissement mais par contre les résultats deviennent quasi parfaitement cohérent en terme d'épaisseur résiduelle ! Cela démontre l'importance primordiale de la prise en compte précise de la thermique dans le cadre de cette application.

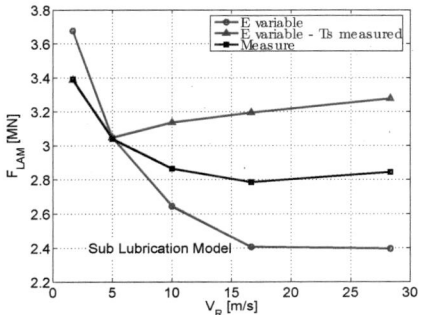

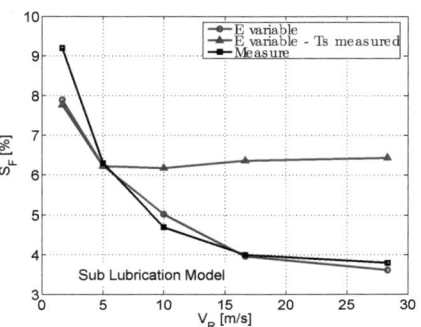

FIGURE 4.58 – PO O : forces de laminage mesurée et selon METALUB. Comparaison des modèles avec ou sans prise en compte de la température mesurée.

FIGURE 4.59 – PO O : glissement avant mesuré et selon METALUB. Comparaison des modèles avec ou sans prise en compte de la température mesurée.

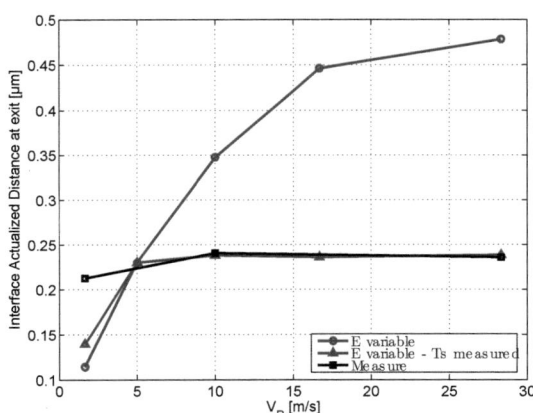

FIGURE 4.60 – PO O : comparaison, avec ou sans prise en compte de la température mesurée, mesures de l'épaisseur d'huile résiduelle et calcul

Chapitre 4. Applications

Simulations application recirculée O

Ne sachant pas trop comment se comporte l'accrochage de l'huile sur la bande, plusieurs valeurs de *plate-out* ont été testées. Les figures 4.61 et 4.62 révèlent un décalage vertical important. Les tendances du modèle avec les mesures sont particulièrement bonnes pour $\mathcal{P} = 20\%$. Pour l'épaisseur résiduelle (figure 4.63), on retrouve le bon ordre de grandeur. Visiblement, un $\mathcal{P}$ de 30% semble convenir au mieux.

Au vu des résultats obtenus, il paraît évident qu'un effet majeur n'est pas pris en compte correctement. La thermique n'apporte pas de modification majeur. En effet, les températures mesurées sont basses. Cela est dû à la présence de l'eau de refroidissement. Une autre hypothèse serait de penser qu'une partie de l'eau passe dans l'emprise. Dans ce cas, le coefficient de frottement sur les plateaux pourraient se dégrader partiellement. Les figures 4.64, 4.65 et 4.66 analysent cet possibilité pour une valeur de frottement de 0.15 sur les plateaux. Les pentes sont en meilleur accord avec les mesures. Au final, un compromis, $\mathcal{P} = 15\%$ et $\bar{m}_t = 0.16$, est repris en 4.67, 4.68 et 4.69. Il colle au mieux en terme d'évolution de la force de laminage et en terme de tendance sur le glissement. Malgré le décalage important sur ce dernier, le résultat est fort convaincant.

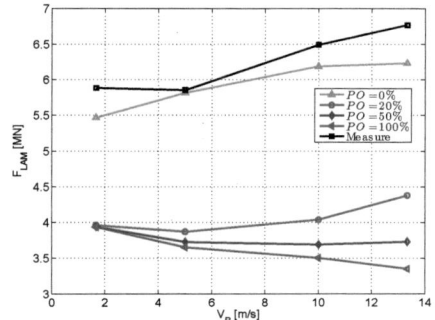

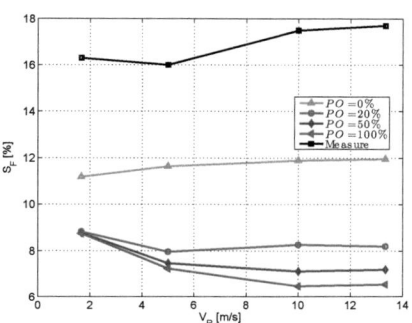

FIGURE 4.61 – RA O : forces de laminage mesurée et selon METALUB. Influence du *plate-out* avec
$\bar{m}_t = 0.11$.

FIGURE 4.62 – RA O : glissement avant mesuré et
selon METALUB. Influence du *plate-out* avec $\bar{m}_t = 0.11$.

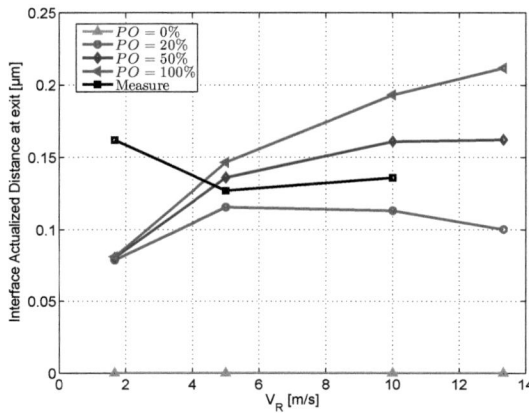

FIGURE 4.63 – RA O : épaisseur d'huile résiduelle mesurée et calculées avec $\bar{m}_t = 0.11$.

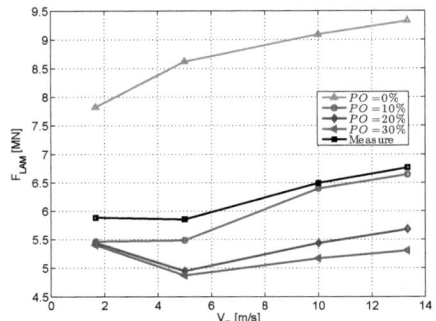

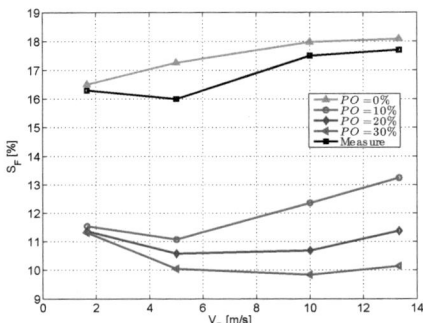

FIGURE 4.64 – RA O : forces de laminage mesurée et selon METALUB. Influence du *plate-out* avec $\bar{m}_t = 0.15$.

FIGURE 4.65 – RA O : glissement avant mesuré et selon METALUB. Influence du *plate-out* avec $\bar{m}_t = 0.15$.

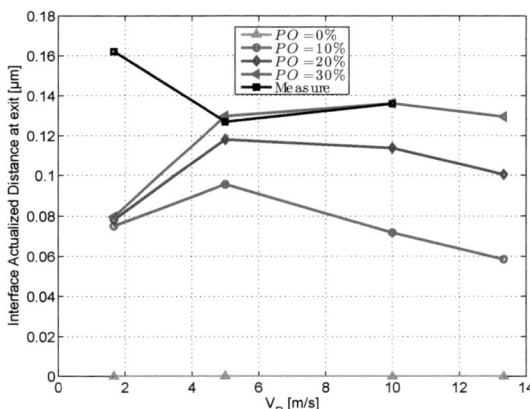

FIGURE 4.66 – RA O : épaisseur d'huile résiduelle mesurée et calculées avec $\bar{m}_t = 0.15$.

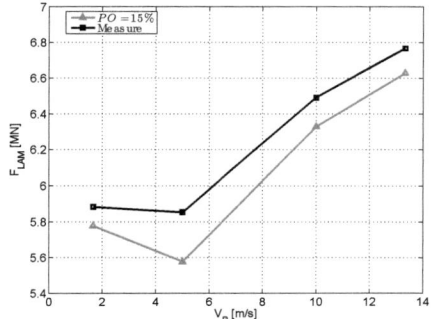 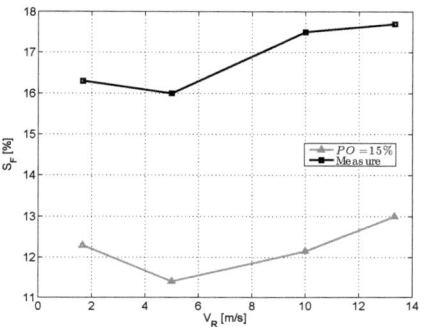

FIGURE 4.67 – RA O : forces de laminage mesurée et selon METALUB avec $\bar{m}_t = 0.16$ et $PO = 0.15$.

FIGURE 4.68 – RA O : glissement avant mesuré et selon METALUB avec $\bar{m}_t = 0.16$ et $PO = 0.15$.

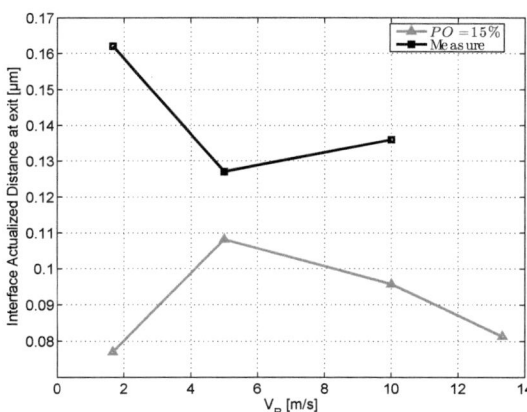

FIGURE 4.69 – RA O : épaisseur d'huile résiduelle mesurée et calculées avec $\bar{m}_t = 0.16$ et $PO = 0.15$

Simulations application directe P

Pour cette troisième configuration de lubrification, on analyse tout d'abord la force de laminage (figure 4.70) et le glissement avant (figure 4.71). Le modèle de lubrification maximale fournit à nouveau de mauvaises tendances. Les modèles sec et sous-lubrifié ont des pentes positives comme celles observées expérimentalement. Cependant, celles-ci sont nettement moins importantes que prévu. Pour le cas sous-lubrifié, l'augmentation de l'aire de contact (figure 4.72) avec la vitesse explique en partie ce bon comportement. Malgré que les valeurs reprises ci-dessous pour la force de laminage soient issues d'un calcul soustrayant la force due au roll-kiss, la validité des valeurs fournies par l'expérience ainsi que par l'utilisation de METALUB dans ce contexte est fortement discutable.

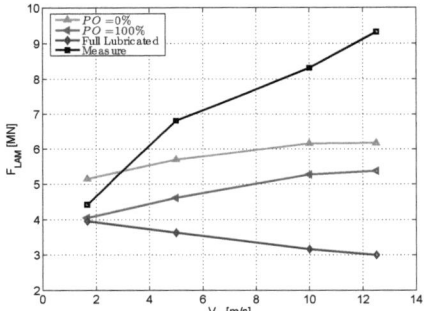

FIGURE 4.70 – DA P : forces de laminage mesurée et selon METALUB. Comparaison selon la valeur du plate-out avec E variable. $\bar{m}_t = 0.11$

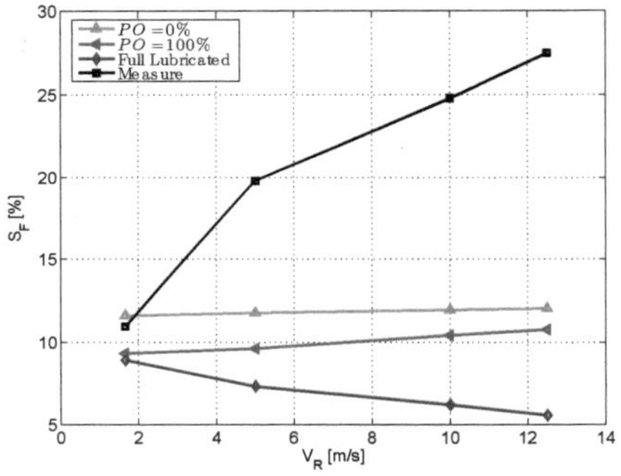

FIGURE 4.71 – DA P : glissement avant mesuré et selon METALUB. Comparaison selon la valeur du plate-out avec E variable. $\bar{m}_t = 0.11$

Au niveau des mesures de taux d'huile résiduel, une concordance remarquable est illustrée à la figure 4.73 pour un *plate-out* de 20%.

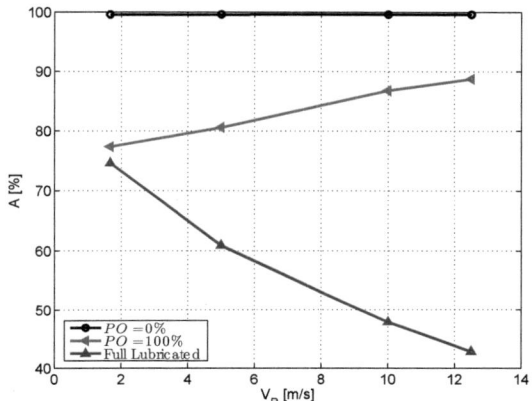

FIGURE 4.72 – DA P : Aire de contact en sortie d'emprise

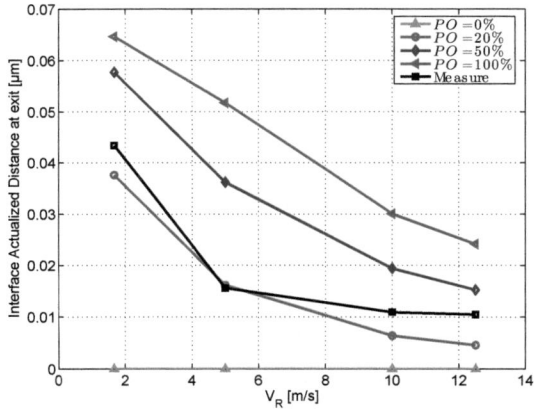

FIGURE 4.73 – DA P : épaisseur d'huile résiduelle mesurée et calculées.

4.6.5 Analyse comparative

L'analyse théorique des épaisseurs d'entrée selon le modèle de Wilson et Wallowit(1972) illustre clairement que la sous-alimentation n'apparaît que pour le cas de l'application directe. Cela semble assez cohérent avec l'augmentation brutale de la force de laminage observée dans ce cas.

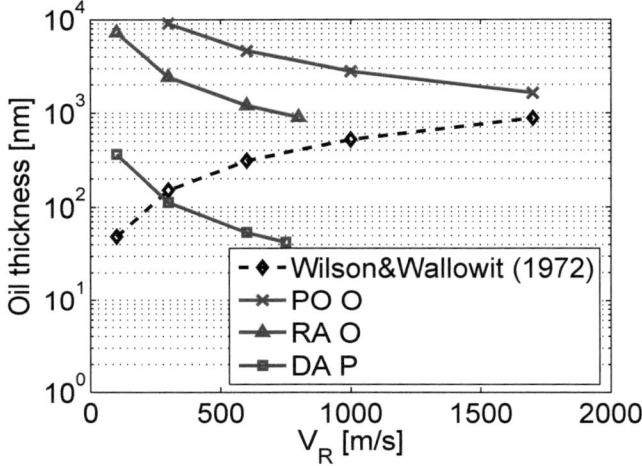

FIGURE 4.74 – Épaisseurs d'huile projetées et calculées par Wilson & Wallowit.

4.6.6 Conclusion

Cette application consacrée au modèle de sous-alimentation permet de montrer clairement l'intérêt de la prise en compte de la quantité réelle de lubrifiant disponible en entrée. En effet, que ce soit en huile pure ou en émulsion/dispersion, les résultats des simulations se sont systématiquement rapprochées des mesures disponibles.

Pour l'huile pure, les évolutions des grandeurs sont retrouvées en se basant uniquement sur le coefficient de frottement limite utilisé sur les plateaux fourni par tribomètre. Au contraire, il n'a pas été possible de retrouver quantitativement les mesures relevées en n'utilisant uniquement ce coefficient. Des valeurs supérieures permettent de se rapprocher des mesures ce qui peut être le signe d'une dégradation de la lubrification sur les plateaux.

Fiche de synthèse

SIMULATION DE SOUS-ALIMENTATION EN DOUBLE RÉDUCTION

Objectifs

Validation du modèle de sous-alimentation de METALUB pour une étude expérimentale (laminoir pilote) en double réduction

Bande

$e_{S,1} = 0.2\ mm$	$e_{S,2} = 0.1386\ mm$	$r = 31\ \%$
$\sigma_1 = 113\ MPa$	$\sigma_2 = 269\ MPa$	$w = 100\ mm$

Modèle thermique : constant, $T_S =?\ ^oC$

Acier au carbone (SPCD) : $\sigma_Y\left(\bar{\varepsilon}_{pl}\right) = (377 + 177.5\bar{\varepsilon}_{pl})\left(1 - 0.01e^{-1.21\bar{\varepsilon}_{pl}}\right) + 70\ MPa$

$E_S = 210\ GPa,\ \nu_S = 0.3$

Cylindre de travail

Modèle de déformation : Jortner	$R_0 = 400\ mm$
Modèle thermique : constant	$T_R =?\ ^oC$
V_R de 100 à 1700 m/min	

Lubrification

Configuration :	T_L^{tank} de 30 à 60 ^oC
directe/recirculée (4%) et $\mathcal{P} =?$	$d_v = 0.42$ à 8.8 $l/min/face$
huile pure	

$$ln\,\frac{\eta(p,T)}{\eta_0} = (\ln \eta_0 + 9.67)\left[\left(1 + \frac{p_l}{196.210^6}\right)^{\frac{196.210^6*0.5e^{-8}}{\ln\eta_0 + 9.67}} - 1\right]\ Pa.s \text{ avec } \eta_0 = \eta(T)|_{T=25C}\ Pa.s$$

Modèle d'interface

$\tau^T = 0.11k$ (par tribomètre Cameron Plint)

Topologie : ? $\rightarrow$ Christensen	$\bar{l} =? \rightarrow 30\ \mu m$	$\gamma_S =? \rightarrow 9$
$R_{a,S} = 0.3$ $R_{a,R} = 0.3\ \mu m$	$\Rightarrow R_q = 0.532\ \mu m$	

Informations de validation

Mesures expérimentales du glissement avant, de la force de laminage et du taux d'huile résiduel.

Méthodologie simulation

Influence de E (loi SMATCH, influence du coefficient de piézoviscosité).

Comparaison des modèles de lubrification maximale et de sous-alimentation.

Étude du plate-out sur les calculs.

Fiche de synthèse 4.6: Simulation de sous-alimentation en double réduction

4.7 SYNTHÈSE DES APPLICATIONS

Ce chapitre consacré à l'application du modèle METALUB sous ses différentes versions, i.e. de lubrifié à sec et de rugueux à lisse a permis d'illustrer les capacités des algorithmes développés. Ces applications mettent également en évidence la complexité des analyses des résultats obtenus.

La première application met en évidence l'importance du choix de la loi constitutive de frottement sur les plateaux lors de forts aplatissements des cylindres de travail. Une interface lisse et sèche est simulée et les résultats de METALUB sont comparés à ceux obtenus par un logiciel fourni par Arcelor. Ce logiciel possède le modèle collant/glissant qui résout de manière exacte le frottement de Coulomb. Les résultats montrent que :

- la loi de frottement de Coulomb obtient sensiblement les résultats de référence pour une précision sur la déformation du cylindre de 0.5% ou inférieure ;
- le glissement avant est particulièrement sensible à la loi de frottement.

Cette application met en garde l'utilisateur de ce genre de modèle sur le choix de la forme de la loi de frottement sur les plateaux. La loi de Coulomb, de par les pressions plus élevées qu'elle induit, entraîne un effet d'amplification de la déformée du cylindre qui n'est pas observé lorsque la loi de Tresca, simplement ou de type Orowan, est utilisée.

La deuxième application reproduit de grands glissements négatifs mesurés sur un laminoir pilote appartenant à Nippon Steel Corporate. Cette étude illustre la capacité de simuler de forts patinages avec METALUB de manière autonome grâce à la gestion robuste et automatique des bornes sur la vitesse d'entrée de bande. Une analyse originale des phénomènes en jeu est proposée afin d'expliquer les causes du glissement. Les résultats concordent bien avec les mesures.

Dans la troisième étude, une analyse systématique et massive des points de fonctionnement de la première cage du tandem quatre cages continu de Tilleur (Belgique) montre que le caractère prédictif de METALUB ne peut être établi. Lier le coefficient de frottement sur les plateaux à la réduction locale améliore les résultats. Cependant, le constat est établi qu'une connaissance précise de chaque paramètre du matériau (lubrifiant&métal) et de la topologie de surface est nécessaire afin d'espérer des résultats quantitativement consistants.

Le quatrième volet des applications analyse la relation frottement-réduction via les données issues d'une campagne sur laminoir pilote. L'intérêt est de préciser les différences de comportements entre de l'huile pure et une émulsion. Le calage sur le glissement avant et la force de laminage pour toutes valeurs de réduction est relativement aisé, ce qui renforce la confiance en la physique contenue par METALUB. Par contre, pour obtenir ce bon comportement, le frottement limite des plateaux diminue significativement lorsque la réduction augmente. Par suite, il semble logique de penser qu'il manque un ingrédient physique du premier ordre dans le modèle physique. La présence de micro-hydrodynamisme est favorisée par l'augmentation de la réduction ce qui nous parait la meilleure piste d'exploration.

Le cinquième cas étudie les trois premières cages d'un train tandem. La sensibilité à la vitesse de laminage de METALUB est évaluée au travers des mesures expérimentales en terme de force et de glissement. Avec un double calage sur un palier à vitesse moyenne pour la deuxième et la troisième cage du tandem, METALUB permet de quantifier de manière satisfaisante la dépendance à la vitesse de la force et du glissement sur le reste du domaine de vitesse étudié. Pour que cette concordance soit bonne, le coefficient de frottement sur les plateaux a donc dû être adapté entre les différentes cages, ce qui implique un changement de condition de lubrification sur les plateaux. Pour la première cage, plusieurs hypothèses ont été testées mais aucune explication physique n'a été identifiée à la non concordance des résultats et des mesures. Posséder le comportement exact viscoplastique du métal laminé permettrait probablement d'éliminer ou de confirmer l'hypothèse la plus vraisemblable qui explique l'indépendance du glissement et de la force à la vitesse par le fort écrouissage subi en première cage.

Finalement, la sous-alimentation d'une passe de double réduction réalisée sur laminoir pilote est étudiée pour des configurations en huile pure et en émulsion. Une nette amélioration des résultats permet de montrer de manière évidente l'intérêt de la prise en compte de la quantité réelle de lubrifiant disponible en entrée. En effet, que ce soit en huile pure ou en émulsion/dispersion, les résultats des simulations en sous-alimentation se sont systématiquement rapprochés des mesures disponibles. Alors que pour l'huile pure, les évolutions des grandeurs sont obtenues en se basant uniquement sur le coefficient de frottement limite utilisé sur les plateaux fourni par tribomètre, il n'a pas été possible de retrouver quantitativement les mesures relevées pour les cas d'émulsion/dispersion en n'utilisant uniquement ce coefficient. Des valeurs supérieures permettent de se rapprocher des mesures, ce qui peut être le signe d'une dégradation de la lubrification sur les plateaux.

Chapitre 5

Conclusion générale

Le processus du laminage est un phénomène complexe. Il prend place au sein du processus sidérurgique dont il n'est qu'un maillon qui interagit fortement avec les étapes précédente et suivante. Afin de simplifier la problématique, le modèle bi-dimensionnel en régime établi considéré dans ce travail ne reprend que des phénomènes se passant au niveau d'une cage unique supposée symétrique par rapport à la ligne moyenne de la bande. Malgré toutes ces hypothèses, ce problème reste extrêmement compliqué à résoudre et à comprendre finement. Même les lamineurs expérimentés ne savent pas toujours prédire l'effet d'un simple changement de configuration comme, par exemple, un changement de diamètre de cylindre de travail.

La compréhension ardue des phénomènes évoquée ci-dessus justifie pleinement le travail à accomplir dans ce domaine. L'objectif rempli par cette étude a été de développer des outils algorithmiques et modèles qui permettent l'analyse des phénomènes complexes situés principalement au niveau de l'interface cylindre de travail/bande, et plus spécifiquement, ceux liés à la lubrification.

Tout d'abord, le premier chapitre aborde les trois domaines principaux nécessaires à la compréhension de la problématique du laminage à froid : le procédé du laminage à froid, la mécanique associée au contact entre des surfaces rugueuses et la lubrification. Cette dernière section explique la présence d'un lubrifiant en laminage à froid. Une fois les régimes de lubrification introduits, l'équation de Reynolds moyenne, centrale dans notre travail, est présentée et ensuite critiquée au niveau de la compatibilité des facteurs de forme entre les zones en régime mixte et celles en régime film mince. Une étude sur le micro hydrodynamisme permet d'élargir les phénomènes envisageables dans l'emprise même si, à ce jour, aucune preuve directe ne permet d'affirmer sa présence en laminage à froid. Ces analyses permettront assurément d'éclaircir les analyses du chapitre consacré aux applications.

Le deuxième chapitre structure, à l'aide de 4 schémas, les hypothèses, les données et les résultats du problème considéré dans le cadre de ce travail. Les deux originalités du modèle physique sont présentées dans la dernière section. La première est l'exploitation de lois aussi complexes que l'équation (2.5.4) qui est de type élasto-visco-thermo-plastique dans un modèle de régime mixte. La seconde est le développement d'un modèle de sous-alimentation qui permet d'étendre le domaine d'application du modèle du cas *avec convergent gavé de lubrifiant* au cas *sec* en passant par toutes les configurations intermédiaires qui forment un panel continu de réponse.

Le troisième chapitre commence par une analyse détaillée des deux modèles numériques basés sur le modèle physique de Wilson [146] exploités dans cette thèse. Les avantages et inconvénients de chacun sont donc clairement identifiés. La conception d'un algorithme original, nommé Couplage Itératif et Étagé Fluide-Solide soit CIEFS, combinant les deux pré-cités est donc ensuite développé et conserve leurs avantages respectifs. Numériquement parlant, la résolution est étagée comme dans Qiu et al. [108] mais tous les aspects physiques importants du modèle de Marsault [86] ont été conservés. Dans le cas d'une solution dite «haute vitesse», sans dépassement du seuil de percolation, l'avantage majeur théorique de CIEFS est de présenter une solution avec la re-descente en pression du fluide en sortie d'emprise, ce qui est plus correct du point de vue de la physique. Cependant, une comparaison des valeurs macros obtenues par Marsault [86] dans une telle situation montre que l'intérêt pratique industriel est minime. De plus, une comparaison détaillée des solutions obtenues illustre généralement la difficulté de régler finement l'ensemble des paramètres numériques afin de garantir des courbes de tendances lisses et précises. De plus, étendre les possibilités de l'algorithme construit, notamment au cas *sous lubrifié*, s'est révélé problématique. La complexité de l'algorithme mis en oeuvre joue en sa défaveur.

Pour les trois difficultés rencontrées dans CIEFS et évoquées au paragraphe précédent, l'algorithme présenté par Marsault est repris et amélioré à différents points de vue. Il est appelé MetaLub. Une première salve d'améliorations concerne les problèmes de robustesse : correction du système d'équations dans la zone d'entrée mixte, restructuration des jeux d'équations afin de mieux contrôler les précisions d'intégration et détection des situations critiques telles que le passage de l'élastohydrodynamique au plastohydrodynamique. Le second passage concerne les boucles qui permettent de déterminer les valeurs de tir. Primo, la méthode de la fausse position diminue significativement le nombre de tirs nécessaire sur la vitesse de bande par rapport à la découpe par dichotomie. Secondo, une proposition d'automatisation des boucles et des déterminations initiale et auto-adaptatives des intervalles sur les variables de tirs, en fonction de l'historique des tirs sur la vitesse, permet de réduire de l'ordre d'un quart le nombre de tirs réalisés. Tertio, un pré-traitement structuré des différentes

zones est rendu possible suite à l'intégration explicite de toutes les grandeurs pertinentes du problème. Cette approche plus générale permet de systématiser le principe
de résolution à d'autres lois rhéologiques.

Outre ces développements d'ordre numérique liés à la stabilité, la vitesse d'exé-
cution et à la précision des résultats, d'autres ont permis d'élargir les capacités de
simulation. Tout d'abord, une stratégie propre pour la prise en compte de forts aplatissements non circulaires des cylindres de travail dans un problème de lubrification
mixte a été proposée. Elle s'articule autour du modèle de Jortner et al. et de deux
piliers majeurs. D'une part, la régularisation de la force de frottement simule le phénomène contact collant/glissant pour des aplatissements importants. D'autre part, une
stratégie d'adaptation innovatrice du facteur de relaxation au cours des itérations limite leur nombre tout en évitant les divergences de calcul. Ensuite, les algorithmes
relatifs à la sous-alimentation, voire au contact sec, ont été développés. Leur fonctionnement est illustré par une application qui balaye toute la gamme de lubrification,
depuis le cas *sec* jusqu'à une *sur-lubrification importante*, et fournit un ensemble physiquement cohérent de solutions.

Le chapitre quatre illustre les capacités des algorithmes développés du modèle Metalub sous ses différentes versions, i.e. de lubrifié à sec et de rugueux à lisse. Ces
applications mettent également en évidence la complexité des analyses des résultats
obtenus. Au travers de nos applications, les enseignements tirés sont les suivants :

- le choix de la loi constitutive de frottement sur les plateaux lors de forts aplatissements des cylindres de travail est important ;
- la précision sur la déformation du cylindre doit être de 0.5% ou inférieure ;
- le glissement avant est particulièrement sensible à la loi de frottement ;
- Metalub a la capacité de résoudre des cas avec fort patinage de manière autonome grâce à la gestion robuste et automatique des bornes sur la vitesse d'entrée
  de bande ;
- la méconnaissance fine de la topologie de la surface des cylindres et des bandes
  ou de la loi matériau du métal laminé nuit gravement à l'analyse des résultats ;
- la relation frottement-réduction ne peut s'expliquer que par une diminution significative du frottement limite des plateaux qui elle-même pourrait s'expliquer
  par le renforcement du micro-hydrodynamisme ;
- Metalub semble plus cohérent d'un point de vue quantitatif au niveau des cages
  intermédiaires qu'aux cages d'entrée ou de sortie ;
- lorsque le coefficient de frottement limite est connu par passage dans un tribomètre, l'utilisation directe de ce coefficient est possible pour de l'huile pure. Il
  semble que la présence d'eau dégrade ce frottement.

Au niveau des perspectives de développement, deux me paraissent les plus intéressants. En premier, l'intégration des lois de déformation de cylindre selon Krimpelstätter et al. [67] permettrait de tenir compte des composantes hors normales sur la déformation du cylindre, ce qui est apparemment primordiale pour l'étude des passes de finition. En second, le couplage avec un module de concentration dynamique en entrée d'emprise est très clairement une piste à suivre pour améliorer le modèle de sous-alimentation. Appliqué au cas hydrodynamique, Cassarini [30] fournit une base très intéressante dans ce cadre. Ces deux développements n'ont pas pu être intégrés dans le cadre de cette thèse, mais restent de véritables axes de progrès dans ce domaine de recherche.

ANNEXES

Annexe A

Systèmes d'équation de Marsault (1998)

En marge des systèmes présentés, il faut bien sûr ajouter le calcul des forces de frottements et des dépendances de la viscosité à la pression et à la température.

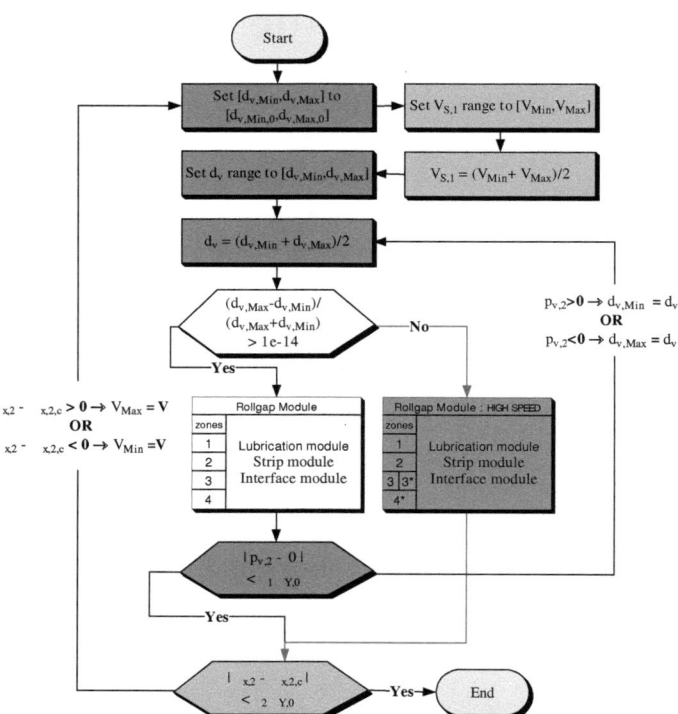

FIGURE A.1 – Algorithme présenté par Marsault [86]= : double tir et système d'équations «haute-vitesse».

$$
\begin{cases}
x &= x_1 \\
p_l &= 0 \\
\sigma_x &= \sigma_{x,1} \\
e_S &= e_{S,1} \\
V_S &= V_{S,1}
\end{cases}
\rightarrow
\begin{cases}
\frac{dp_l}{dx} &= \frac{12\eta}{\Phi^P h_l^3}\left[\left(\frac{V_S+V_R}{2}\right)h_l + \frac{\Delta V}{2}R_q\Phi^S - d_v\right] \\[2mm]
\frac{d\sigma_x}{dx} &= \frac{(1-v_S^2)(p+\sigma_x)\frac{dp_l}{dx}e_S - 2\tau E_S}{t[E_S - v_S(1+v_S)(p+\sigma_x)]} \\[2mm]
\frac{de_S}{dx} &= \frac{(1-v_S^2)\frac{dp_l}{dx}e_S - 2v_S(1+v_S)\tau}{v_S(1+v_S)(p+\sigma_x) - E_S} \\[2mm]
\frac{dV_S}{dx} &= \frac{V_S}{E_S}\left[(1-v_S^2)\frac{d\sigma_x}{dx} + v_S(1+v_S)\frac{dp_l}{dx}\right] \\[2mm]
h &= Y_{RCC} - \frac{e_S}{2} - y_R \\[2mm]
A &= 0 \\
h_l &= h \\
p &= p_l \\
\sigma_y &= -p \\
\sigma_z &= v_S(\sigma_x + \sigma_y)
\end{cases}
\rightarrow
\begin{cases}
h_l(x_{im}) &\geq R_p
\end{cases}
$$

TABLE A.1 – Marsault [86] : Conditions initiales, système ⟨1⟩ pour la zone d'entrée hydrodynamique (épais et mince) et sa condition de sortie. y_R désigne l'ordonnée du cylindre dans un repère centrée sur le centre du cylindre et positif vers le bas.

$$
\begin{cases}
\frac{dp_l}{dx} &= \frac{12\eta}{\Phi^P h_l^3}\left[\left(\frac{V_S+V_R}{2}\right)h_l + \frac{\Delta V}{2}R_q\Phi^S - d_v\right] \\[2mm]
\frac{de_S}{dx} &= \frac{(1-v_S^2)\left(\frac{dp_l}{dx} - k_0\frac{d(AH_a)}{dh}\frac{dy_R}{dx}\right)e_S - 2v_S(1+v_S)\tau}{v_S(1+v_S)(p+\sigma_x) - E_S} \\[2mm]
\frac{d\sigma_x}{dx} &= \frac{(1-v_S^2)(p+\sigma_x)\frac{dp}{dx}e_S - 2\tau E_S}{e_S[E_S - v_S(1+v_S)(p_l+\sigma_x)]} \\[2mm]
\frac{dV_S}{dx} &= \frac{V_S}{E_S}\left[(1-v_S^2)\frac{d\sigma_x}{dx} + v_S(1+v_S)\frac{dp}{dx}\right] \\[2mm]
h &= Y_{RCC} - \frac{e_S}{2} - y_R \\[2mm]
\frac{dh}{dx} &= -\frac{1}{2}\frac{de_S}{dx} - \frac{dy_R}{dx} \\[2mm]
h_l &= fct(h) \\
A &= fct(h) \\
H_a &= fct(A) \\
p_t &= p_l + H_a k_0 \\
p &= A p_t + (1-A)p_l \\[2mm]
\frac{dp}{dx} &= \frac{dp_l}{dx} + k_0\frac{d(AH_a)}{dh}\frac{dh}{dx} \\[2mm]
\sigma_y &= -p \\
\sigma_z &= v_S(\sigma_x + \sigma_y)
\end{cases}
\rightarrow
\begin{cases}
\bar{\sigma}^{VM}(x_{iw}) &\leq \sigma_{Y,0}
\end{cases}
$$

TABLE A.2 – Marsault [86] : Système ⟨2⟩ pour la zone d'entrée mixte et sa condition de sortie.

$$
\left\{
\begin{array}{rcl}
\dfrac{dh}{dx} & = & -\dfrac{\frac{de_R}{dx}}{1+\frac{E^P e_S}{2l}} \\[2ex]
\dfrac{dp_l}{dx} & = & \dfrac{12\eta}{\Phi^P h_l^3}\left[\left(\dfrac{V_S+V_R}{2}\right)h_l + \dfrac{\Delta V}{2}R_q\Phi^S - d_v\right] \\[2ex]
\dfrac{ds_x}{dx} & = & \dfrac{2G}{3V_S}\left[\left(2-3as_x^2\right)\dot\varepsilon_x - \left(1+3as_x s_y\right)\dot\varepsilon_y\right] \\[2ex]
\dfrac{ds_y}{dx} & = & \dfrac{2G}{3V_S}\left[-\left(1+3as_x s_y\right)\dot\varepsilon_x + \left(2-3as_y^2\right)\dot\varepsilon_y\right] \\[2ex]
\dfrac{dp_{hydro}}{dx} & = & -\dfrac{\chi}{V_S}\left(\dot\varepsilon_x + \dot\varepsilon_y\right) \\[2ex]
\dfrac{dV_S}{dx} & = & \dfrac{[2G(1+3as_x s_y)-3\chi]\dot\varepsilon_y+3bV_S}{2G(2-3as_x^2)+3\chi}
\end{array}
\right.
$$

$$
\left\{
\begin{array}{rcl}
a & = & \dfrac{1}{\frac{2}{3}\sigma_Y^2\left(1+\frac{H_S}{3G}\right)} \\[2ex]
b \equiv \dfrac{d\sigma_x}{dx} & = & \dfrac{1}{e_S}\left[(s_y-s_x)\dfrac{de_S}{dx}-2\tau\right] \\[2ex]
h_l & = & fct(h) \\[1ex]
A & = & fct(h) \\[1ex]
H_a & = & fct(A)
\end{array}
\right.
$$

$$
\left\{
\begin{array}{rcl}
e_S & = & 2\left(Y_{RCC}-h-y_R\right) \\[1ex]
\dfrac{de_S}{dx} & = & -2\left(\dfrac{dh}{dx}+\dfrac{dy_R}{dx}\right) \\[2ex]
p & = & -\sigma_y \\[1ex]
p_t & = & \dfrac{1}{A}\left(p-(1-A)p_l\right) \\[2ex]
\dot\varepsilon_x & = & \dfrac{dV_S}{dx} \\[2ex]
\dot\varepsilon_y & = & \dfrac{V_S}{e_S}\dfrac{de_S}{dx}
\end{array}
\right.
\quad \rightarrow \quad
\left\{
\begin{array}{ccc}
 & \text{LOW SPEED} & \\[1ex]
\bar\sigma^{VM}(x_{om}) & \geq & \sigma_Y \\[1ex]
 & ou & \\[1ex]
 & \text{HIGH SPEED} & \\[1ex]
p_l(x_{lshs}) & \geq & p(x_{lshs})
\end{array}
\right.
$$

TABLE A.3 – Marsault [86] : Système ⟨3⟩ pour la zone de travail à écoulement de Poiseuille-Couette et ses conditions de sortie lors du mode «basse-vitesse» et du mode «haute-vitesse».

$$
\left\{
\begin{array}{rcl}
\dfrac{dp_l}{dx} & = & \dfrac{12\eta}{\Phi^P h_l^3}\left[\left(\dfrac{V_S+V_R}{2}\right)h_l + \dfrac{\Delta V}{2}R_q\Phi^S - d_v\right] \\[2ex]
\dfrac{d\sigma_x}{dx} & = & \dfrac{1}{e_S}\left[(\sigma_y-\sigma_x)\dfrac{de_S}{dx}-2\tau\right] \\[2ex]
\dfrac{d\sigma_y}{dx} & = & \dfrac{E_S\frac{de_S}{dx}}{[1-v_S^2]e_S} + \dfrac{v_S}{1-v_S}\dfrac{d\sigma_x}{dx} \\[2ex]
\dfrac{d\sigma_z}{dx} & = & v_S\left(\dfrac{d\sigma_x}{dx}+\dfrac{d\sigma_y}{dx}\right) \\[2ex]
\dfrac{dV_S}{dx} & = & \dfrac{v_S}{E_S(1-v_S)}\left[(1-2v_S)(1+v_S)\dfrac{d\sigma_x}{dx}-\dfrac{v_S E_S\frac{de_S}{dx}}{e_S}\right] \\[2ex]
h & = & h_{om} \\[1ex]
h_l & = & h_{l,om} \\[1ex]
A & = & A_{om} \\[1ex]
e_S & = & 2\left(Y_{RCC}-h_{om}-y_R\right) \\[1ex]
p & = & -\sigma_y \\[1ex]
p_t & = & \dfrac{1}{A}\left(p-(1-A)p_l\right)
\end{array}
\right.
\quad \rightarrow \quad
\left\{
\begin{array}{ccc}
\sigma_y(x_2) & < & 0
\end{array}
\right.
$$

TABLE A.4 – Marsault [86] : Système ⟨4⟩ pour la zone de sortie à écoulement de Poiseuille-Couette et sa condition de sortie.

$$\begin{cases}
\dfrac{dh}{dx} = \dfrac{[2G(1+3as_x s_y)+3(s_y-s_x-\chi)]\frac{dy_R}{dx}+3\tau}{[G(2-3as_x^2)+\frac{3}{2}\chi]ce_S-[2G(1+3as_x s_y)+3(s_y-s_x-\chi)]} \\[3mm]
\dfrac{ds_x}{dx} = \dfrac{2G}{3V_S}\left[\left(2-3as_x^2\right)\dot{\varepsilon}_x-\left(1+3as_x s_y\right)\dot{\varepsilon}_y\right] \\[3mm]
\dfrac{ds_y}{dx} = \dfrac{2G}{3V_S}\left[-\left(1+3as_x s_y\right)\dot{\varepsilon}_x+\left(2-3as_x^2\right)\dot{\varepsilon}_y\right] \\[3mm]
\dfrac{dp_{hydro}}{dx} = -\dfrac{\chi}{V_S}\left(\dot{\varepsilon}_x+\dot{\varepsilon}_y\right) \\[3mm]
\dfrac{dV_S}{dx} = \dfrac{[2G(1+3as_x s_y)-3\chi]\dot{\varepsilon}_y+3bV_S}{2G(2-3as_x^2)+3\chi}
\end{cases}$$

$$\begin{cases}
a = \dfrac{1}{\frac{2}{3}\sigma_Y^2\left(1+\frac{H_s}{3G}\right)} \\[3mm]
b \equiv \dfrac{d\sigma_x}{dx} = \dfrac{1}{e_S}\left[\left(s_y-s_x\right)\dfrac{de_S}{dx}-2\tau\right] \\[3mm]
c = \dfrac{dh_l}{dh}\dfrac{(V_S+V_R)+(V_S-V_R)R_q\frac{d\Phi_S}{dh_l}}{(h_l+R_q\Phi_S)V_S} \\[3mm]
h_l = fct(h) \\[2mm]
A = fct(h) \\[2mm]
e_S = 2\left(Y_{RCC}-h-y_R\right) \\[2mm]
\dfrac{de_S}{dx} = -2\left(\dfrac{dh}{dx}+\dfrac{dy_R}{dx}\right) \\[3mm]
p = -\sigma_y \\[2mm]
p_t = \dfrac{1}{A}\left(p-(1-A)p_l\right) \\[2mm]
\dot{\varepsilon}_x = \dfrac{dV_S}{dx} \\[3mm]
\dot{\varepsilon}_y = \dfrac{V_S}{e_S}\dfrac{de_S}{dx}
\end{cases} \qquad \rightarrow \left\{\ \bar{\sigma}^{VM}\left(x_{om}\right) \geq \sigma_Y \right.$$

TABLE A.5 – Marsault [86] : Système $\langle 3^*\rangle$ pour la zone de travail à écoulement de Couette avec $p=p_l$ et sa condition de sortie.

$$\begin{cases}
\dfrac{d\sigma_x}{dx} = \dfrac{1}{e_S}\left[\left(\sigma_y-\sigma_x\right)\dfrac{de_S}{dx}-2\tau\right] \\[3mm]
\dfrac{d\sigma_y}{dx} = \dfrac{E_S\frac{de_S}{dx}}{[1-\upsilon_S^2]e_S}+\dfrac{\upsilon_S}{1-\upsilon_S}\dfrac{d\sigma_x}{dx} \\[3mm]
\dfrac{d\sigma_z}{dx} = \upsilon_S\left(\dfrac{d\sigma_x}{dx}+\dfrac{d\sigma_y}{dx}\right) \\[3mm]
\dfrac{dV_S}{dx} = \dfrac{\upsilon_S}{E_S(1-\upsilon_S)}\left[\left(1-2\upsilon_S\right)\left(1+\upsilon_S\right)\dfrac{d\sigma_x}{dx}-\dfrac{\upsilon_S E_S\frac{de_S}{dx}}{e_S}\right]
\end{cases}$$

$$\begin{cases}
h = h_{om} \\[2mm]
h_l = h_{l,om} \\[2mm]
A = A_{om} \\[2mm]
e_S = 2\left(Y_{RCC}-h_{om}-y_R\right) \\[2mm]
p = -\sigma_y \\[2mm]
p_l = p \\[2mm]
p_t = p
\end{cases} \qquad \rightarrow \left\{\ \sigma_y\left(x_2\right) < 0 \right.$$

TABLE A.6 – Marsault [86] : Système $\langle 4^*\rangle$ pour la zone de sortie à écoulement de Couette avec $p=p_l$ et sa condition de sortie.

Annexe A. Systèmes d'équation de Marsault (1998)

Annexe B

Méthode des tranches

Dans cette annexe, la méthode des tranches est expliquée ainsi que son couplage classique avec les équations élasto-plastiques. Tout d'abord, les objectifs poursuivis par cette méthode sont précisés. Les hypothèses formulées sont explicitées et analysées. Ensuite, le principe général est présenté et mis en équation dans le cas général d'une mise en forme avec frottement. Le cas avec une loi élasto-plastique est détaillée. Finalement, une brève discussion permet de souligner les différentes améliorations envisageables.

B.1   OBJECTIFS

La méthode des tranches est un modèle bi-dimensionnel permettant d'exprimer les équations d'équilibre sur une tranche de matière soumise à une déformation telle que la matière ne peut pas être cisaillée.

Elle a pour but de calculer les variables d'état dans la bande. Classiquement, il s'agit simplement des contraintes et des déformations. Dans un cas où il existe une plastification de la matière, il faut coupler les équations élasto-plastiques avec les équations d'équilibre.

La lecture de Cosse et Econopoulos [37] ainsi qu'à Chefneux [33], Counhaye [39] et Marsault [86] apporte plus de détails.

B.2   HYPOTHÈSES

La première hypothèse pose que les effets d'inertie sont négligeables par rapport aux forces mises en jeu dans le processus.

La seconde hypothèse peut être exprimée de nombreuses façons dont von Karman [140] est à l'origine : les sections perpendiculaires à la direction principale (selon x) restent planes. Cela implique une distribution de contraintes (généralement de compression) et de déformations homogènes sur l'épaisseur (selon y) d'un tranche de matière à faces parallèle à y. Par cette méthode, il est donc impossible d'obtenir une quelconque informations sur l'état interne de la bande. Finalement, on pourrait exprimé cette hypothèse par : les axes principaux des contraintes sont supposés être ceux de la géométrie du procédé (x et y). Cela entraîne qu'il n'y a pas de cisaillement interne dans la bande (en réalité, il est négligé !). Le tenseur de contraintes de Cauchy peut s'exprimer par :

$$\underline{\underline{\sigma}} = \begin{pmatrix} \sigma_{xx} & 0 & 0 \\ 0 & \sigma_{yy} & 0 \\ 0 & 0 & \sigma_{zz} \end{pmatrix} = \begin{pmatrix} \sigma_x & 0 & 0 \\ 0 & \sigma_y & 0 \\ 0 & 0 & \sigma_z \end{pmatrix} \tag{B.2.1}$$

Selon Cosse et Econopoulos [37], en laminage à froid, la seconde hypothèse de la méthode des tranches est parfaitement justifiée lorsque la réduction est supérieure à 10%. En-dessous de cette valeur, les contraintes internes ne sont plus suffisamment homogènes sur l'épaisseur.

B.3   PRINCIPE ET MISE EN ÉQUATIONS

Le principe de la méthode est repris à la figure (B.1). e_S et de_S sont respectivement l'épaisseur et l'incrément d'épaisseur sur la tranche de matière de largeur dx. p est la pression externe subie normalement aux surfaces et τ est le frottement, qui est par définition tangent à la surface.

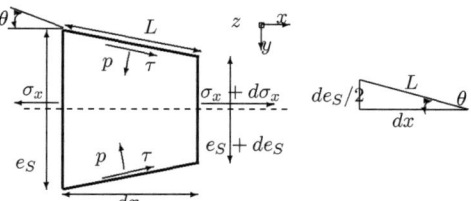

FIGURE B.1 – Principe de la méthode des tranches.

L'idée est donc d'écrire les équations d'équilibre d'une tranche de matière. On obtient selon x et y :

$$\sigma_x e_S = (\sigma_x + d\sigma_x)(e_S + de_S) + 2\tau L \cos(\theta) + 2pL \sin(\theta) \tag{B.3.1}$$

$$\sigma_y dx = -pL \cos(\theta) + \tau \sin(\theta) L \tag{B.3.2}$$

avec L la largeur effective et θ l'angle formé par la surface avec l'axe x. Sachant que les trois relations trigonométriques classiques fournissent

$$\sin(\theta) = \frac{\frac{1}{2}de_S}{L}$$

$$\cos(\theta) = \frac{dx}{L}$$

$$\tan(\theta) = \frac{1}{2}\frac{de_S}{dx}$$

En négligeant les termes du second ordre ($d\sigma_x de_S$), on arrive rapidement à

$$\frac{d(\sigma_x e_S)}{dx} = -p\frac{de_S}{dx} - 2\tau \tag{B.3.3}$$

$$\sigma_y = -p + \frac{1}{2}\tau\frac{de_S}{dx} \tag{B.3.4}$$

B.4 ÉLASTO-PLASTICITÉ

L'idée est de coupler les équations (B.3.3) et (B.3.4) avec les relations de base de l'élasto-plasticité. Le problème traité est considéré comme étant en régime établi.

Un hypothèse mécanique supplémentaire est formulée à ce stade : l'état de déformations planes (reprise aussi en (1.1.7)).

$$\dot{\varepsilon}_z = 0$$

Vu les rappels de cinématique à l'annexe C, par définition, il vient en petites déformations :

$$\dot{\varepsilon}_x \equiv v_x\frac{d\varepsilon_x(x)}{dx} = \frac{dv_x}{dx} \tag{B.4.1}$$

et, ensuite, l'hypothèse des déformations homogènes permet d'écrire

$$\dot{\varepsilon}_y \equiv v_x\frac{d\varepsilon_y(x)}{dx} = \frac{v_x}{e_S(x)}\frac{de_S(x)}{dx} \tag{B.4.2}$$

Seul le comportement rigide parfaitement plastique est présenté ici. Pour le cas élasto-plastique, Cosse et Econopoulos [37] présentent le développement théorique complet pour une loi d'écrouissage spécifique.

B.5 COMPORTEMENT RIGIDE PARFAITEMENT PLASTIQUE

Ce premier cas est décrit dans Marsault [86]. Il néglige la déformation élastique du matériau ainsi qu'un éventuel changement de seuil de plasticité (par écrouissage par exemple).

Couplé avec l'hypothèse d'état de déformations planes on obtient :

$$\sigma_z = v_S(\sigma_x + \sigma_y) \tag{B.5.1}$$

avec $v_S = 0.5$.

En appliquant le critère de plasticité de Von Mises (voir partie C, équation (C.5.15)), on arrive à

$$\frac{3}{2}\left(\sigma_y^2 - \sigma_x^2\right)^2 = 2\sigma_0^2 \tag{B.5.2}$$

soit

$$(\sigma_y - \sigma_x) = \pm\frac{2}{\sqrt{3}}\sigma_0 \tag{B.5.3}$$

Dans le cas du laminage, la bande est en compression selon y et le signe moins est donc sélectionné.

Le frottement est supposé proportionnel à la force normale (modèle de Coulomb : $|\tau| = \mu p$). En exprimant p en fonction de σ_y hors de (B.3.4), on obtient

$$p = \pm\frac{\sigma_y}{\mu \tan(\theta)} \tag{B.5.4}$$

et, finalement, (B.3.3) devient

$$\frac{d\left(\sigma_x e_S\right)}{dx} = -2\left(\sigma_x - \frac{2\sigma_0}{\sqrt{3}}\right)\frac{\tan(\theta) \pm \mu}{1 \mp \mu \tan(\theta)} \tag{B.5.5}$$

Avec les conditions aux limites

$$\sigma_x\left(x_{iw}\right) = \sigma_1 \tag{B.5.6}$$

$$\sigma_x\left(x_{wo}\right) = \sigma_2 \tag{B.5.7}$$

l'équation (B.5.5) peut être intégrée en deux étapes depuis les deux extrémités. Les deux courbes de contrainte se coupent alors au point neutre, ce qui permet de déterminer ce dernier. Alexander [2] a réalisé cette intégration.

B.6 RÉSUMÉ

La méthode des tranches est relativement précise lorsque la réduction est supérieure à 10%. En-dessous de cette valeur, les contraintes internes ne sont plus suffisamment homogènes. L'hypothèse mécanique de base de la déformation plane est souvent supposée valide.

La méthode des tranches est couplée à une loi matériau (le métal peut être considéré comme plastique ou élasto-plastique par exemple). Les équations ont été établies pour un critère de plasticité de Von Mises et une force de friction proportionnelle à la force normale (modèle de Coulomb). Pour le cas élasto-plastique, Cosse et Econopoulos [37] présentent le développement théorique complet pour une loi d'écrouissage spécifique.

Annexe C

Mécanique des milieux continus

Le concept de milieu continu permet une modélisation macroscopique d'une physique particulière. Son bien-fondé dépend du problème abordé et de l'échelle des phénomènes concernés et sa formulation mathématique représente le système mécanique par un volume continu $\mathcal{B}$ constitué de particules $\mathcal{P}$.

L'hypothèse de milieu continu peut s'énoncer comme suit :

> *Toutes les longueurs microscopiques d'espace et de temps sont considérées comme considérablement plus large que la plus importante taille et temps caractéristique des molécules présentes.*

C.1 NOTATIONS

κ_i configuration initiale

κ_0 configuration de référence

κ configuration actuelle ou courante

$\mathcal{R}$ référentiel

$\mathcal{B}$ volume continu

$\mathcal{G}$ fonction respectant les principes fondamentaux de causalité, le principe d'objectivité et le second principe de thermodynamique

$\mathcal{P}$ particules

$\vec{x}$ vecteur position courant L

$\vec{X}$ vecteur position dans la config. de référence L

$\vec{v}$ vecteur vitesse L/T

$\vec{a}$ vecteur accélération L/T^2

$\vec{u}$ vecteur déplacement L

$\vec{n}$ vecteur normale

$\underline{N}$	tenseur de normalité	
$\underline{\mathbb{1}}$	tenseur unité	
$\mathcal{E}$	l'énergie interne	$E/M \; avec \; [E] \equiv ML^2T^{-2}$
ρ	la densité du matériau	M/L^3
$\bar{\varepsilon}_{pl}$	déformation plastique équivalente	
Λ	Flux de déformation plastique	
Φ	Fonction de dissipation	MLT^{-3}
p	pression	$[Pa] \equiv MT^{-2}L^{-1}$
E	module de Young	Pa
υ	coefficient de Poisson	
G	Module de cisaillement	Pa
K	module de compressibilité	Pa
$\underline{H}$	tenseur de Hooke	Pa
q	paramètres internes	
$\underline{s}$	entropie	
r	sources de chaleur	L^2T^{-3}
T	température	
V	l'amplitude du vecteur vitesse	L/T
η	premier coefficient de viscosité	$ML^{-1}T^{-1}$
λ	second coefficient de viscosité	$ML^{-1}T^{-1}$
μ	viscosité cinématique	L^2T^{-1}
k	coefficient de conduction de la loi de Fourier	$ML^{-1}T^{-3}K^{-1}$
$\vec{f}$	vecteur force volumique	$ML^{-2}t^{-2}$
$d\vec{f}$	vecteur résultant infinitésimale	$ML^{-2}T^{-2}$
$\vec{q}$	vecteur flux de chaleur	$E/(TL^2)$
$\vec{t}$	vecteur de traction de Cauchy	Pa
$\vec{T}$	vecteur numéro 1 Piola-Kirchhoff de traction	Pa
$\vec{w}$	vecteur puissance	$E/(TL^2)$
$\underline{F}$	tenseur gradient de deformation	
$\underline{C}$	tenseur des dilatations	
$\underline{L}$	tenseur de gradient spatial de vitesse	T^{-1}
$\underline{W}$	tenseur de taux de rotation	T^{-1}
$\underline{D}$	tenseur de taux de déformation	T^{-1}
$\underline{\varepsilon}$	tenseur de déformation	
$\underline{E_{GL}}$	tenseur des déformations de Green-Lagrange	
$\hat{\varepsilon}$	deformation (notation de Voigt)	
σ	contrainte 1d	Pa

$\bar{\sigma}$	contrainte équivalente	Pa
$\underline{P}$	tenseur numéro 1 Piola-Kirchhoff des contraintes	Pa
$\underline{\sigma}$	tenseur des contraintes de Cauchy	Pa
$\underline{s}$	tenseur déviateur des contraintes de Cauchy	Pa
$\hat{\sigma}$	contrainte (notation de Voigt)	Pa

C.2   LA CINÉMATIQUE

C.2.1   Configuration et mouvement d'un corps

La distribution spatiale des particules $\mathcal{P}$ formant le volume $\mathcal{B}$ est caractérisé par leurs positions dans un référentiel $\mathcal{R}$. A un temps précis donnée, celle-ci définit une configuration. On peut définir trois configurations importantes :

1. la configuration initiale κ_i : il s'agit de la configuration en $t = 0$,

2. la configuration de référence κ_0 : configuration fixée correspond à un temps de référence fixé,

3. la configuration actuelle ou courante κ : configuration pour tout $t > 0$.

Un vecteur position peut être associé à chaque particule $\mathcal{P}$ appartenant à $\mathcal{B}$ dans κ_i. Les vecteurs position associés à une particule dans les configuration de référence et actuelle sont $\vec{X}$ ou point $\vec{X}$ et $\vec{x}$ ou point $\vec{x}$. Pour respecter la continuité du milieu (spatiale et temporelle), on suppose l'existence d'une correspondance (carte) bi-univoque liant la particule $\mathcal{P} \in \mathcal{B}$ et les points :

$$X = \kappa_0 \left(\mathcal{P}, t \right) \tag{C.2.1}$$

$$x = \kappa \left(\mathcal{P}, t \right) \tag{C.2.2}$$

Dans la configuration du système prise comme référence κ_0, les particules sont identifiées. Au cours de l'évolution, leurs mouvements sont décrits par leurs positions au moyen de leurs trajectoires et leurs horaires de parcours :

$$x = \kappa \left[\kappa_0^{-1} \left(\vec{X}, t \right), t \right] = \chi \left(X, t \right) \tag{C.2.3}$$

Vu le caractère bi-univoque des relations définies en (C.2.1) et (C.2.2), la fonction $\chi \left(\vec{X}, t \right)$ obtenue est bijective ainsi que son inverse $\chi^{-1} \left(\vec{x}, t \right)$.

La description du mouvement via le champs matériel ($\vec{X}$ et t) est appelée la description lagrangienne (on accompagne le mouvement des particules) alors que celle associée au champs spatial ($\vec{x}$ et t) est dite eulérienne (on se positionne en un point fixé de l'espace et on regarde ce qui s'y passe).

C.2.2 Champs de déplacement, vitesse et accélération

Remarque C.2.1 *La notation utilisée par la suite peut prêter à confusion : il faut être conscient qu'une quantité exprimée dans le champs spatial $(\vec{x}, t)$ a évidement toujours la même valeur que dans le champs matériel $\left(\vec{X}, t\right)$ soit $\mathcal{B}\left(\vec{X}, t\right) = b\,(\vec{x}, t)$. Vu cet état de fait, dans le but de ne pas pas alourdir la notation, une seule écriture est conservée (par exemple $\mathcal{B}$) pour les deux champs $\mathcal{B}\left(\vec{X}, t\right) = \mathcal{B}\,(\vec{x}, t)$.*

Le déplacement est défini par

$$\vec{u}\left(\vec{X}, t\right) = \chi\left(\vec{X}, t\right) - \vec{X} \tag{C.2.4}$$

$$\vec{u}\,(\vec{x}, t) = \vec{x} - \chi^{-1}\,(\vec{x}, t) \tag{C.2.5}$$

La vitesse d'une particule est par définition la dérivée première du mouvement χ

$$\vec{v} = \vec{v}\,(\vec{x}, t) = \vec{v}\left(\vec{X}, t\right) = \frac{\partial \chi\left(\vec{X}, t\right)}{\partial t} \tag{C.2.6}$$

alors que l'accélération est sa dérivée seconde :

$$\vec{a} = \vec{a}\,(\vec{x}, t) = \vec{a}\left(\vec{X}, t\right) = \frac{\partial \vec{v}\left(\vec{X}, t\right)}{\partial t} = \frac{\partial^2 \chi\left(\vec{X}, t\right)}{\partial t^2} \tag{C.2.7}$$

Le mouvement est stationnaire dans le référentiel $\mathcal{R}$ si sa description eulérienne est indépendante de t : $\vec{u}\,(\vec{x}, t) = \vec{u}\,(\vec{x})$.

C.2.3 Dérivée des champs spatial et matériel

La caractérisation de l'évolution temporelle et spatiale d'une quantité $\mathcal{B} = \mathcal{B}\left(\vec{X}, t\right) = \mathcal{B}\,(\vec{x}, t)$ peut être décrit de plusieurs manières.

Par définition, il s'agit de la dérivation de $\mathcal{B}$ par rapport

Dérivée matérielle temporelle d'un champs matériel : **au temps t en conservant $\vec{X}$ fixée**

$$\dot{\mathcal{B}} = \frac{d\mathcal{B}\left(\vec{X}, t\right)}{dt} = \left(\frac{\partial \mathcal{B}\left(\vec{X}, t\right)}{\partial t}\right)_{\vec{X}} \tag{C.2.8}$$

Gradient matériel d'un champs matériel : **à la position référentielle $\vec{X}$**

$$\mathbf{Grad}\ \mathcal{B}\left(\vec{X}, t\right) = \frac{\partial \mathcal{B}\left(\vec{X}, t\right)}{\partial \vec{X}} \tag{C.2.9}$$

Dérivée spatiale temporelle d'un champs spatial : **au temps t**

$$\frac{\partial \mathcal{B}\,(\vec{x}, t)}{\partial t} \tag{C.2.10}$$

Gradient spatial temporelle d'un champs spatial : à la position courante $\vec{x}$

$$\text{grad } \mathcal{B}(\vec{x}, t) = \frac{\partial \mathcal{B}(\vec{x}, t)}{\partial \vec{x}} \tag{C.2.11}$$

Dérivée matérielle temporelle d'un champs spatial : au temps en conservant $\vec{X}$ fixée

$$\dot{\mathcal{B}} = \frac{D\mathcal{B}(\vec{x}, t), t}{Dt} = \left(\frac{\partial \mathcal{B}\left[\chi\left(\vec{X}, t \right) \right]}{\partial t} \right)_{\vec{X} = \chi^{-1}(\vec{x}, t)} \tag{C.2.12}$$

La dérivée matérielle (ou particulaire) temporelle d'un champs matériel suit l'évolution d'une grandeur attachée à une particule, à un ensemble discret de particules, ou à un domaine matériel. Il est dès lors évident qu'en description lagrangienne, la dérivation temporelle s'identifie à la dérivée particulaire.

Par contre, la description eulérienne n'identifie pas les éléments matériels et la dérivation particulaire d'un champs spatial suppose de "suivre" la particule ou l'élément matériel concerné. Deux termes apparaissent alors :

▶ la dérivation partielle par rapport au temps (à variables géométriques constantes),

▶ le terme de convection.

En effet par le théorème de la dérivation en chaîne, (C.2.12) devient

$$\frac{D\mathcal{B}(\vec{x}, t)}{Dt} = \left(\frac{\partial \mathcal{B}(\vec{x}, t)}{\partial t} \right)_{\vec{x}} + \left(\frac{\partial \mathcal{B}(\vec{x}, t)}{\partial \vec{x}} \right)_{t} \cdot \left(\frac{\partial \chi\left(\vec{X}, t \right)}{\partial \vec{x}} \right)_{\vec{X} = \chi^{-1}(\vec{x}, t)} \tag{C.2.13}$$

ce qui peut se ré-écrire au moyen de (C.2.6) et (C.2.11) :

$$\frac{D\mathcal{B}(\vec{x}, t)}{Dt} = \frac{\partial \mathcal{B}(\vec{x}, t)}{\partial t} + \text{grad } \mathcal{B}(\vec{x}, t)\vec{v}\left(\vec{X}, t \right) \tag{C.2.14}$$

Remarque C.2.2 *Souvent, l'opérateur gradient (grad) est remplacé par l'opérateur ∇ $(\circ)$ et $\nabla \cdot (\circ)$ vaut pour la divergence de $(\circ)$. Pour n'importe quelle quantité $(\circ)$ (tenseurs, vecteurs, et scalaires), l'opérateur «dérivation particulaire d'un champs spatial»est*

$$\frac{D\circ}{Dt} = \frac{\partial \circ}{\partial t} + \nabla(\circ)\,\vec{v}, \tag{C.2.15}$$

C.2.4 Transformation et déformation

Au plan de vue géométrique, la cinématique du milieu continu se déduit de l'étude de la transformation et de la déformation entre une configuration initiale (souvent celle de référence) et la configuration actuelle. Ces deux notions permettent, dans une représentation lagrangienne, de relier la configuration actuelle et la configuration initiale.

- L'opération de transformation exprime la correspondance entre les positions actuelles et initiales des particules matérielles
- La déformation mesure le changement de forme local suite à une transformation subie par le système.

Afin d'exprimer ces notions, on définit un opérateur de transformation homogène tangent défini par le tenseur gradient de la fonction vectorielle qui exprime le transport convectif du point matériel entre deux configurations :

$$\underline{F} = \underline{F}\left(\vec{X}, t\right) = \frac{\partial \chi\left(\vec{X}, t\right)}{\partial \vec{X}} = \mathbf{Grad}\ \vec{x}\left(\vec{X}, t\right) \tag{C.2.16}$$

$\underline{F}$ est souvent appelé le gradient de déformation et est ce qu'on appelle un "deux-points" tenseur car il est défini à partir de point appartenant à deux configurations distinctes. [1]

Remarque C.2.3 *Si on pose dM_0 et dM comme vecteur élémentaire dans, respectivement, la configuration de référence et la configuration actuelle alors on a que :*

$$dM = \underline{F}\left(\vec{X}, t\right) dM_0$$

.

L'opération de retour à la référence sur $(\circ)$ est défini par $\underline{F}^T\ (\circ)\ \underline{F}$.

Appliqué au tenseur unité, il définit le tenseur des dilatations :

$$\underline{C} = \underline{C}\left(\vec{X}, t\right) = \underline{F}^T \underline{\mathbb{1}} \underline{F} = \underline{F}^T \underline{F} \tag{C.2.17}$$

alors que tenseur des déformations de Green-Lagrange vaut

$$\underline{E_{GL}}\left(X, t\right) = \frac{1}{2}\left[\underline{C} - \underline{\mathbb{1}}\right] \tag{C.2.18}$$

Lorsque la transformation est infinitésimale $\left(\left\|\mathbf{Grad}\ \vec{u}\left(\vec{X}, t\right)\right\| \ll 1\right)$, les formules se simplifient par linéarisation :

$$
\begin{aligned}
\underline{E_{GL}}\left(\vec{X}, t\right) \approx \underline{\varepsilon}\left(\vec{X}, t\right) &\equiv \frac{1}{2}\left[\mathbf{grad}\ \vec{u}\left(\vec{X}, t\right) + \mathbf{grad}\ \vec{u}(X, t)^T\right] \tag{C.2.19}\\
&\approx \frac{1}{2}\left[\mathbf{grad}\ \vec{u}(\vec{x}, t) + \mathbf{grad}\ \vec{u}(\vec{x}, t)^T\right] \tag{C.2.20}
\end{aligned}
$$

---

1. Le gradient de déformation inverse est également un "deux-points" tenseurs et

$$\underline{F}^{-1}\left(\vec{x}, t\right) = \frac{\partial \chi^{-1}\left(\vec{X}, t\right)}{\partial \vec{X}} = \mathrm{grad}\ \vec{X}\left(\vec{x}, t\right)$$

Son existence est justifié par des conditions nécessaires de compatibilité géométrique pour conserver l'hypothèse de continuité du milieu.

C.2.5 Évolution spatio-temporelle

En description eulérienne, à chaque instant, l'évolution infinitésimale est définie sur la configuration actuelle. Le mouvement étant décrit par le champ des vitesses, $\vec{v} = \vec{v}(\vec{x}, t)$, le gradient de ce champ sur la configuration actuelle définit localement la transformation infinitésimale :

$$d\dot{\vec{M}} = \underline{L}(\vec{x}, t) \; d\vec{M} \qquad \text{avec } \underline{L}(\vec{x}, t) \equiv \mathbf{grad} \; \vec{v}(\vec{x}, t) \tag{C.2.21}$$

et, $\underline{L}$ peut se décomposer selon

$$\underline{L} = \underline{D} + \underline{W}$$

où par définition :

$\underline{D}$ est le tenseur taux de déformation (eulérien)

$$\underline{D}(\vec{x}, t) \equiv \frac{1}{2} \left(\underline{L} + \underline{L}^T \right) \tag{C.2.22}$$

$\underline{W}$ est le tenseur taux de rotation (eulérien)

$$\underline{W}(\vec{x}, t) \equiv \frac{1}{2} \left(\underline{L} - \underline{L}^T \right) \tag{C.2.23}$$

qui sont respectivement la partie symétrique (vitesse moyenne de déformation de la matière) et antisymétrique (vitesse moyenne de rotation de la matière) de $\underline{L}$.

C.3 LE CONCEPT DE CONTRAINTES

Brièvement, chaque particule du système est isolé du reste par une surface (ou facette). Tout force résultante interne au système df est donc transmis par ces facettes infinitésimales selon

$$d\vec{f} = \vec{t}ds = \vec{T}dS \tag{C.3.1}$$

avec $\vec{t} = \vec{t}(\vec{x}, t, \vec{n})$ le vecteur des tractions réelles (ou de Cauchy) et $\vec{T} = \underline{P}\left(\vec{X}, t, \vec{n}\right)$ le premier vecteur de traction de Piola-Kirchhoff. Le théorème de Cauchy des contraintes démontre que ces deux vecteurs peuvent se ré-écrire

$$\vec{t}(\vec{x}, t, \vec{n}) = \underline{\sigma}(\vec{x}, t)\, \vec{n} \tag{C.3.2}$$

$$\vec{T}\left(\vec{X}, t, \vec{n}\right) = \underline{P}(\vec{x}, t)\, \vec{n} \tag{C.3.3}$$

où $\underline{\sigma}$ est une tenseur spatial symétrique. (C.3.2) est souvent exprimée sous forme matricielle par

$$\left[\vec{t}\right] = [\underline{\sigma}]\, [\vec{n}] \tag{C.3.4}$$

avec

$$[\vec{t}] = \begin{bmatrix} t_1 \\ t_2 \\ t_3 \end{bmatrix} \qquad [\underline{\sigma}] = \begin{bmatrix} \sigma_{11} & \sigma_{12} & \sigma_{13} \\ \sigma_{21} & \sigma_{22} & \sigma_{23} \\ \sigma_{31} & \sigma_{32} & \sigma_{33} \end{bmatrix} \qquad [\vec{n}] = \begin{bmatrix} n_1 \\ n_2 \\ n_3 \end{bmatrix} \tag{C.3.5}$$

avec $\sigma_{12} = \sigma_{21}$, $\sigma_{13} = \sigma_{31}$ et $\sigma_{23} = \sigma_{32}$.

C.4 LES ÉQUATIONS D'ÉQUILIBRE

Les lois fondamentales de la physique sont souvent représentées par ces fameuses équations. Celles-ci sont valides pour tout type de matériau (solide, fluide, ...) formant un système fermé. Elles décrivent la conservation de la masse (C.4.1) , du moment (C.4.2) [2] et de l'énergie thermo-mécanique (C.4.3). L'objectif n'est pas ici de les démontrer car il existe suffisamment de littérature à ce sujet ! Elles sont exprimées ici dans le champs spatiale mais il existe leur pendant dans le champs matériel.

$$\frac{D\rho(\vec{x}, t)}{Dt} = 0 \tag{C.4.1}$$

$$\rho \frac{D\vec{v}(\vec{x}, t)}{Dt} = \nabla \cdot \underline{\sigma} + \rho \vec{f} \tag{C.4.2}$$

$$\rho \frac{D(\mathcal{E} + \frac{1}{2}V^2)}{Dt} = \nabla \cdot (\vec{w} - \vec{q}) + \rho \left(r + \vec{f}\vec{v} \right) \tag{C.4.3}$$

où t est le temps,

- $\rho \equiv$ la densité du matériau $[ML^{-3}]$,
- $\vec{v} \equiv$ la vitesse du matériau $[LT^{-1}]$,
- $\underline{\sigma} \equiv$ le tenseur de contrainte $[ML^{-1}T^{-2}]$,
- $\vec{f} \equiv$ densité de force volumique $[L^{+1}T^{-2}]$,
- $\mathcal{E} \equiv$ l'énergie interne $[E/M = L^{+2}T^{-2}]$,
- $V \equiv |\vec{v} \cdot \vec{v}|^{\frac{1}{2}} =$ l'amplitude du vecteur vitesse $[LT^{-1}]$,
- $\vec{w} \equiv \underline{\sigma}\vec{v}$ le vecteur puissance $[E/(TL^2) = MT^{-3}]$,
- $\vec{q} \equiv$ le vecteur flux de chaleur $[E/(TL^2) = MT^{-3}]$,
- $r \equiv$ sources de chaleur supplémentaires $[E/(TM) = L^{+2}T^{-3}]$,

pour lesquels les unités de chaque variable sont indiquées entre crochets.

La seconde loi de la thermodynamique est aussi particulièrement importante. Elle se base sur la notion d'entropie (image du désordre régnant à l'échelle microscopique) et exprime qu'elle ne diminue jamais pour un système fermé et que tout phénomène réel est toujours irréversible.

---

2. L'équation reprise est en réalité appelée **première équation du mouvement de Cauchy** qui est en fait déduite des lois fondamentales de la conservation du moment angulaire et linéaire et de la relation (C.3.2)

C.5 LES MODÈLES CONSTITUTIFS

Les équations décrites à la section précédente sont valables pour tout type de matériau. Il faut à présent introduire dans la résolution du système mécanique un ou plusieurs modèles permettant de relier les champs de variables entre eux. Par exemple, au niveau purement mécanique, le champs des contraintes pourrait être exprimé au travers du champs de température et des déformations.

C.5.1 Les hypothèses constitutives

Les hypothèses constitutives fournissent la forme générale des modèles constitutifs. Souvent, les quantités contrainte $\underline{\sigma}$, vecteur flux de chaleur $\vec{q}$, énergie interne $\mathcal{E}$, entropie $\mathcal{S}$ sont arbitrairement seulement dépendantes de la densité ρ, température absolue T, des gradients de $\vec{v}$ et de T, i.e.,

$$
\begin{aligned}
\underline{\sigma} &= \underline{\sigma}\left(\rho, T, \nabla T, \nabla \vec{v}\right), \\
\vec{q} &= \vec{q}\left(\rho, T, \nabla T, \nabla \vec{v}\right), \\
\mathcal{E} &= \mathcal{E}\left(\rho, T, \nabla T, \nabla \vec{v}\right), \\
\mathcal{S} &= \mathcal{S}\left(\rho, T, \nabla T, \nabla \vec{v}\right).
\end{aligned}
$$

C.5.2 Mécanique du solide

Modèle élastique linéaire

Ce modèle est souvent appelé modèle de Hooke. Elle suppose que :
- il y ait réversibilité des phénomènes,
- il n'y ait que des petites déformations (théorie du premier gradient),
- et des petits déplacements par rapport aux dimensions de la pièce,
- le solide soit homogène,
- les relations de comportements soient linéaires.

Elle exprime qu'au cours de la déformation élastique d'un corps, la contrainte est proportionnelle à la déformation relative. Afin de garder une écriture simple, la notation de Voigt est introduite

$$
[\underline{\varepsilon}] \to \hat{\varepsilon} = \begin{bmatrix} \varepsilon_{11} \\ \varepsilon_{22} \\ \varepsilon_{33} \\ 2\varepsilon_{12} \\ 2\varepsilon_{23} \\ 2\varepsilon_{31} \end{bmatrix} \qquad [\underline{\sigma}] \to \hat{\sigma} = \begin{bmatrix} \sigma_{11} \\ \sigma_{22} \\ \sigma_{33} \\ \sigma_{12} \\ \sigma_{23} \\ \sigma_{31} \end{bmatrix} \tag{C.5.1}
$$

ce qui permet d'exprimer la loi de Hooke tri-dimensionnelle suivant

$$\hat{\sigma} = \underline{\underline{H}}\hat{\varepsilon} \tag{C.5.2}$$

avec $\underline{\underline{H}}$ contient les 21 constantes élastiques indépendantes provenant du tenseur du quatrième ordre de Hooke (ou élastique) reliant $\underline{\sigma}$ et $\underline{\varepsilon}$. A une dimension $\underline{\underline{H}}$ se réduit au module de Young E. Pour un matériau ayant les mêmes propriétés dans toutes les directions (isotrope), on obtient plus précisément :

$$\underline{\underline{H}} = \frac{E}{(1+v)(1-2v)} \begin{bmatrix} (1-v) & v & v & 0 & 0 & 0 \\ v & (1-v) & v & 0 & 0 & 0 \\ v & v & (1-v) & 0 & 0 & 0 \\ 0 & 0 & 0 & \frac{1-2v}{2} & 0 & 0 \\ 0 & 0 & 0 & 0 & \frac{1-2v}{2} & 0 \\ 0 & 0 & 0 & 0 & 0 & \frac{1-2v}{2} \end{bmatrix} \tag{C.5.3}$$

avec v le coefficient de Poisson.

État plan de déformation : Lorsqu'un solide long est sollicité par des forces orthogonales à ses génératrices et constantes le long de celles-ci alors la déformation se déroule uniquement dans le plan des forces (en tout cas suffisamment loin des bords). Posons 3 la direction hors-plan, toutes les dérivées par rapport à la direction 3 sont donc nulles ce qui se traduit par :

$$\varepsilon_{13} = \varepsilon_{23} = \varepsilon_{33} = 0 \tag{C.5.4}$$

On déduit facilement que :

$$\sigma_{13} = \sigma_{23} = 0 \qquad \sigma_{33} = v(\sigma_{11} + \sigma_{22}) \tag{C.5.5}$$

et

$$\begin{bmatrix} \sigma_{11} \\ \sigma_{22} \\ \sigma_{12} \end{bmatrix} = \frac{E}{(1+v)(1-2v)} \begin{bmatrix} (1-v) & v & 0 \\ v & (1-v) & 0 \\ 0 & 0 & (1-2v) \end{bmatrix} \begin{bmatrix} \varepsilon_{11} \\ \varepsilon_{22} \\ \varepsilon_{12} \end{bmatrix} \tag{C.5.6}$$

ou en inversant (C.5.6)

$$\begin{bmatrix} \varepsilon_{11} \\ \varepsilon_{22} \\ \varepsilon_{12} \end{bmatrix} = \frac{1+v}{E} \begin{bmatrix} (1-v) & -v & 0 \\ -v & (1-v) & 0 \\ 0 & 0 & 2 \end{bmatrix} \begin{bmatrix} \sigma_{11} \\ \sigma_{22} \\ \sigma_{12} \end{bmatrix} \tag{C.5.7}$$

Remarque C.5.1 *La notion de tenseur déviateur (opérateur dev) est souvent introduit. Il représente l'écart entre le tenseur réel et un tenseur diagonale contenant la trace du dit tenseur. Par exemple, le tenseur déviateur de contrainte sert à réécrire $\underline{\sigma}$ suivant :*

$$\underline{\sigma} = \frac{tr(\underline{\sigma})}{3}\mathbb{1} + \underline{s} = p\mathbb{1} + \underline{s} \tag{C.5.8}$$

avec tr l'opérateur trace. Ce qui permet de transformer le cas isotropique formé de (C.5.2) et (C.5.3) à un système d'équations :

$$p \;=\; K tr\left(\underline{\varepsilon}\right) \tag{C.5.9}$$

$$\underline{s} \;=\; 2G dev\left(\underline{\varepsilon}\right) \tag{C.5.10}$$

avec

$$G = \frac{E}{2\left(1+v\right)} \qquad K = \frac{E}{3\left(1-2v\right)} \tag{C.5.11}$$

Modèle élasto-plastique

Ce type de modèle suppose la présence d'une part de déformation élastique (réellement présente dans tout matériau réel) et d'une part de déformation élastique. Les trois principes fondamentaux de cette famille de modèle sont :

1. Le principe d'additivité des taux de déformation,

$$\underline{D} = \underline{D}^{el} + \underline{D}^{pl} \tag{C.5.12}$$

2. L'existence d'une fonction de plasticité défini dans l'espace des contraintes tel que :
   - $f < 0$: déformation élastique
   - $f = 0$: déformation plastique
   - $f > 0$: zone inaccessible

   f peut évoluer avec le temps et le critère de plasticité associé est $f\left(\underline{\sigma}, q\right)$ avec q représentant les paramètres internes (histoire du matériau tel que l'écrouissage par exemple).

3. L'existence d'une loi d'écoulement plastique ($\underline{D}^{pl} = ...$)

Modèle de Prandtl-Reuss   Le modèle de Prandtl-Reuss est un modèle très classique d'élasto-plasticité en petites déformations. Il reprend le modèle de Hooke pour la partie élastique de la déformation soit

$$\underline{\dot{\sigma}} \;=\; \underline{H}\underline{D}^{el} \tag{C.5.13}$$

$$=\; \underline{H}\left(\underline{D} - \underline{D}^{pl}\right) \tag{C.5.14}$$

Le critère de plasticité utilisé est celui de Von Mises

$$\begin{aligned} f \;&=\; f\left(J_2, \sigma_{Y,0}, \bar{\varepsilon}_{pl}\right) \\ &=\; \sqrt{J_2} - \frac{1}{\sqrt{3}}\sigma_{Y,0} - \frac{1}{\sqrt{3}}R\left(\bar{\varepsilon}_{pl}\right) \\ &=\; \sqrt{\frac{1}{2}\underline{s} : \underline{s}} - \frac{1}{\sqrt{3}}\sigma_{Y,0} - \frac{1}{\sqrt{3}}R\left(\bar{\varepsilon}_{pl}\right) \end{aligned} \tag{C.5.15}$$

où l'opérateur : représente la somme de tout les produits termes à termes de deux tenseurs, $\sigma_{Y,0}$ est la limite initiale de plasticité et $R(\bar{\varepsilon}_{pl})$ l'écrouissage qui dépend classiquement de la déformation plastique cumulée

$$\bar{\varepsilon}_{pl}(t) = \int_0^t \dot{\bar{\varepsilon}}_{pl}dt = \int_0^t \sqrt{2/3\,\underline{D}^{pl}:\underline{D}^{pl}} \qquad (C.5.16)$$

(C.5.15) peut être avantageusement ré-écrit selon

$$f = \frac{1}{2}\underline{s}:\underline{s} - \frac{1}{3}\bar{\sigma}^2(\bar{\varepsilon}_{pl}) \qquad \text{avec } \bar{\sigma}(\bar{\varepsilon}_{pl}) = \sigma_{Y,0} + R(\bar{\varepsilon}_{pl}) \qquad (C.5.17)$$

Dans les théories classiques, on admet que la direction d'écoulement de la partie plastique de la déformation dans une direction perpendiculaire à la surface de plasticité, soit

$$\underline{D}^{pl} = \Lambda\underline{N} \qquad (C.5.18)$$

et vu l'utilisation du critère de plasticité de Von Mises, il vient que

$$\underline{N} = \frac{\underline{s}}{\sqrt{2/3}\bar{\sigma}} \qquad (C.5.19)$$

En utilisant la définition en (C.5.16) et la relation (C.5.18), on obtient rapidement que

$$\dot{\bar{\varepsilon}}_{pl} = \sqrt{2/3}\Lambda \qquad (C.5.20)$$

et par suite

$$\begin{aligned}
\underline{D} &= \underline{H}^{-1}\dot{\underline{\sigma}} + \underline{D}^{pl} \\
&= \underline{H}^{-1}\dot{\underline{\sigma}} + \Lambda\underline{N} \\
&= \underline{H}^{-1}\dot{\underline{\sigma}} + \frac{\dot{\bar{\varepsilon}}_{pl}}{\sqrt{2/3}}\frac{\underline{s}}{\sqrt{2/3}\bar{\sigma}} \\
&= \underline{H}^{-1}\dot{\underline{\sigma}} + \frac{3}{2}\dot{\bar{\varepsilon}}_{pl}\frac{\underline{s}}{\bar{\sigma}} \qquad (C.5.21)
\end{aligned}$$

ou en inversant (C.5.21) sachant que $\underline{H}\underline{N} = 2G\underline{N}$

$$\dot{\underline{\sigma}} = \underline{H}\underline{D} - 3G\dot{\bar{\varepsilon}}_{pl}\frac{\underline{s}}{\bar{\sigma}} \qquad (C.5.22)$$

C.5.3 Mécanique des fluides

L'état d'un milieu continu solide déformable élastique est caractérisé par sa déformation à partir d'une configuration de référence et sa température. L'état d'un fluide (liquide ou gaz) newtonien est caractérisé par sa masse volumique, sa température et sa vitesse de déformation instantanée.

On appelle généralement fluide un milieu continu dont la loi de comportement est de la forme :

$$\underline{\sigma} = \mathcal{G}(\underline{D}) \qquad (C.5.23)$$

où $\mathcal{G}$ est une fonction respectant les principes fondamentaux de causalité, le principe d'objectivité et le second principe de thermodynamique.

Fluide newtonien

On appelle fluide newtonien un fluide qui a les deux propriétés suivantes :

1. la fonction $\mathcal{G}$ est affine (polynôme de degré 1 en D),

2. le milieu fluide est isotrope.

La loi de comportement la plus générale répondant à ces deux conditions est

$$\underline{\sigma} \;=\; 2\eta\underline{D} + (\lambda tr\,(\underline{D}) - p)\,\mathbb{1} \tag{C.5.24}$$

avec $\mathbb{1}$ le tenseur identité et

$$p \;= p\,(\rho,T) \quad \text{est la pression thermodynamique } \left[ML^{-1}T^{-2}\right], \tag{C.5.25}$$

$$\eta \;= \eta\,(\rho,T) \quad \text{est appelé premier coefficient de viscosité } \left[ML^{-1}T^{-1}\right], \tag{C.5.26}$$

$$\lambda \;= \lambda\,(\rho,T) \quad \text{est appelé second coefficient de viscosité } \left[ML^{-1}T^{-1}\right], \tag{C.5.27}$$

η et λ ont la même dimension $\left[ML^{-1}T^{-1}\right]$ et leur unité (**SI**) est le Poiseuille. Le second principe de la thermodynamique démontre que la pression absolue est positive.

Fluide newtonien non visqueux $(\eta = \lambda = 0)$

$$\underline{\sigma} \;=\; -p\mathbb{1} \tag{C.5.28}$$

Fluide newtonien incompressible $(tr\,(\underline{D}) = 0)$

$$\underline{\sigma} \;=\; 2\eta\underline{D} + -p\mathbb{1} \tag{C.5.29}$$

Modèle de Navier-Stokes

Il s'agit de l'équation fondamentale qui régit l'écoulement d'un fluide dit de Navier-Stokes et dont la loi de comportement respecte quelque règles. Elle s'applique pour la plus grande majorité des fluides et donne de bon résultat. En réalité, il ne s'agit pas d'une équation mais bien d'un système d'équations. Elle suppose valide l'hypothèse de milieu continu rappelée et considère un fluide newtonien.

En plus de (C.5.24), pour un fluide de type Navier-Stokes, les hypothèses constitutives deviennent :

$$\vec{q} \;=\; -k\nabla T \tag{C.5.30}$$

$$\mathcal{E} \;=\; \mathcal{E}\,(\rho,T) \tag{C.5.31}$$

$$\mathcal{S} \;=\; \mathcal{S}\,(\rho,T) \tag{C.5.32}$$

avec

$$k \;= k\,(\rho,T) \quad \text{est la conductivité thermique } \left[E/(TLK) = MLT^{-1}K^{-1}\right]. \tag{C.5.33}$$

On reconnaît aisément la loi de Fourier pour la conduction de chaleur en l'équation (C.5.30).

Afin de respecter la seconde loi de la thermodynamique, certains paramètres doivent respecter trois inégalités :

$$\eta \geq 0 \tag{C.5.34}$$

$$\eta_b \equiv \lambda + 2\eta/3 \geq 0 \tag{C.5.35}$$

$$k \geq 0 \tag{C.5.36}$$

En fait si l'on combine les conditions (C.5.34) et (C.5.36) avec (C.5.28) et (C.5.30), on peut prouver que la friction dans le fluide s'oppose au gradient de friction dans l'écoulement et que la chaleur s'écoule toujours du chaud vers le froid. Finalement pour assurer que l'équilibre thermodynamique est stable, on doit avoir que :

$$c_v \equiv \mathcal{E}_T \geq 0 \tag{C.5.37}$$

$$p_\rho \geq 0 \tag{C.5.38}$$

où les indices T ($et\rho$) signifient respectivement une dérivation partielle par rapport à T ($et\rho$), en gardant constant ρ (etT). En résumé, une fluide dit de Navier-Stokes doit respecter les équations (C.5.24) et (C.5.30) à (C.5.38).

LES ÉQUATIONS DE CHAMPS Ce sont les équations gouvernant le comportement mécanique d'un matériau particulier. Les variables indépendantes sont la densité (ρ), la température absolue (T) et le champs de vitesse ($\vec{v}$). On les obtient en combinant les équations de conservations ((C.4.1))-((C.4.3)) avec, principalement, la relation contrainte-déformation ((C.5.24)) :

$$\frac{D\rho}{Dt} + \rho\nabla \cdot \vec{v} = 0 \tag{C.5.39}$$

$$\rho\frac{D\vec{v}}{Dt} = -\nabla p + \nabla \cdot \underline{\sigma}^* + \rho\vec{f} \tag{C.5.40}$$

$$\frac{D\mathcal{E}}{Dt} = -p\nabla \cdot \vec{v} + \Phi - \nabla \cdot \vec{q} + \rho r \tag{C.5.41}$$

avec $\underline{\sigma}^*$ est appelé la partie visqueuse du tenseur de contrainte défini par :

$$\underline{\sigma}^* \equiv \lambda\left(\nabla \cdot \vec{v}\right)\mathbb{1} + \eta\left(\nabla\vec{v} + (\nabla\vec{v})^T\right) \tag{C.5.42}$$

ou aussi $\underline{\sigma}^* \equiv p\mathbb{1} + \underline{\sigma}$. La quantité

$$\Phi \equiv \underline{\sigma}^* : (\nabla\vec{v})^T \equiv tr\left(\underline{\sigma}^*(\nabla\vec{v})^T\right)$$

est souvent appelée la fonction de dissipation.

Notons que, plus communément, l'équations de Navier-Stokes désigne uniquement l'équation (C.5.40).

Bibliographie

[1] R. Ahmed et M. Sutcliffe. An experimental investigation of surface pit evolution during cold-rolling or drawing of stainless steel strip. *ASME J. Tribol.*, 123 :1–7, 2001.

[2] J. Alexander. On the theory of rolling. *Proceedings of the Royal Society of London*, 326 :535–536, 1972.

[3] J. Anza et M. Gutierrez. Metal forming simulation : Numerical efficiency in rolling processes- part i. *Engineering Computations*, 15(8) :1049–1072, 1998.

[4] J. Anza et M. Gutierrez. Metal forming simulation : Numerical efficiency in rolling processes- part ii. *Engineering Computations*, 15(8) :1073–1093, 1998.

[5] B. Avitzur. Boundary and hydrodynamic lubrication. *Wear*, (139) :49–76, 1990.

[6] B. Avitzur et W. Pchla. The upper-bound approach to plane strain problems using linear and rotational velocity fields-part1 : basics concepts. *ASME Journal of Engineering for Industry*, (108) :295–306, 1986.

[7] B. Avitzur et W. Pchla. The upper-bound approach to plane strain problems using linear and rotational velocity fields-part2 :applications. *ASME Journal of Engineering for Industry*, (108) :307–316, 1986.

[8] A. Azushima. Fem analysis of hydrostatic pressure generated within lubricant entrapped into pocket on work-piece surface in upsetting process. *ASME J. Trib.*, 122 :822–827, 2000.

[9] A. Azushima et e. al. Experimental confirmation of the micro-plasto-hydrodynamic lubrication mechanism at the interface between work-piece and forming die. *J. Jpn. Soc. Technol. Plast.*, 30 :1631–1638, 1989.

[10] A. Azushima et H. Kudo. Direct observation of contact behaviour to interpret the pressure dependence of the coefficient of friction in sheet metal forming. *Annals of the CIRP*, 44(1) :209–212, 1995.

[11] A. Azushima, J. Miyamoto et H. Kudo. Effect of surface topography of workpiece on pressure dependence of coefficient of friction in sheet metal forming. *Annals of the CIRP*, 47-1 :479–482, 1998.

[12] A. Azushima, T. Tsubouchi et H. Kudo. Direct observation of lubricant behaviours under the micro-phl at the interface between workpiece and die. *Adv. Technol. Plasticity, Proc. 3rd Int. Conf. Technol. Plasticity*, 1 :551–556, 1990.

[13] A. Azushima, M. Uda et H. Kudo. An interpretation of the speed dependence of the coefficient of friction under the micro-phl condition in sheet drawing. *Annals of the CIRP*, 40(1) :227–230, 1991.

[14] A. Azushima, M. Yamamiya et H. Kudo. Investigation of factors affecting the coefficient of friction and surface properties with a sheet drawing test. *Annals of the CIRP*, 41(1) :259–262, 1992.

[15] A. Azushima, S. Yoneyama, T. Yamagushi et H. Kudo. Direct observation of microcontact behavior at the interface between tool and workpiece in lubricated upsetting. *Annals of the CIRP*, 45(1) :205–210, 1996.

[16] S. Bair et W. Winer. Some observations in high pressure rheology of lubricants. *ASME Journal of Lubrication Technology*, 104 :357–364, 1982.

[17] C. Barus. Isothermals, isopiestics and isometrics relative to viscosity. *American Journal of Science*, 45 :87–96, 1893.

[18] N. Bay et T. Wanheim. Real area of contact and friction stress at high pressure sliding contact. *Wear*, 38 :201–209, 1976.

[19] N. Bay, T. Wanheim et B. Avitzur. Models for friction in metal forming. *Proc. XVth NAMRC, Bethlehem, Penn.*, pages 372–379, 1987.

[20] J. Bech, N. Bay et M. Eriksen. A study of mechanism of liquid lubrication in metal forming. *Annals of the CIRP*, 47/1 :221–226, Sept. 1998.

[21] J. Bech, N. Bay et M. Eriksen. Entrapment and escape of liquid lubricant in metal forming. *Wear*, 232 :134–139, Sept. 1999.

[22] A. J. Black, E. M. Kopalinsky et P. L. B. Oxley. Asperity deformation models for explaining the mechanisms involved in metallic sliding friction and wear—a review. *Proc. Inst. Mech. Eng.*, Part C : J. Mech. Eng. Sci.(207) :335–353, 1993.

[23] S. Blair et F. Qureshi. The high pressure rheology of polymer-oil solutions. *Tribology International*, (36) :637–645, 1993.

[24] D. Bland et H. Ford. An approximate treatment of the elastic compression on the strip in cold rolling. *J. Iron Steel Inst,* 171 :245, 1952.

[25] R. Bünten, K. Steinhoff, W. Rasp, R. Kopp et O. Pawelski. Development of a fem-model for the simulation of the transfert of surface structure in cold-rolling processes. *Journal of Materials Processing Technology,* 60 :369–376, 1996.

[26] F. P. Bowden et D. Tabor. Mechanism of metallic friction. *Nature (London),* 150 :197–199, 1942.

[27] A. Cameron. *Principles of Lubrication.* Longmans Greens, London, 1966.

[28] C. Camurri et S. Lavanchy. Application de la théorie des lignes de glissement au laminage à froid de tôle. *Journal de Mécanique Théorique et Appliquée,* 3 (5) : 747–759, 1984.

[29] M. Carlsson, P.-L. Larsson et S. Biwa. On frictional effects at inelastic contact between spherical bodies. *International Journal of Mechanical Sciences,* 42 : 107–128, 1999.

[30] S. Cassarini. Modélisation du film lubrifiant dans la zone d'entrée, pour la lubrification par émulsion en laminage à froid. *Doctorat Sciences et Génie des Matériaux,* CEMEF- Centre de Mise en Forme des Matériaux, ENSMP p.199, 2007.

[31] J. Cenac. La lubrification de l'interface tole-cylindre en laminage a froid. aspects théoriques et pratiques. Technical report, USINOR, 1977.

[32] S. Cerni, A. Weinstein et C. Zorowski. Temperatures and thermal stresses in the rolling of metal strip. *Iron and Steel Engineer,* Yearbook :717–723, 1963.

[33] L. Chefneux. *Etude et contrôle industriel des vibrations anormales dans un train tandem de laminage à froid.* PhD thesis, ULg, 1982.

[34] C. Chen et S. Kobayashi. Rigid-plastic finite-element analysis of ring compression. *Applications of Numerical Methods to Forming Processes,* (28) :163–174, 1978.

[35] H. Christensen. Stochastic models for hydrodynamic lubrication of rough surfaces. *Proceedings of the Institution of Mechanical Engineers,* 184 :1013–1022, 1970.

[36] C. Collette, C. Counhaye et J.-P. Ponthot. Intégration du transfert de rugosité à un modèle laminage à froid. *La revue de Métallurgie*, pages 961–969, Juillet-Août 2000.

[37] P. Cosse et M. Econopoulos. Mathematical study of cold rolling. *C.N.R.M.*, 17 : 15–32, 1968.

[38] C. d. Coulomb. *Théorie des machines simples en ayant égard au frottement de leurs parties et à la raideur des cordages.* PhD thesis, Paris, 1781.

[39] C. Counhaye. *Modélisation et contrôle industriel de la géométrie des aciers laminés à froid.* PhD thesis, ULg, 2000.

[40] D. Dowson et G. Higginson. Elasto-hydrodynamic lubrication - the fundamentals of roller and gear lubrication. *Pergamon Press, Oxford*, 1966.

[41] C. Elcoate, H. Evans et T. Hughes. On the coupling of the elastohydrodynamic problem. *Proc Instn Mech Engrs*, 212(C) :307–318, 1997.

[42] C. Evans et K. Johnson. The rheological properties of elastohydrodynamic lubricants. *Proceedings of the Institution of Mechanical Engineers*, 200C :303–312, 1986.

[43] H. Eyring. Viscosity, plasticity and diffusion as examples of absolute reaction rates. *Journal of Chemical Physics*, 4 :283, 1936.

[44] R. Feln. A perspective on boundary lubrication. *Ind. Eng. Chem. Fundam.*, 25 : 518–524, 1986.

[45] N. Fleck et K. Johnson. Towards a new theory of cold rolling thin foil. *International Journal of Mechanical Sciences*, 29(7) :507–524, 1987.

[46] N. Fleck, K. Johnson, M. Mear et L. Zhang. Cold rolling of foil. *Proceedings of the Institution of Mechanical Engineers*, 206 :119–131, 1992.

[47] P. Gratacos, P. Montmitonnet, C. Fromholz et J. Chenot. A plane strain elasto-plastic finite element model for cold rolling of thin strip. *International Journal of Mechanical Sciences*, 34(3) :195–210, 1992.

[48] R. Grüebler, H. Sprenger et J. Reissner. Tribological system modelling and simulation in metal forming processes. *Journal of Materials Processing Technology*, 103 :80–86, 2000.

[49] J. A. Greenwood et G. W. Rowe. Deformation of surface asperities during bulk plastic flow. *J. Appl. Phys.*, 36 :667–668, 1965.

[50] M. Grimble, M. Fuller et G. Bryant. A non-circular arc roll force model for cold rolling. *International Journal for Numerical Methods in Engineering*, 12 : 643–663, 1978.

[51] G. Guangteng, P. Cann, A. Olver et H. Spikes. An experimental study of film thickness between rough surfaces in ehd contacts. *Tribology International*, 33 : 183–189, 2000.

[52] J. Hancart. Synthèse de la politique suivie par les différents pays de la ce pour le contrôle des huiles de laminage à froid des tôles d'acier. Rapport final, Commission des Communautés Européennes, 1992.

[53] S. Harp et R. Salant. Inter-asperity cavitation and global cavitation in seals : an average flow analysis. *Tribology International*, 35 :113–121, 2002.

[54] F. Hitchcock. Roll neck bearings. Technical report, Report of ASME Research committee, 1935.

[55] S. Hoysan et P. Steif. A streamline-based method for analysing steady state metal forming processes. *International Journal of Mechanical Sciences*, 34(211) : 211–221, 1992.

[56] S.-H. Hsiang et S.-L. Lin. Application of 3d fem-slab method to shape rolling. *International Journal of Mechanical Sciences*, 43 :1155–1177, 2001.

[57] Y.-Z. Hu et D. Zhu. A full numerical solution to the mixed lubrication in point contact. *Journal of Tribology*, 122 :1–9, January 2000.

[58] Z. Hu, V. Pornbenjapakkul et T. Dean. Tool/workpiece interface interaction and its influence on the metal forming processes. *6th International Conference on Technology of Plasticity*, 1 :317–322, Sept. 1999.

[59] S. Huart, M. Dubar., R. Deltombe, A. Dubois et L. Dubar. Asperity deformation, lubricant trapping and iron fines formation mechanism in cold rolling processes. *Wear*, 257 :471–480, 2004.

[60] X. Jiang, D. Hua, H. Cheng, X. Ai et S. C. Lee. A mixed elastohydrodynamic lubrication model with asperity contact. *Journal of Tribology*, 121 :481–491, 1999.

[61] Z. Jiang, A. Tieu et C. Lu. Analysis of the elastic deformations regions for cold strip rolling by finite element rolling. In MSMS2001, editor, *Proceedings of 2nd Int. conference on mechanics of structures, materials and systems*, page 351–356, 2001 (14-16 février).

[62] K. Johnson. *Contact mechanics.* Cambridge University Press, Cambridge, 1985.

[63] K. Johnson et R. Bentall. The onset of yield in the cold rolling of thin strip. *Journal of the Mechanics and Physics of. Solids*, 17 :253, 1969.

[64] D. Jortner, D. Osterle et C. Zorowski. An analysis of cold rolling. *International Journal of Mechanical Sciences*, 2 :179–194, 1960.

[65] Y. Kimura et T. Childs. Surface asperity deformation under bulk plastic straining conditions. *International Journal of Mechanical Sciences*, 41 :283–307, 1999.

[66] D. Korzekwa, P. Dawson et W. Wilson. Surface asperity deformation during sheet forming. *International Journal of Mechanical Sciences*, 34(7) :521–539, 1992.

[67] K. Krimpelstätter, K. Zeman et A. Kainz. Non circular arc temper rolling model considering radial and circumferential work roll displacements. In *AIP Conference Proceedings*, volume 712, Issue 1, pages 566–571, June 10 2004.

[68] I. Krupka, M. Hartl, R. Poliscuk, J. Cermak et M. Liska. Experimental evaluation of ehd film shape and its comparison with numerical solution. *Journal of Tribology*, 122(4) :689–696, 2000.

[69] H. Kudo. A note of the role of microscopically trapped lubricant at the tool-work interface. *International Journal of Mechanical Sciences*, 7 :383–388, 1965.

[70] H. Kudo, S. Tanaka, K. Imamura et K. Suzuki. Investigation of cold forming friction and lubrication with a sheet drawing test. *Annals of the CIRP*, 25 : 179–184, 1976.

[71] G. Lahoti, S. Shah et T. Altan. Computer-aided analysis of the deformations and temperatures in strip rolling. *Transactions of the ASME Journal of Engineering for Industry*, 100 :159–166, 1978.

[72] T. A. M. Langlands et D. L. S. McElwain. A modified hertzian foil rolling model : approximations based on perturbation methods. *International Journal of Mechanical Sciences*, 44(8) :1715–1730, August 2002.

[73] J. Larsson, S. Biwa et B. Storakers. Inelastic flattening of rough surfaces. *Mechanics of Materials*, 31 :29–41, 1999.

[74] R. Larsson, P. Larsson, E. Eriksson, M. Sjoberg et E. Hoglund. Lubricant properties for input to hydrodynamic and elastohydrodynamic lubrication analyses. *Proc. Inst. Mech. Eng., Part J : J. Eng. Tribol*, 214 :17–27, 2000.

[75] H. Le et M. Sutcliffe. Measurements of friction in strip drawing under thin film lubrication. *Tribology International*, 35 :123–128, 2002.

[76] H. Le et M. Sutcliffe. Rolling of thin strip and foil : application of a tribological model for 'mixed' lubrication. *Journal of Tribology*, 124 :129–136, 2002.

[77] J. W. Ledgard, M. E. Yeakle et G. E. Markley, Jr. Rolling oil systems for 5-stand tandem cold mills. *Iron and Steel Engineer*, pages 52–55, March 1996.

[78] N. Letalleur. Ph.d. thesis, INSA Lyon, 2000.

[79] H.-S. Lin, N. Marsault et W. Wilson. A mixed lubrication model for cold strip rolling - part i : Theoretical. *Tribology Transactions*, 41 :317–326, 1998.

[80] D. Liu, A. Azushima et T. Shima. Behaviour of hydrostatic behavior of lubricants trapped in surface pocket. *Journal of JSTP (in Japanese)*, 32 :1241–1245, 1993.

[81] S. Lo et T. Yang. A microwedge model of sliding contact in boundary/mixed lubrication. *Wear*, In Press :Corrected Proof, 2006.

[82] S.-W. Lo et T.-C. Horng. Lubricant permeation from micro oil pits under intimate contact condition. *Journal of tribology*, 121 :633–638, 1999.

[83] S.-W. Lo et T.-S. Yang. A new mechanism of asperity flattening in sliding contact-the role of tool elastic microwedge. *Transactions of the ASME Journal of Tribology*, 125(4) :713–719, 2003.

[84] C. Luo et H. Keife. A thermal model for the foil rolling process. *Journal of Materials Processing Technology*, 74 :158–173, 1996.

[85] A. Makinouchi, H. Ike, M. Murakawa et N. Koga. A finite element analysis of flattening of surface asperities by perfectly lubricanted rigid dies in metal working processes. *Wear*, 128 :109–122, 1988.

[86] N. Marsault. *Modélisation du Régime de Lubrification Mixte en Laminage à Froid*. Docteur en sciences et génie des matériaux, Ecole Nationale Supérieure des Mines de Paris, Mai 1998.

[87] P. Martins et M. Barata Marqes. Upper bound analysis of plane starin rolling using flow function and the weigthed residual method. *International Journal for Numerical Methods in Engineering*, 44 :1671–1683, 1999.

[88] N. Midoux. Mécanique et rhéologie des fluides en génie chimique. *Paris : Technique & Documentation - Lavoisier*, page 512p, 1985.

[89] T. Mizuno et M. Okamoto. Effects of lubricant viscosity at pressure and sliding velocity on lubricating conditions in the compression-friction test on sheet metals. *ASME J. Lubr. Technol.*, 104 :53–59, 1983.

[90] J. Molimard et R. Le Riche. Identification de piézoviscosité en lubrification. *Mecanique & Industries*, 4 :645–653, 2003.

[91] J. Molimard, M. Querry et P. Vergne. Rhéologie du lubrifiant en conditions réelles : mesures et confrontation à un contact bille/disque. *La revue de Métallurgie*, pages 141–148, Février 2001.

[92] P. Montmitonnet. Modélisation du contact lubrifié - exemple de la mise en forme des métaux. *Mécanique & Industries*, 1 :621–637, 2000.

[93] P. Montmitonnet. Hot and cold strip rolling processes. *Computer Methods in Applied Mechanics and Engineering*, 195 :6604–6625, 2006.

[94] P. Montmittonet, P. Deneuville, P. Gratacos, G. Hauret et M. Laugier. Compréhension et modélisation du régime mixte : synthèse des avancées et perspectives d'applications industrielles. *La revue de Métallurgie*, pages 459–463, Mai 2001.

[95] J. Nagtegaal et N. Rebelo. On the development of a general purpose finite. element program for analysis of forming processes. *International Journal for Numerical Methods in Engineering*, 25 :113–131, 1988.

[96] E. Orowan. The calculation of roll pressure in hot and cold flat rolling. 150 : 140–167, 1943.

[97] E. Orowan. Graphical calculation of roll pressure with the assumptions of homogeneous compression and slipping friction. In *Proceedings of the Institution of Mechanical Engineers*, volume 150, page 141, 1943.

[98] D. Parke et J. Baker. Temperature effects of cooling work rolls. *Iron and Steel Engineer*, 49 :83–88, 1972.

[99] N. Patir et H. Cheng. Application of average flow model to lubrication between rough sliding surfaces. *ASME Journal of Lubrication Technology*, 101 :220–229, 1979.

[100] H. Peeken, G. Knoll, A. Rienacker, J. Lang et R. Schonen. On the numerical determination of flow factors. *ASME J. Tribol.*, 119 :259–264, 1997.

[101] A. Pettersson, L. R., T. Norrby et O. Andersson. Properties of base fluids for environmentally adapted lubricants. *Handbook of Tribology and Lubrication (Wilfreid J. Bartz, Expert Werlag, ISBN :3-8169-2107-8)*, 10 :52–55, 2002.

[102] V. Piispanen. Plastic deformation of metal : theory of simulated sliding. *Wear*, 38 :43–72, 1976.

[103] R. Pit. *Mesure locale de la vitesse à l'interface solide-liquide simple : glissement et rôle des interactions*. PhD thesis, Université Paris XI, 1999.

[104] F. Plouraboué et M. Boehm. Multi-scale roughness transfert in cold metal rolling. *Tribology International*, 32 :45–57, 1998.

[105] J.-P. Ponthot. *Traitement unifié de la Mécanique des Milieux Continus Solides en grandes transformations par la méthode des éléments finis*. Thèse de doctorat, Université de Liège, 1995.

[106] J.-P. Ponthot. Unified stress update algorithms for the numerical simulation of large deformation elasto-viscoplastic processes. *International Journal of Plasticity*, 18 :91–126, 2002.

[107] J. Poplawski et D. Seccombe. Bethlehem's contribution to the mathematical modelling of cold rolling in tandem mills. *Iron and Steel Engineer*, 57 :47–58, 1980.

[108] Z. Qiu, W. Yuen et A. Tieu. Mixed-film lubrication theory and tension effect on metal rolling processus. *ASME J. of Tribology*, 121 :908–915, 1998.

[109] K. Rajagopal et A. Szeri. On an inconsistency in the derivation of the equations of elastohydrodynamic lubrication. *Proc. R. Soc. Lond. A*, 459 :2771–2786, 2003.

[110] O. Reynolds. On the theory of lubrication and its applications to mr Beauchamp tower's experiments including an experimental determination of olive oil. *Phil Trans Roy Soc*, 177 :157–234, 1886.

[111] C. Roelands. *Correlational Aspects of the viscosity-temperature-pressure relationship of lubricating oils*. Phd thesis, Technische Hogeschool Delft, 1966.

[112] X. Roizard, F. Raharijoana, J. von Stebut et P. Belliard. Influence of sliding direction and sliding speed on the micro-hydrodynamic lubrication componant of aluminum mill-finish sheets. *Tribology International*, 32 :739–747, 1999.

[113] C. Roques-Carmes, N. Bodin, G. Monteil et J. Quiniou. description of rough surfaces using conformal equivalent structure concept part 1. stereological. *Wear*, 248 :82–91, 2000.

[114] S. Saxena, P. Dixit et G. Lal. Analysis of cold strip rolling under hydrodynamic lubrication. *Journal of Materials Processing Technology*, 58 :256–266, 1996.

[115] J. Schey. *Workability testing techniques - chapter 10 : workability in rolling.* G.E. Dieter, pp. 268-313 Asm Intl, 1984.

[116] S. Schmid et J. Zhou. Flow factors for lubrication with emulsions in ironing. *JOT*, 123 :283–289, 2001.

[117] A. Schmidt, P. GOLD, C. AßMANN, H. DICKE et J. LOOS. Viscosity-pressure-temperature behaviour of mineral and synthetic oils. *12th International Colloquium Tribology*, Stuttgart/Ostfildern, Germany :January 11–13, 2000.

[118] S. Sheu, L. Hector et M. Karabin. Two-scale surface topography design scheme for friction and wear control in forging : Theory and experiment. *The Integration of Material, Process and Product Design*, Zabaras et al (eds) :157–166, 1999.

[119] S. Sheu et W. Wilson. Flattening of workpiece surface asperities in metalforming. In *Proceedings NAMRC XI (SME)*, pages 172–178, 1983.

[120] I. Shimizu, L. Andreasen, J. Bech et N. Bay. Influence of workpiece surface topography on the mechanisms of liquid lubrication in strip drawing. *ASME J. Tribol.*, 123 :290–294, 2001.

[121] T. Shiraishi, H. Yamamoto, J. Hashimoto et T. Niitome. Characteristics of cold rolliong in consideration of negative forward slip ratio. *JSTP*, 36(412) :452–457, 1995.

[122] K. Steinhoff, W. Rasp et O. Pawelski. Development of deterministic-stochastic surface structures to improve the tribological conditions of sheet forming processes. *Journal of Materials Processing Technology*, 60 :355–361, 1996.

[123] A. Stephany. Modèle semi-empirique de la lubrification en régime mixte pour le laminage à froid. *Mémoire pour le diplôme d'études approfondies*, Sciences Appliquées :169, 2004.

[124] A. Stephany, J. Ponthot, C. Collette et J. Schelings. Efficient algorithmic approach for mixed-lubrication in cold rolling. *Journal of Materials Processing Technology*, 153-154 :307–313, 2004.

[125] R. Stribeck. Die wesentlichen eigenschaften der gleit- und rollenlager. *Zeitschrift des Vereins Deutscher Ingenieure*, 46 :1341–1348,1432–1438, 1902.

[126] S. Stupkiewicz et Z. Mròz. Phenomenological model of real contact area evolution with account for bulk plastic deformation in metal forming. *Int. J. Plast.*, 19 (3) :323–344, 2003.

[127] M. Sutcliffe. Surface asperity deformation in metal forming processes. *International Journal of Mechanical Sciences*, 30(11) :847–868, 1988.

[128] M. Sutcliffe. Flattening of rough surfaces in mixed lubrication. *J. of Modelling of Metal Rolling Processes, Symposium 8*, 1998.

[129] M. Sutcliffe. Flattening of random rough surfaces in metal forming processes. *ASME J. of Tribology*, 121 :433–440, 1999.

[130] M. Sutcliffe et K. Johnson. Lubrication in cold strip rolling in the 'mixed' regime. *Proceedings of the Institution of Mechanical Engineers*, 204 :249–261, 1990.

[131] M. Sutcliffe, H. Le et R. Ahmed. Modeling of micro-pit evolution in rolling or strip-drawing. *Transactions of the ASME Journal of Tribology*, 123 :791–798, 2001.

[132] M. Sutcliffe et P. Montmitonnet. Numerical modelling of lubricated foil rolling. *La revue de Métallurgie*, pages 435–441, Mai 2001.

[133] A. Tieu, P. Kosasih et A. Godbole. A thermal analysis of strip-rolling in mixed-film lubrication with o/w emulsions. *Tribology International*, 39 ,Issue 12 :1591–1600, 2006.

[134] A. Torrance. A 3-dimensional cutting criterion for abrasion. *Wear*, 123 :87–96, 1988.

[135] H. Tresca. *les Comptes rendus de l'Académie des sciences*. PhD thesis, Paris, 1864.

[136] Y. Tsao et L. Sargent. A mixed lubrication model for cold rolling of metals. *ASLE Transactions*, 20 :55–63, 1977.

[137] A. Tseng. A numerical heat transfer analysis of strip rolling. *Transactions of the ASME Journal of Heat Transfer*, (106) :512–517, 1984.

[138] A. Tseng. Thermal characteristics of roll and strip interface in rolling processes. *Journal of Materials Processing & Manufacturing Science*, 6 :3–17, 1997.

[139] P. Vergne et G. Roche. Measurement of physical properties in liquids under high pressure by ultrasonic technique. *High Pressure Res.*, 8 :516–518, 1991.

[140] T. von Karman. Beitrag zur theorie des walzvorganges. *ZAMM*, 5 :125, 1925.

[141] W.-z. Wang, Y.-C. Liu, H. Wang et Y.-z. Hu. A computer thermal model of mixed lubrication in point contacts. *Transactions of the ASME Journal of Tribology*, 126 :162–170, 2004.

[142] T. Wanheim et A. Petersen. A theoretical determined model for friction in metal working processes. *Wear*, 28 :251–258, 1974.

[143] A. Wihlborg et R. Crafoord. Frictional study of uncoated steel sheets. *J. of Advanced Technology of Plasticity*, 1 :355–364, Sept. 1999.

[144] L. Williams, R. Landel et J. Ferry. *J. Am. Chem. Soc.*, 77 :3701, 1955.

[145] W. Wilson. Mechanics of lubrification in metal forming processes. *Wear*, 47 : 119–132, 1978.

[146] W. Wilson. Mixed lubrification in metal forming processes. *Advanced Technology of Plasticity*, 4 :1667–1676, 1990.

[147] W. Wilson. Friction models for metal forming in the boundary lubrication regime. *Transactions of ASME Journal. of Engineering Materials Technology*, 113 :60–68, 1991.

[148] W. Wilson et D. Chang. Low-speed mixed lubrication of bulk metal forming processes. *Tribology in Manufacturing*, Ed. K. Dohda, S. Jahanmir et W.R.D. Wilson, ASME :159–168, 1994.

[149] W. Wilson et D.-F. Chang. Low speed mixed lubrication of bulk metal forming processes. *Journal of Tribology*, 118 :83–89, January 1996.

[150] W. Wilson et N. Marsault. Partial hydrodynamic lubrication with large fractional contact areas. *ASME - Journal of Tribology*, 120 :1–5, 1998.

[151] W. Wilson et S. Sheu. Real area of contact and boundary friction in metal forming. *International Journal of Mechanical Sciences*, 30 :475–489, 1988.

[152] W. R. D. Wilson et J. Walowit. An isothermal hydrodynamic lubrication theory for strip rolling with front and back tension. In IMechE, editor, *presented at the Tribology Convention*, page 164–172, 1972.

[153] C. Wolff et D. Dupuis. Viscosité. *Techniques de l'Ingénieur*, R2 350 :29p, 1994.

[154] S. Xiong, J. Rodrigues et P. Martins. Application of the element-free galerkin method to the simulation of plane strain rolling. *Eur. J. Mech. A/Solids*, **24** : 77–93, 2004.

Index

Printed by Books on Demand GmbH, Norderstedt / Germany